教育部高等学校航空航天类专业教学指导委员会推荐教材

工业和信息化部"十二五"规划教材

飞机装配工艺学

（第2版）

主　编　薛红前

副主编　巴晓甫　陈　鹏　马贵春

U0202139

西北工业大学出版社

西安

【内容简介】 本书是在《飞机装配工艺学》基础上修订完成,系统介绍了飞机装配技术的基本原理和工艺方法。本书针对飞机装配工艺特点,详细阐述了飞机装配协调系统设计方法,飞机装配型架设计与安装,飞机装配的连接技术及飞机部件装配与总装配等。同时,将传统的飞机装配技术与现代先进飞机装配技术相结合,体现了内容的系统性和先进性。本书力图深入浅出,通过典型装配实例阐明飞机装配的基本原理和关键技术,通过阐述先进飞机装配技术的实践经验,以及对飞机装配科研成果的深入分析,帮助读者更好地理解和应用所学装配理论和飞机装配技术。

本书结构完整,内容丰富,是一本较全面、系统的飞机装配技术教材,适合于高等院校飞行器制造及相关专业本科生和研究生使用,也可供从事飞机设计的工程技术人员参考。

图书在版编目(CIP)数据

飞机装配工艺学 / 薛红前主编. — 2 版. — 西安：西北工业大学出版社，2022.8
ISBN 978 - 7 - 5612 - 8340 - 0

Ⅰ. ①飞… Ⅱ. ①薛… Ⅲ. ①飞机-装配(机械)-工艺学 Ⅳ. ①V262.4

中国版本图书馆 CIP 数据核字(2022)第 158249 号

FEIJI ZHUANGPEI GONGYIXUE

飞 机 装 配 工 艺 学
主编 薛红前

责任编辑：杨 军		策划编辑：杨 军	
责任校对：曹 江		装帧设计：李 飞	

出版发行：西北工业大学出版社
通信地址：西安市友谊西路 127 号　　　邮编：710072
电　　话：(029)88491757，88493844
网　　址：www.nwpup.com
印 刷 者：兴平市博闻印务有限公司
开　　本：787 mm×1 092 mm　　　1/16
印　　张：16.25
字　　数：426 千字
版　　次：2015 年 3 月第 1 版　2022 年 8 月第 2 版　2022 年 8 月第 1 次印刷
书　　号：ISBN 978 - 7 - 5612 - 8340 - 0
定　　价：59.00 元

如有印装问题请与出版社联系调换

第 2 版前言

《飞机装配工艺学》自 2015 年 3 月出版以来，深受广大读者欢迎，一再重印，不少同行与笔者就书中所论述的问题进行了深层次的讨论，并给出了中肯的建议。笔者也意识到《飞机装配工艺学》过多关注飞机装配理论，因此，在本次修订中将现代飞机装配技术进行了扩展，并补充了飞机装配工艺实例，强调现代飞机装配技术与飞机装配理论的融合。另外，本次修订特邀请中航工业西安飞机工业集团股份有限公司巴晓甫高级工程师参与编写工作。

本次修订新增内容：在第 1 章增加了装配工艺分析实例，第 2 章增加了保证装配准确度的壁板装配实例分析，第 4 章增加了数字化装配产品的支撑方式、自动钻铆保型工装设计等内容，第 10 章增加了飞机数字化装配技术、飞机装配中的数字化测量、飞机各部件的对接及水平测量技术、活动翼面/舵面角度测量、数字化调姿定位系统、飞机装配生产线模式等内容，同时对其他章节内容也进行修订和勘误。

本书配有相应的教学课件，如需要教学课件，请登录工大书苑（http://gdsy.nwpup.edu.cn//♯/home）下载。

本次修订参考了近年来国内飞机装配技术方面的研究论文，拓展的飞机装配技术反映了国内最新数字化飞机装配技术，实例分析与装配原理相结合，内容更具体、完善。

本书由薛红前任主编，巴晓甫、陈鹏、马贵春任副主编。全书由薛红前统稿。

在编写本书的过程中得到了中航工业西安飞机工业集团股份有限公司的大力支持，西北工业大学飞机装配教学团队提出了宝贵的意见，在此表示真诚的谢意。

限于知识和专业水平，书中不足之处在所难免，恳请读者批评指正。

薛红前

2022 年 3 月

第1版前言

飞机装配工艺是保证飞机产品质量、制造准确度的决定性环节,同时也是保证飞机产品质量稳定、高强度、长寿命、可靠运行的重要保障。随着科学技术的发展,飞机装配技术有了突飞猛进的发展,已成为飞机先进制造技术的重要组成部分。飞行器制造专业的学生和相关工程技术人员非常需要系统地学习并掌握飞机装配的基本原理,熟悉飞机装配工艺及装备。在此基础上,学习掌握飞机装配的先进技术,从而学会如何应用飞机装配的基本理论和先进装配技术开展飞机装配技术的应用研究。

本书从教学和飞机装配工程技术人员的需求出发,围绕飞机装配所涉及的装配过程和装配方法,详细阐述了飞机装配协调系统设计方法,飞机装配型架设计与安装,飞机装配的连接技术及飞机部件装配与总装配。本书将传统的飞机装配技术与现代先进飞机装配技术相结合,介绍了飞机数字化装配技术,将先进飞机装配技术的实践经验和科学实验与飞机装配理论相结合,同时还介绍了国内外在飞机装配领域的研究成果,使本书内容更加系统、完整。本书力图深入浅出,通过典型装配实例阐明飞机装配的基本原理和关键技术,以帮助读者更好地理解与应用所学装配理论和飞机装配技术。

在编写本书的过程中参阅了相关飞机装配技术的文献资料以及近年来有关飞机装配技术的科研成果。其中对国内外先进飞机装配技术的应用实践与飞机装配技术科研成果的分析总结,反映了飞机装配技术的最新发展动向,以扩大读者视野,开阔思路。

本书的编写得到了西北工业大学曹增强教授的大力支持,中航工业西安飞机工业(集团)有限责任公司陈鹏参与了本书第4,5章的编写,西北工业大学高涛、陶潜、陈维维、谢月新参与了本书插图的绘制,谨向他们一并表示衷心的感谢。

限于知识和专业水平,书中难免有错误或欠妥之处,恳请读者批评指正。

薛红前
2014 年 4 月

目 录

第1章　飞机装配过程和装配方法

1.1　飞机装配工艺特点

1.1.1　飞机结构特点

飞机是依靠自身的动力产生升力,支持其自身质量在空中飞行的特殊机器。它用于人员、物资的空运或用于空中作战。在结构上有主要用于装载人员、物资和燃料的机身;有主要用于产生升力及装载燃料的机翼;有用于控制飞行方向,保证飞行稳定性的襟翼、副翼、尾翼及其操纵系统;有用于起飞着陆的起落架及其辅助系统;有用于导航通信等用途的仪表、特设系统;用于安装动力装置的发动机短舱等几个主要部分。

由于飞机承载空运、物资在空中高速飞行,或具有在空中作战这些使用特点,所以它与在地面上使用的一般机械产品不同,既要求结构安全可靠,绝对保证质量,又要求结构轻巧,不能有超过使用强度要求(包括一定的安全系数)的多余质量,还要求机体外形符合空气动力学原理,使飞行中的升力、阻力比达到最大,升力、质量比达到最小。这就决定了飞机结构不同于一般的机械产品。它具有下述结构特点。

(1)构造复杂,零件多。一辆载重汽车包括发动机在内有 3 000 多个零件,而一架飞机仅壳体上的零件就有 15 000~100 000 件不等,其中还不包括飞机上几百万件的螺钉、铆钉等标准件。如某型轰炸机仅重要附件就有 8 100 种,以及 325 台电子电气装置、2 400 m 液压管路和总长约为 100 km 的导线。因此,飞机装配要求有广泛的协作体系,许多零件、附件、仪表设备都要由专厂供应。

(2)外形复杂,尺寸大。飞机的骨架和蒙皮大多具有不规则的曲面形状,根据机型的不同,如大型运输机 C-5A 翼展长达 68 m,机身全长为 75 m,因此决定了飞机零件、组合件、部件的尺寸也较大,如波音 747 机翼上一块整体壁板长达 34 m。

(3)精度要求高、工艺刚度小。如 L-1011 飞机的复杂曲面蒙皮壁板,最大尺寸 2.5 m× 12 m,成形误差要求小于 0.3 mm。而机体绝大多数零件刚度均很小,许多结构是由加工和装配过程中容易产生变形的钣金件或非金属薄壁零件组成的薄壳结构。限于气动力性能要求,大部分机体构件的外形准确度一般都在 10~11 级精度范围内。

1.1.2　飞机装配工艺特点

飞机制造可划分为毛坯制造、零件加工、装配安装和试验 4 个阶段,其中装配安装工作占有重要地位,为飞机制造总工作量的 30%~45%(一般机械制造中,装配安装工作量为产品制造总劳动量的 20%),飞机装配为全机制造周期的 40% 以上。飞机装配工艺也是保证飞机产品质量、制造准确度的决定性环节,同时也是保证飞机产品质量稳定、高强度、长寿命可靠运行的重要体现。飞机装配过程是一种复杂、多学科的技术管理综合体,飞机装配工艺也影响产品技术的经济性能和产品的使用性能。飞机装配工艺有下述特点。

(1) 采用保证互换协调的方法。仅采用一般机器制造业的公差配合制度,不能保证各零件、部件间的相互协调与互换要求,因此要采用飞机工业中一套特有的保证产品的互换协调方法——模线样板工作法、计算机辅助设计与制造的一体化协调工作法。

(2) 生产准备工作量大。由于零件品种数量多、外形复杂,零件的工艺刚度小,装配时又需要大量夹具、型架以及必要的标准工艺装备,以保证工艺装备之间的协调。因此,飞机生产准备工作量很大,而要求周期尽量短。

(3) 批量小,手工劳动量大。由于飞机型号、结构改动频繁,要求生产方式具有很大的机动性。飞机生产中必须简化工艺装备构造,提高通用化程度,采用通用化工艺装备、柔性工装等。即使如此,往往还需要大量采用手工劳动。生产的"机动性"要求和"机械化""自动化"之间的矛盾是必须需要解决的问题。

(4) 长寿命可靠连接。飞机机体的寿命决定了飞机的总寿命,而其中疲劳破坏是飞机机体损伤的基本原因。多达 75%~80% 的疲劳破坏发生在机体连接部位,飞机制造技术的发展对飞机结构疲劳寿命、密封、防腐的要求越来越高。为了满足现代飞机对各种性能的严格要求,航空制造领域发展了各种先进连接技术,如自动钻铆技术、电磁铆接技术、机器人钻铆技术、干涉连接技术、难加工材料连接技术等。

(5) 零件加工方法多样,装配劳动量比例高。飞机机体构件选用的材料种类繁多,相应的加工工艺也多种多样,而且为适应飞机结构的发展,要求不断引进新技术、新材料和新工艺。

1.2 飞机结构分解

在一般机械产品的制造中,由于绝大部分零件是形状比较规则、刚性比较大的机械加工件,在制造、装配过程中不易产生变形。产品的制造方法是,利用机床设备,按工程图纸上的尺寸和公差,直接加工出产品的零件,再由装配钳工按零件的配合关系装配起来。在装配时不采用或很少采用夹具。产品的装配准确度主要取决于零件的制造准确度,其装配误差,根据尺寸链理论由零件制造误差积累而成。

在飞机制造中,由于飞机结构上的特点,除了那些形状规则、刚性好的机械加工零件外,大多数的零件,特别是那些形状复杂、尺寸大、刚性小的钣金零件,都必须用体现零件尺寸和形状的专用工艺装备制造,以保证其形状和尺寸的准确度要求。其装配过程与其他产品的机械制造不同。为了将那些形状复杂、尺寸大、刚性小、易变形的零件,装配成形状和尺寸符合准确度要求的飞机,不但需要采用体现产品尺寸和形状的专用装配型架对产品进行装配,而且不能在一个工作地、用一台装配型架完成整个机体的装配工作,而是需要将其划分为许多尺寸较小、形状简单的板件和装配件。

1.2.1　装配件

装配件是由两个以上的零件装配成可拆或不可拆的飞机的组成部分。根据飞机结构特点和设计、工艺等方面的要求,装配件可分为组合件、部件。装配件的分类见表 1-1。飞机机体由这些复杂的装配件装配连接而成,图 1-1 为构成飞机机体的各装配件及辅助装备。

表 1-1　装配件的分类

装配件类型		图　例	实　例
组合件	平面组合件		平面框、梁、框、肋
	壁板组合件		机身壁板、机翼壁板等
	立体组合件		翼面前缘、后缘、翼尖;各种门、盖;机头罩、尾罩、整流罩
部件	机身类部件		机身或机身各段;起落架短舱、发动机短舱
	翼面类部件		机翼和机翼各段;水平安定面、垂直安定面、襟翼、副翼、方向舵、升降舵

图 1-1　飞机机体的各装配件及辅助装备

1.2.2 机体结构的分解与分离面

为了满足飞机的使用、维护以及生产工艺上的要求,整架飞机的机体可分解成许多大小不同的装配单元。首先,飞机的机体可分解成若干部件,如某歼击机的部件包括前机身、后机身、机翼、襟翼、副翼、水平尾翼、垂直安定面、方向舵、前起落架和主起落架等。图 1-2 为某歼击机的部件分解图。有些部件还可分解成段件,如机翼分解为前缘段、中段(翼箱)和后段。有的部件或段件可再分解为板件(壁板)。板件是由部件或段件的蒙皮以及内部骨架元件(长桁、翼肋或隔框)的一部分所组成的,如机翼中段的上、下壁板;后机身的上、下板件和左、右侧壁等。部件或段件还可进一步划分为隔框、梁、肋等组合件。图 1-3 为机翼划分成段件、板件和组合件的示意图。

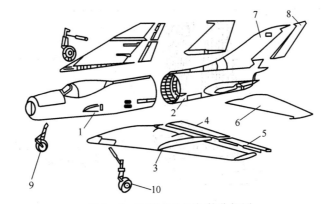

图 1-2 某歼击机的部件分解图

1—前机身; 2—后机身; 3—机翼; 4—襟翼; 5—副翼; 6—水平尾翼;

7—垂直安定面; 8—方向舵; 9—前起落架; 10—主起落架

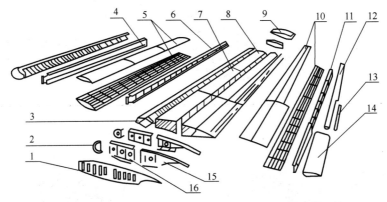

图 1-3 机翼划分成段件、板件和组合件的示意图

1—翼肋; 2—翼肋前段; 3—机翼前段; 4—机翼前梁; 5—机翼中段上、下板件; 6—机翼后梁;

7—机翼中段; 8—机翼后段; 9—翼尖; 10—机翼后段上、下板件; 11—机翼后墙; 12—副翼;

13—副翼调整片; 14—襟翼; 15—翼肋后段; 16—翼肋中段

飞机机体结构划分成许多装配单元后,两相邻装配单元间的对接结合处就形成了分离面。飞机机体结构的分离面一般可分为以下两类。

(1)设计分离面。设计分离面是根据构造上和使用上的要求而确定的。如飞机的机翼,为便于运输和更换,需设计成独立的部件,襟翼、副翼或舵面,需在机翼或安定面上做相对运动,也应把它们划分为独立的部件。歼击机机身后部装有发动机,为便于维修、更换,就把机身分成前、后机身两个部件。设计分离面都采用可卸(如螺栓连接、铰链接合等)连接,而且一般要求它们具有互换性。

(2)工艺分离面。工艺分离面是由于生产上的需要,为了合理地满足工艺过程的要求,按部件进行工艺分解而划分出来的分离面。由部件划分成的段件,以及由部件、段件再进一步划分出来的板件和组合件,这些都是工艺分离面。工艺分离面一般采用不可拆卸连接,图 1-4 为机身划分为板件和组合件的工艺分离面示意图。

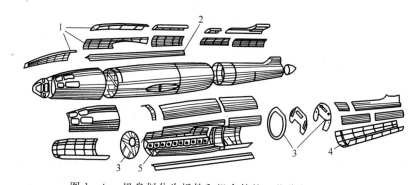

图 1-4 机身划分为板件和组合件的工艺分离面示意图

1—侧板件; 2—中段大梁; 3—隔框; 4—机身后段下板件; 5—机身中段下板件

通过合理划分工艺分离面,能取得显著的技术经济效果:

1)增加了平行装配工作面,可缩短装配周期。

2)减少了复杂的部件装配型架数量。

3)由于改善了装配工作的开敞性,所以可以提高装配质量。

若将飞机部件、段件按工艺分离面进一步合理划分成板件,将取得明显的技术经济效果,便于安排和组织生产。这种划分主要具有以下两个优点。

1)为提高装配工作的机械化和自动化程度创造了条件。目前,国内外已设计有各种形式的自动铆接机。有的铆接机自动化程度很高,如可钻孔、锪窝、插入铆钉、铆接以及铣平埋头铆钉钉头等。若铆接机配置专用托架及计算机控制装置,可以自动调平、自动确定铆钉孔位置,还可自动调整工艺参数。但现有铆接机一般只适用于板件结构,故部件板件化的程度已成为评定结构工艺性的重要指标之一。

2)有利于提高连接质量。在部件划分为板件后,装配工作的开敞性好,连接工作可采用机械化设备。以铆接为例,用压铆代替锤铆,可以改善劳动条件,提高产品质量,缩短装配周期。因此,在结构设计中应尽量提高板件化程度。在现代飞机结构中,有些部件的板件化程度高达 90%,根据统计资料,这可将劳动生产率提高 1.35~3.3 倍,装配周期缩短为之前的 2/3~3/4,连接工作的机械化系数提高到 80%。

因此,飞机结构的划分工作在飞机设计过程中应周密地进行考虑和研究,以便设计出最合理的划分方案。这是一项极为重要的设计任务,因为它不仅要满足结构上和使用上的要求,而且还要满足生产上的要求。

飞机结构的划分,其重要意义不仅表现在需要综合考虑结构、使用和生产上的要求,而且在于划分的结果必然会涉及强度、质量和气动方面的问题。因此,在制定划分方案时,必须综合考虑上述各方面的因素,分析矛盾的各个方面,以制定出合理的结构划分方案。

应当指出的是,在飞机设计时,考虑工艺分离面的部位、形式和数量,必须从成批生产的要求出发。固然在新机设计阶段,还不能肯定是否会投入成批生产,但在设计阶段如不考虑成批生产时对飞机划分所提出的要求,那么在试制以后,若转入成批生产,此时再增减或修改各种分离面的部位和形式,将存在很大的困难,甚至是不可能的。

对于飞机结构上已具备的工艺分离面,在生产中是否加以利用,也就是在生产上是否按此分离面将工件分散装配,这取决于综合的技术经济分析结果。例如,在机翼装配时,若结构上前、后梁处存在工艺分离面,当产量大时,可将前、后两段分别在两个装配型架上装配,然后将此两段在机翼总装型架上与机翼中段的板件及翼肋等装配成机翼。但在试制生产或小批量生产时,为减少装配型架的品种和数量,其装配工作可都在机翼总装型架上完成,无需分段装配。换言之,结构上固然有工艺分离面,但考虑到具体的生产情况,也可以不加以利用。

1.3 装配基准

基准就是确定结构件之间相对位置的一些点、线或面。基准可分为设计基准及工艺基准。设计基准是设计用来确定零件外形或决定结构相对位置的基准,如飞机轴线、弦线等。工艺基准是在工艺过程中使用,存在于零件、装配件上的具体的点、线或面,可以用来确定结构件的装配位置。设计基准是空间的线或面,需要通过模线样板、基准孔或标准样件等协调手段,间接地实现设计基准与工艺基准的统一。

在国外,有把不存在于结构上的设计基准,用标识物标记在结构上的做法。这种标记不但在装配时可以利用,而且还可以长期保存,这是一种比较好的做法。例如,飞机水平基准线、飞机对称轴线都可以采用这种方法标记在结构件表面上。

根据功能不同,工艺基准可分为定位基准、装配基准、测量基准三种。

(1)定位基准——用来确定工件在夹具上的相对位置。

(2)装配基准——用来确定工件之间的相互位置。

(3)测量基准——用来测量装配尺寸的起始点。

在选择定位基准和装配基准时应遵循以下原则:

(1)装配定位基准与设计基准统一的原则。结构件定位应尽可能直接利用设计基准作为装配定位基准。对于不能被利用的,应通过工艺装备间接地实现基准的统一。例如,机翼翼肋的位置在图样上是用翼肋轴线确定的,当定位翼肋时,应选择翼肋轴线面作为定位基准。

(2)装配定位基准与零件加工基准统一的原则。应尽量使装配定位基准与零件加工基准相统一,若二者不统一,则应进行协调。例如,整体翼肋、整体大梁数控加工时的定位基准孔,在装配夹具内定位时,采用该孔作为装配定位基准能保证较高的位置准确度。

(3)装配基准与定位基准重合的原则。当部件或分部件为叉耳对接或围框式对接时,这些接头或平面在部件(或分部件)装配时是定位基准,在部件对接时是装配基准,亦即装配基准与定位基准统一。

(4)基准不变的原则。在部件的整个装配过程中,每道工序及每一个装配阶段(装配单元)都用同一基准进行定位,即构件的二次定位应采用同一定位基准。在机翼前梁装配时,若以前梁接头对接孔作为定位基准,则在前梁与前缘对合、部件总装时,均应以该接头对接孔作为定位基准。

飞机各部件的外形准确度关系到飞机的飞行性能,因此,在装配过程中,如何提高外形准确度是飞机装配中比较重要的一个问题。

在装配过程中,使用两种装配基准,即以骨架为基准和以蒙皮外形为基准。

以骨架为基准的装配示意图如图 1-5 所示。图 1-5(a)的装配过程如下:翼肋按定位孔定位,铆上桁条,组成骨架,放上蒙皮,用橡皮绳或钢带拉紧,然后进行骨架与蒙皮的铆接。图 1-5(b)的装配过程如下:翼肋按卡板定位,与大梁、桁条等组成骨架后,放上蒙皮,用卡板压紧,然后进行骨架与蒙皮的铆接。

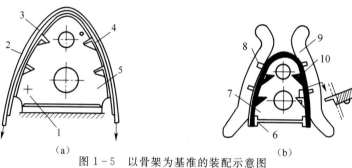

（a）　　　　　　　　　　　　　　　　　（b）
图 1-5　以骨架为基准的装配示意图
（a）不带卡板翼肋装配；（b）带卡板翼肋装配
1—定位孔；　2—蒙皮；　3—橡皮绳；　4—桁条；　5—翼肋；
6—大梁；　7—翼肋；　8—蒙皮厚度垫片；　9—卡板；　10—蒙皮

显然,这种以骨架为基准进行装配的方法,其误差积累是"由内向外"的,最后积累的误差反映在部件外形上。部件外形误差由以下几项误差积累而成,即

1)骨架零件制造的外形误差;

2)骨架的装配误差;

3)蒙皮的厚度误差;

4)蒙皮和骨架由于贴合不紧而产生的误差;

5)装配后产生的变形。

可见,部件外形准确度主要取决于零件制造后骨架装配的准确度。为了提高外形准确度,必须提高零件制造准确度、骨架装配准确度以及减少装配变形等。

为了满足上述要求,在结构设计和装配方法上,出现了以蒙皮外形为基准的装配方法。

以蒙皮外形为基准进行装配的典型结构和装配示意图如图 1-6 所示。图 1-6 的装配过程如下:因为在结构上翼肋分成两个半部,所以首先将半肋和桁条铆在蒙皮上,其次用撑杆将蒙皮顶紧在卡板上,最后将两个半肋连接在一起。

以蒙皮内形为基准的装配,是将蒙皮压紧在型架(夹具)的内托板(以蒙皮内形为托板的外形)上,再将骨架零件(一般为补偿件)装到蒙皮上,最后将骨架零件与骨架(或骨架零件)相连接,如图 1-7 所示。这种方法与上一种方法相比较而言,基本相似,只是其外形比前者少了一道误差(蒙皮厚度公差),国外广泛采用该方法来装配大型飞机的机身等部件。

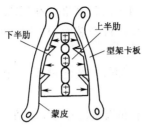

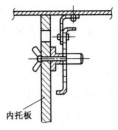

图1-6 以蒙皮外形为基准的装配示意图　图1-7 以蒙皮内形为基准的装配示意图

　　这类结构装配的误差积累是"由外向内"的,积累的误差在内部骨架连接时用补偿的方法来消除。部件外形的准确度主要取决于装配型架的制造准确度和装配后的变形。这种装配方法消除了蒙皮厚度误差,减少了骨架零件制造误差对外形的影响。部件外形误差由以下几项误差积累而成:

　　1)装配型架卡板的外形误差;

　　2)蒙皮和卡板外形之间由于贴合不紧而产生的误差;

　　3)装配后产生的变形。

　　显然,采用什么基准进行装配取决于部件的结构。图1-8是机翼中段以骨架外形为基准的装配示意图。按型架定位器及卡板定位大梁1,2及加强翼肋3,4,进行梁与肋间的连接工作;按大梁上的角片及型架卡板定位普通翼肋,进行梁与普通翼肋间的连接工作;按定位器定位悬挂接头8,并与梁进行连接,根据大梁与翼肋组装后的骨架外形铺上长桁与蒙皮;关闭卡板,将蒙皮紧贴在骨架上,进行蒙皮与骨架间的连接工作。

　　图1-9是机翼中段以蒙皮外形为基准的装配示意图。将蒙皮与长桁组合成壁板,在中段型架上,将壁板紧贴在卡板的A面上,此时按型架固定大梁及翼肋,由于大梁与翼肋无弦向分离面,装配时必然在梁与壁板间、翼肋与壁板间产生间隙,此时用结构补偿件补偿。

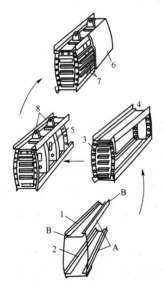
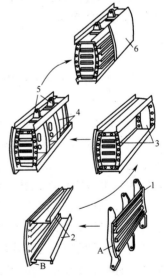

图1-8 机翼中段以骨架外形为基准装配示意图　图1-9 机翼中段以蒙皮外形为基准装配示意图
1,2—大梁; 3,4—加强翼肋; 5—普通翼肋;　　1—壁板; 2—大梁; 3—加强翼肋; 4—普通翼肋;
6—蒙皮; 7—长桁; 8—悬挂接头　　　　　　5—悬挂接头; 6—蒙皮

两种装配基准的比较见表1-2。

表 1 - 2　两种装配基准的比较

种类	以骨架为基准	以蒙皮为基准
结构特点	肋、隔板、框等骨架零件为整体式结构,无外形补偿件	1. 翼肋、隔板由上、下两半组成,用重叠补偿件连接; 2. 翼面类部件采用弦平面分离面,上、下半肋一般不连接; 3. 翼肋、隔板、框等与蒙皮之间设有补偿件
装配过程	首先定位骨架,然后将蒙皮装在骨架上,用力压紧,蒙皮与骨架进行铆接	1. 无补偿件的结构:按卡板定位蒙皮,安装半肋施压紧力,并与蒙皮铆接,对合连接上、下半肋; 2. 有补偿件的结构:定位翼肋腹板(或框),按卡板定位蒙皮并加力使其贴合卡板,安装补偿件与蒙皮和肋腹板(或框)铆接。亦可将补偿件带在壁板上,定位后补偿件与肋(或框)连接
装配误差	装配误差"由内向外"积累,误差反映在部件外形上	装配误差"由外向内"积累,误差通过结构补偿件消除
外形误差组成	1. 骨架零件外形误差; 2. 骨架装配误差; 3. 蒙皮厚度误差; 4. 蒙皮与骨架贴合间隙; 5. 装配变形	1. 卡板外形误差; 2. 蒙皮与卡板之间的贴合间隙; 3. 装配变形
特点	累积误差反映在部件外形上,使其准确度降低。要提高部件外形准确度,则必须提高骨架零件的外形准确度和骨架装配、定位准确度	利用补偿能获得较高的部件外形准确度
应用范围	1. 外形准确度要求较低的部件; 2. 翼型高度较小,不便于采用结构补偿的部件	外形准确度要求高的部件,且结构布置和连接通路都能满足要求

近年来,飞机的飞行速度不断提高,一般采用厚蒙皮或整体壁板结构。这类零件和结构刚度较大,难以在装配型架内通过外力进行校形。在结构和工艺上要采取其他各种措施,包括采用提高整体结构件的加工准确度,以确保外形准确度的要求。

图1-10为歼击机机翼的梁架,在梁架装配完后,在专用精加工台上对其进行外形加工。从梁架装配方法来看,其误差积累方向是"由内向外"的;但从梁架的外形来看,其积累误差通过精加工而消除了。

图1-11为壁板化机翼结构示意图。由于前、中、后翼肋和前、后梁都有弦向分离面,就有可能预先分成壁板来装配。例如,上翼面可分解成3个板件,下翼面也可分解成3个板件。其装配过程大致如下:首先在机翼中段型架内将中段上、下壁板紧贴在卡板上,选择合适的垫片,将上、下半梁装配起来;然后在机翼总装型架内将前、后段的上、下壁板紧贴在卡板上,与机翼中段组合并拼接。这个装配过程就是以蒙皮外形为基准的装配方法。

可见,在结构设计和制定工艺方案时,应合理地使用各种补偿方法,以得到准确的飞机外形。

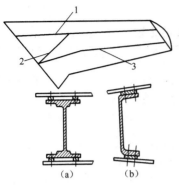

图 1-10　机翼梁架布置示意图　　　图 1-11　有弦向分离面的壁板化机翼结构示意图

(a) 主梁剖面；　(b) 前梁剖面

1—前梁；　2—主梁；　3—后梁

1.4　装　配　定　位

在装配过程中，首先要确定零件、组合件、板件、段件之间的相对位置，这就是装配定位。被装配的工件定位好后，应夹紧固定，然后进行连接。

在装配工作中，对定位有以下要求：

1) 保证零件之间的相互位置准确，装配以后能满足飞机图纸和技术条件中所规定的准确度要求；

2) 定位和夹紧固定要可靠，操作简单、迅速；

3) 所用的工艺装备简单，制造费用少。

1.4.1　装配定位的特点

任何一个工件，在空间都有 6 个自由度，它可沿着 X, Y, Z 3 个轴向移动，还可绕这 3 个轴线转动。定位的任务就是限制这 6 个自由度。一般对于刚性大的工件，要确定工件的空间位置，必须约束 6 个自由度，即"六点定位原则"。在飞机装配中，由于工件刚度小，为防止变形，保证定位准确度的要求，使定位误差不致集中积累在某一面上，以提高定位准确度，同时为了便于在装配时检验零件（装配工件）的制造准确度，常采用

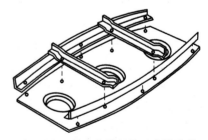

图 1-12　翼肋各零件按工艺孔定位

多定位面的"超六点定位"。该方法使装配定位时产生重复约束同一自由度的现象，这就是"过定位"。图 1-12 利用工艺孔翼肋缘条在腹板平面上定位。按"六点定位原则"，在一个平面上定位某一零件，平面本身对被定位的按工艺孔定位零件就已约束了 3 个自由度，因此只需用缘条两端的 2 个工艺孔就已完全约束了另外 3 个自由度。但一般对于尺寸大、刚度小的薄壁钣金件，尤其是对定位准确度要求较高的工件，往往采用多定位面。如图 1-12 所示，缘条在腹

板上的定位就采用了 3 个工艺孔。

由于"过定位",往往可能出现"定位干涉"现象。如上述翼肋缘条在腹板上的定位,在缘条两端 2 个工艺孔内插入定位销后,第 3 个孔可能插不进销子,这就是"定位干涉"。其主要原因在于工件与工件或工件与定位件之间的协调误差过大。除了检查工件和定位件的准确度以外,还应分析装配基准的选择是否合理,以求有效解决定位干涉问题。

1.4.2　装配定位方法

在飞机装配中,常用的定位方法有下述六种。

1. 划线定位

划线定位即根据飞机图纸,用通用量具来定位,如图 1-13 所示。这种方法的定位准确度较低,一般用于刚度较大、位置准确度要求不高的部件。对于图 1-13 中翼肋组合件上的加强角材(工件 4 及工件 5),由于其位置准确度要求不高,可用划线定位,但上、下缘条(工件 1 及工件 2)的位置准确度直接影响部件的空气动力外形,故不宜用划线定位,即仅尺寸 L_1 及 L_2 可用划线法确定。图 1-14 为在蒙皮上划线装配长桁和框。另外,用划线定位效率低,在成批生产中应尽量不用或少用这种方法。

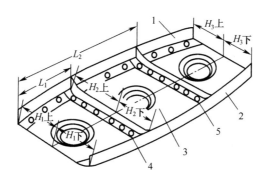

图 1-13　用划线定位示意图

1—上缘条；　2—下缘条；　3—腹板；　4,5—加强角材

由于划线定位通用性大,故在成批生产中不失为一种辅助的定位方法。例如,翼肋、隔框或大梁上的加强角材,仪表板的支架,飞机的铆钉及焊点位置等,有时是用划线确定位置的。

为了提高划线定位的工作效率,可以通过透明的胶板,用接触照相法将结构尺寸、连接件的形状和位置晒在零件上。这样可节省划线时间,提高零件定位的准确度。图 1-15 为口盖蒙皮上晒相定位铰链和锁扣的示意图。

2. 用基准工件定位

用基准工件定位是按基准工件或先装工件作为后装工件的基准。此方法主要用于刚度比较大的工件,是一般机械制造中基本的装配定位方法,其定位准确度取决于工件的刚度和加工精度。在飞机装配中,由于工件刚性差、构造复杂,此方法常作为辅助的定位方法。例如,按长桁上已装的角片确定框、肋的纵向位置(见图 1-16),或利用框、肋上的缺口弯边,确定桁条的位置(见图 1-17)。还有在工件在装配过程中获得较大刚度以后,则后装零件可以按该工件定位,如按已装配成的骨架定位蒙皮等。在飞机制造中,液压、气动附件以及具有复杂空间结构的操纵控制机构,均采用这种方法装配。

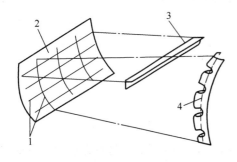

图 1-14 用划线法定位长桁和框的示意图

1—基准线; 2—蒙皮; 3—长桁; 4—隔框

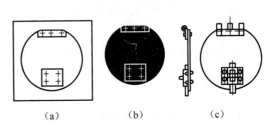

图 1-15 晒相定位铰链和锁扣的示意图

(a)明胶板; (b)显影后的口盖蒙皮; (c)装配好的口盖组件

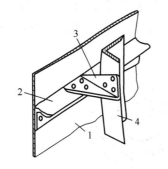

图 1-16 按角片确定框的纵向位置

1—蒙皮; 2—长桁; 3—角片; 4—框

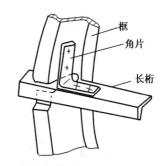

图 1-17 角片以框、长桁定位

3. 用装配定位孔定位

图 1-12 所示翼肋组合件是按预先在零件上制出的装配孔来定位的。方法是在装配时用预先在零件上制出的装配孔来定位。当用装配孔确定两个零件的相对位置时,装配孔的数量应不少于两个。装配孔的数量取决于零件的尺寸和刚度,对于尺寸大、刚度小的零件,装配孔的数量应适当增多。

为保证相连接的零件间装配孔是协调的,一般采用模线-样板法。首先按 1:1 的比例准确地在铝板上画出组合件的结构图(结构模线),在结构模线上标出装配孔,然后以结构模线为标准,分别制造各零件钻孔用的钻孔样板,零件上的装配孔按各自的钻孔样板钻孔,装配孔加工和协调路线如图 1-18 所示。由于各个零件上的装配孔位置是根据同一标准制出的,所以能保证装配孔之间的协调。

由于用装配孔装配不需要专用夹具,故在成批生产中,在保证准确度的前提下,应推广应用装配孔定位方法。对平板、单曲度以及曲度变化不大的双曲度外形板件,都可采用装配孔进行装配。

图 1-19 为用装配孔装配的板件示意图。在装配以前,在各个零件上,在部分的铆钉位置上(一般是每隔 400 mm 左右钻一个装配孔,孔径比铆钉孔小),预先按各自的钻孔样板分别钻出装配孔。图 1-20 为蒙皮装配孔的钻孔样板,装配时各零件之间相对位置按这些装配孔确定。另外,为减少划线工作量,一般是装配孔和导孔联合使用的,即在骨架零件上(或在其中一个零件上)全部钻出铆钉孔,孔径一般取 2.7 mm,在零件按装配孔定位并夹紧后,就可按骨架上的导孔钻出连接件的全部铆钉孔。

为提高板件装配时的刚度,也可使用简单的托架,如图 1-21 所示。蒙皮 1 通过工艺螺钉 5 固定在托架上,这样不仅提高了工艺刚度,且装配时操作也非常方便。

对点焊及胶接结构板件,也可采用装配孔定位,装配孔定位后送到点焊机点焊或在胶接设备内胶接。

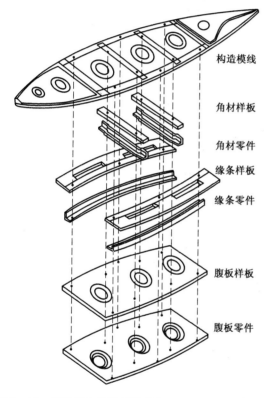

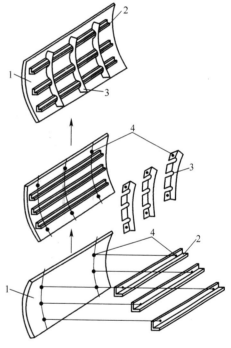

图 1-18　翼肋组合件装配孔的加工和协调路线示意图

图 1-19　用装配孔装配板件示意图
1—蒙皮；　2—长桁；　3—隔框；　4—装配孔

4. 用坐标定位孔定位

用坐标定位孔定位类似于用装配孔定位,其区别在于装配孔是分别配置在相互装配的两个零件上的,而坐标定位孔是分别配置在用于型架上确定零件正确位置的型架上及零件上的。由于要充分利用模线、样板、型架制造中的划线钻孔台和型架装配机等通用设备,坐标定位孔离基准轴线一般取 50 mm 或 50 mm 的倍数,故称为坐标定位孔。图 1-22 为隔框上的坐标定位孔,图中 L^* 是 50 mm 或 50 mm 倍数的距离。

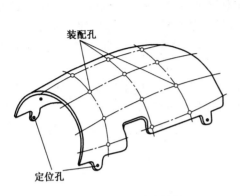

图1-20 蒙皮钻孔样板

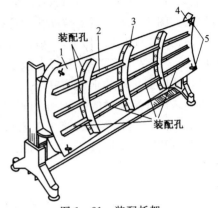

图1-21 装配托架

1—蒙皮; 2—长桁; 3—隔框;

4—托板; 5—工艺螺钉

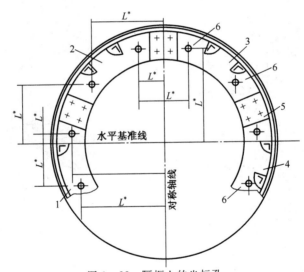

图1-22 隔框上的坐标孔

1~4—隔框; 5—连接片; 6—坐标定位孔

图1-23为按坐标定位孔定位的装配过程。隔框通过坐标定位孔用型架上的定位销3固定;通过连接片4将隔框组装在一起;将壁板铺放在骨架上,用钢带6拉紧进行壁板与骨架的铆接。图中 H_L 为型架上的坐标定位孔间距,δ_1,δ_2 为壁板厚度,H_x 为装配后的外形尺寸。

图1-24为综合使用装配孔、坐标定位孔的机翼前段零件示意图。图1-25所示为壁板装配孔、坐标定位孔的装配示意图。

由于坐标定位孔位置尺寸一般是50 mm或50 mm的倍数,故型架上坐标定位孔定位器可设计成通用形式,通过调整可装配多种装配单元,如图1-26所示。

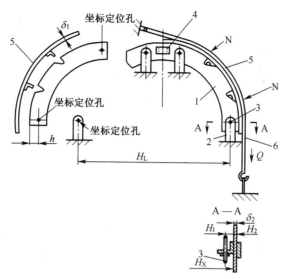

图 1-23 按坐标定位孔定位的装配过程

1—隔框； 2—叉形件； 3—定位销； 4—连接片； 5—壁板； 6—钢带

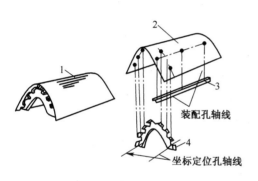

图 1-24 机翼前段零件上装配孔和坐标定位孔示意图

1—机翼前段； 2—蒙皮； 3—长桁； 4—翼肋

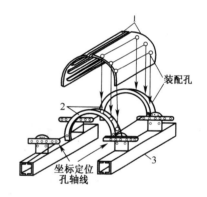

图 1-25 壁板装配时用装配孔示意图

1—壁板； 2—隔框； 3—型架

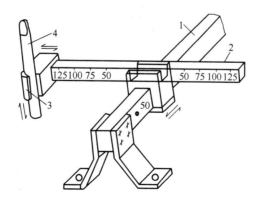

图 1-26 通用装配型架

1—型架纵梁； 2—可调横梁； 3—套柱； 4—支杆

5. 用基准定位孔定位

用基准定位孔定位类似于用装配孔定位,区别在于装配孔是分别配置在相装配的两个零件上的,而基准定位孔是配置在相装配的两个组合件、板件,或者段件上的,因此基准定位孔的定位方法实际上是装配孔定位方法的推广。显然,被装配的组合件、板件、段件应有足够的刚度,采用基准定位孔确定装配单元的相对位置,可大大简化型架结构。

图 1-27 为用基准定位孔确定机身壁板间、机翼段件间的相对位置。

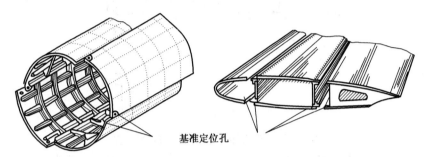

图 1-27 按基准定位孔装配定位

图 1-28 为机翼段件各装配单元的基准定位孔、坐标定位孔的配置图。

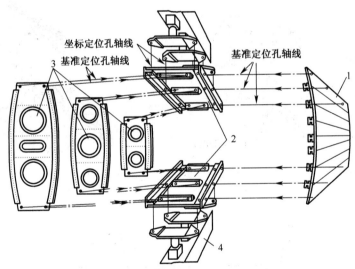

图 1-28 按基准定位孔、坐标定位孔装配定位
1—壁板; 2—大梁; 3—翼肋; 4—型架

以上三种孔定位方法,即装配孔、坐标定位孔及基准定位孔的定位方法,一般统称为安装定位孔的定位方法。

6. 用装配型架定位

由于飞机结构复杂,零件、组合件、板件,甚至段件工艺刚度小,而组合成的外形及接合面又有严格的技术要求,所以用装配型架定位是飞机制造中最基本的一种定位方法。

图 1-29 为翼肋组合件的装配型架。腹板用坐标定位孔(通过定位销 5)定位;上、下缘条

以外形定位夹紧件 3 和挡块 4 定位,用定位夹紧件夹紧;加强角材可用定位件定位,也可用划线或装配孔定位。由图 1－29 可知,这种定位方法的定位准确度取决于装配型架的准确度,为确保工件的装配准确度,必须首先保证装配型架的准确度。

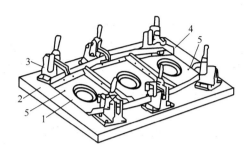

图 1－29　翼肋组合件的装配型架
1—翼肋腹板;　2—夹具底座;　3—定位夹紧件;　4—挡块;　5—定位销

图 1－30 为机翼装配型架示意图。机翼外形由卡板定位,机翼接头及副翼悬挂接头由代表产品之间连接关系的接头定位器定位。由于飞机零件、组合件的尺寸大、刚度小,所以,在飞机装配中装配夹具的功能与一般机械产品装配夹具的功能有本质的区别。机械产品装配夹具的主要用途是提高劳动生产率,而飞机装配夹具是保证零组件在空间具有相对准确的位置所必不可少的。另外,飞机装配夹具除了起定位作用外,还有校正零件形状和限制装配变形的作用。因此,飞机装配夹具的定位件不遵守"六点定位原则",往往采用多定位面的"超六点定位",即"超定位"方法。在图 1－30 所示的型架内工作时,通过零件、组合件在型架内的装配,可发现不协调的地方。检查或修正的依据就是型架定位器的工作面,根据工艺规程对不协调部位进行修配或施加垫片。另外,为减少装配变形,铆接工作应在定位器打开数目最少的情况下进行。因为机翼接头的位置准确性会影响机翼和机身的相对位置,副翼悬挂接头的位置准确性关系到副翼转动的灵活性、外形吻合性等,所以,这些接头定位器非万不得已应自始至终不打开。型架卡板影响机翼外形的准确度,故铆接工作应在卡板打开数目最少的情况下进行。

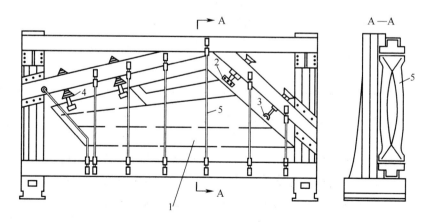

图 1－30　机翼装配型架示意图
1—机翼;　2—主梁接头定位器;　3—前梁接头定位器;　4—副翼悬挂接头定位器;　5—卡板

在成批生产中,为了扩大装配工作面,采用分散装配原则,故在夹具定位时存在着大量的二次定位。二次定位是指装配过程中某些外形及接头已经装配好,而下一个装配阶段又在另一个夹具上再次定位。由于夹具的制造误差和产品的装配误差给二次定位带来了困难,所以一般采用游动结构或较小尺寸的定位销来解决这个问题。

由于飞机装配中采用大量的装配夹具,所以制造费用高,生产准备周期长,工作面不开敞。比较复杂的装配夹具应提前投产,不要影响生产进度。为改善装配时的工艺通路,应在定位可靠的前提下,除用夹具作为主要定位方法外,对不太复杂的组合件或板件可采用装配孔定位的方法。对无协调要求及定位准确度要求不高的部位,也可采用划线定位方法或基准件定位方法。归结起来,定位方法的分类和特点见表1-3。

表1-3 定位方法的分类和特点

类　别	方　法	特　点	选　用
划线定位法	1. 用通用量具和划线工具划线; 2. 用专用样板划线; 3. 用明胶模线晒相方法	1. 简便易行; 2. 装配准确度较低; 3. 工作效率低; 4. 节省工艺装备费用	1. 新机研制时尽可能采用该定位法; 2. 成批生产时,简单的、易于测量的、准确度要求不高的零件定位; 3. 作为其他定位方法的辅助定位
基准件定位法	以产品结构件上的某些点、线来确定待装件的位置	1. 简便易行,节省工艺装备,装配开敞,协调性好; 2. 基准件必须具有较好的刚性和位置准确度	1. 有配合关系且尺寸或形状相一致的零件之间的装配; 2. 与其他定位方法混合使用; 3. 刚性好的整体结构件装配
安装定位孔定位法	在相互连接的零件(组合件)上,按一定的协调路线分别制出孔,装配时零件以对应的定位孔来确定零件(组合件)的相互位置	1. 定位迅速、方便; 2. 不用或仅用简易的工艺装备; 3. 定位准确度比工艺装备定位的低,比划线定位的高	1. 单曲度和平滑双曲度壁板中蒙皮、长桁、框的装配; 2. 内部加强件的定位; 3. 平面组合件、非外形零件的定位; 4. 组合件与组合件之间的定位
装配夹具定位法	利用型架(如精加工台)定位确定结构件的装配位置或加工位置	1. 定位准确度高; 2. 限制装配变形或强迫低刚性结构件符合工艺装备; 3. 能保证互换部件的协调; 4. 生产准备周期长	应用广泛的定位方法,能保证各类结构件的装配准确度要求

此外,还可以采用标准工艺件定位法。即产品零件或组件的主要尺寸按1:1比例制造一个标准工艺件(甚至在工艺件上可以制出一些缺口或安装上一些定位件),用这些标准工艺件来代替零件或组件以确定其他构件的位置,待其他构件连接之后再卸下这些工艺件并换上相应的零件或组件,完成装配,此为标准工艺件定位法。例如,采用几个中段肋的工艺件,在前梁或后梁定好位之后再来确定后梁或前梁的位置;又如某型机的货舱门,各梁的位置是靠工艺蒙皮上的定位角材来确定的,骨架装好之后再装上外蒙皮,并在夹具内钻孔、铆接,图1-31为工艺肋及工艺蒙皮示意图。

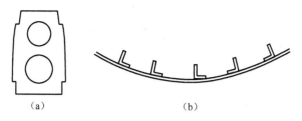

图 1 - 31　工艺肋及工艺蒙皮示意图
(a)工艺肋；　(b)带有梁定位器的工艺蒙皮

1.5　装配工艺过程设计

1.5.1　装配工艺设计的主要内容

部件装配工艺设计的目的是为部件装配提供工艺技术上的准备。它贯穿于飞机设计、试制和批生产的全过程。部件装配工艺设计在飞机生产各个阶段的工作重点虽然不同,但其主要内容包括以下几方面。

(1) 合理的装配单元的划分。根据飞机的结构工艺特征,合理地进行工艺分解,将部件划分为装配单元。

(2) 确定装配基准和装配定位方法。部件装配基准是指为保证飞机外形的准确度所采用的外形零件定位基准。装配基准是根据飞机气动外形的准确度要求在飞机结构设计时确定的。装配工艺设计的任务是采用合理的工艺方法和工艺装备来保证装配基准的实现。

装配定位方法是指确定装配单元中各组成元素相互位置的方法。定位方法是在保证产品图样和技术条件要求的前提下,综合考虑了操作简便、定位可靠、质量稳定、开敞性好、工艺装备费用低和生产准备周期短等因素之后选定的。

(3) 选择保证准确度、互换性和装配协调的工艺方法。为了保证部件的准确度和互换协调要求,必须采取合理的工艺方法和协调方法。其内容包括制定装配协调方案,确定协调路线,选择标准工艺装备,确定工艺装备与工艺装备之间的协调关系,利用设计补偿和工艺补偿的措施等。

(4) 确定各装配元素的供应技术状态。供应技术状态是对装配单元中各组成元素在符合图样规定前提下而提出的其他要求,也就是对零件、组件、部件提出的工艺状态要求。

(5) 确定装配过程中的工序、工步组成和各构造元素的装配顺序。装配过程中的工序、工步组成包括装配前的准备工作,零件和组件的定位、夹紧、连接,系统和成品的安装,互换部位的精加工,各种调整、试验、检查、清洗、称重和移交工作,工序检验和总检等。装配顺序是指装配单元中各构造元素的先后安装次序。

(6) 选定所需的工具、设备和工艺装备。

工作内容包括以下几方面：

1)编制通用工具清单；

2)选择通用设备及专用设备的型号、规格、数量;

3)申请工艺装备的项目、数量,并对工艺装备的功用、结构、性能提出设计技术要求。

工艺装备包括以下几类:

1)标准工艺装备:包括标准样件、标准模型、标准平板、标准量规以及制造标准的过渡工艺装备等。

2)装配工艺装备:包括装配夹具(型架)、对合型架、精加工型架、安装定位模型(量规、样板)、补铆夹具、专用钻孔装置、钻孔样板(钻模)等。

3)检验试验工艺装备:包括测量台、试验台、振动台、清洗台、检验型架、平衡夹具、试验夹具等。

4)地面设备:包括吊挂、托架、推车、千斤顶和工作梯等。

5)专用刀量具:包括钻头、扩孔钻、铰(拉、镗)刀、锪钻、塞规(尺)及其他专用测量工具等。

6)专用工具:包括用于拧紧、夹紧、密封、铰接和钻孔等工具。

7)二类工具:包括顶把、冲头等。

(7)零件、标准件、材料的配套。

工作内容包括以下几方面:

1)按工序对零件(含成品)、标准件进行配套;

2)计算材料(基本材料、辅助材料)定额;

3)按部件汇总标准件、材料。

(8)进行工作场地的工艺布置。

工艺布置的内容包括概算装配车间总面积,准备原始资料,绘制车间平面工艺布置图。

1.5.2 装配单元划分和装配图表

飞机机体是结构复杂、要求严格的产品。为保证装配工作顺利进行,工作时必须依据装配工艺规程进行装配。

新机装配工艺规程是根据产品结构、技术条件和生产规模制定的。首先按部件编制装配方案,各部件装配方案包括部件的工艺分离面图表、部件装配图表(或称装配流程图)、装配指令性工艺规程、工艺装备协调图表和工艺装备品种表。

部件装配指令性工艺规程包括部件装配各阶段的内容,装配基准,定位方法,装配用的主要工艺装备、设备和检验方法,以及主要零件和组合件等的供应状态和交付状态等。装配图表是以图表形式表示装配的分散程度、装配顺序、平行工作内容以及主要工艺装备等。在装配图表的纵向加上时间坐标,则可清楚地看出装配各阶段所需时间以及部件装配的总周期。

在部件装配指令性工艺规程基础上,制定装配各阶段的工作工艺规程。工作工艺规程是开展装配工作的依据。

在制定部件装配方案时,应根据生产规模仔细地研究结构的工艺分离面。在成批生产中,要尽量扩大平行工作面,故应充分利用工艺分离面。一般产量越大,装配分散程度也应越大,这种装配原则称为分散装配原则。但在试制或小批量生产时,如果仍采用分散装配原则,则经济上是不合理的。这种情况下应采用集中装配原则,即装配工作主要集中在部件总装型架内进行。

现在以成批生产为例,仅从装配单元划分的应用上来说明制定装配方案应注意的问题。

在成批生产中,一般采用分散装配原则,但能否进行工艺分解则取决于部件结构。为提高装配的机械化程度,应特别注意提高部件的板件化程度。

将部件划分为组合件、板件、段件等装配单元后,其装配过程如图 1-32 所示。

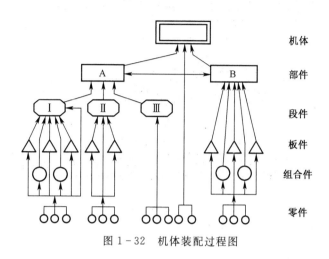

图 1-32　机体装配过程图

图 1-33 和图 1-34 分别为伊尔-86 型旅客机的机身和机翼装配各阶段划分的装配单元。

对结构工艺分离面组合的先后次序可能有好几种方案。例如,图 1-35 所示的机翼结构,其组合方案可能如图 1-36 或图 1-37 所示。

图 1-36 所示的方案 1 是将前梁划分到前段上,将后梁划分到后段上,中段上、下蒙皮预先分别与长桁连接,然后在机翼总装型架内组合并铆接。

图 1-37 所示的方案 2 是把前梁、后梁、翼肋中段、上下板件铆接成中段,前段不带前梁,后段不带后梁,然后在机翼总装型架内组合并铆接。

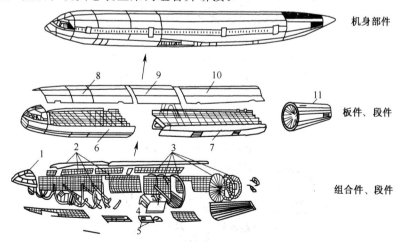

图 1-33　伊尔-86 机身工艺分解图

1—驾驶舱组合件;　2—侧板件;　3—隔框;　4—起落架舱;　5—舱盖;
6—前下部;　7—后下部;　8—前上板件;　9—中上板件;　10—后上板件;　11—尾段

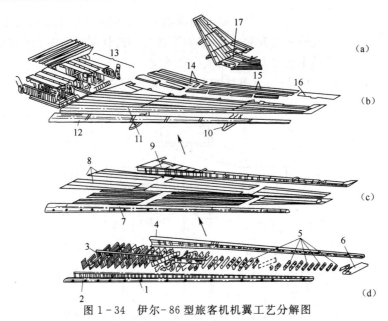

图 1-34 伊尔-86 型旅客机机翼工艺分解图

(a)机翼； (b)外翼、襟、副翼等部件； (c)板件、段件； (d)组合件

1—前翼； 2—外翼前缘； 3—中梁； 4—后梁； 5—翼肋； 6—翼尖；

7—外翼前段； 8—外翼上、下板件； 9—外翼后段； 10—发动机短舱；

11—外翼； 12—前襟翼； 13—中翼组合件； 14—襟翼； 15,16—副翼； 17—中翼

上述两种方案从工艺上讲都是可行的。对于方案 1，前、后段工艺刚度大，对保证前、后段的外形有利，但总装工作量比方案 2 大。对于方案 2，前、后段工艺刚度小，但总装工作量少些。在考虑方案时，切不要把翼肋中段和上、下板件预先组合在一起，因为这种组合件内无前梁和后梁，工艺刚度小，同时，这个组合件和前、后段连接时也较困难。

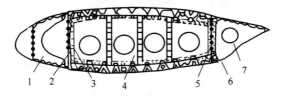

图 1-35 机翼的典型切面结构示意图

1—机翼前缘； 2—前梁； 3,5—梁和翼肋中段的连接角材；

4—翼肋中段； 6—后梁； 7—机翼后缘

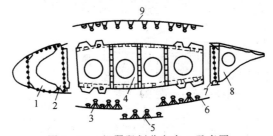

图 1-36 机翼段划分方案 1 示意图

1,2—带前梁的机翼前段； 3—1 号下板件； 4—翼肋中段；

5—可卸板件； 6—下板件； 7,8—带后梁的机翼后段； 9—上板件

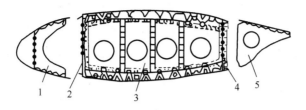

图 1-37　机翼段划分方案 2 示意图

1—不带前梁的机翼前段；　2,3,4—由前梁、后梁、翼肋中段和上、下板件组成的机翼中段；　5—不带后梁的机翼后段

部件结构形式是各种各样的,在工艺分解时可能会遇到这样或那样的复杂情况,但选择方案时应考虑构造上的可能性、工艺上的开敞性、装配单元的工艺刚度,以及是否有利于尺寸和形状的协调,是否有利于减少部件总装阶段的工作量等。在实际工作中,往往会在各种方案中出现矛盾的情况,此时要根据具体情况,即产量大小及工厂经验等,权衡主次,以合理解决。

方案 1 及方案 2 的装配过程如图 1-38 和图 1-39 所示。

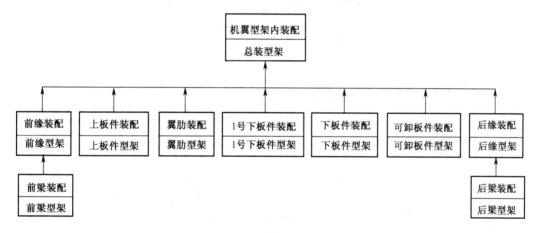

图 1-38　机翼装配过程方案 1

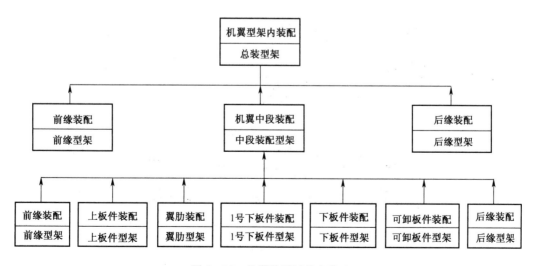

图 1-39　机翼装配过程方案 2

图 1-40 为某机翼装配过程示意图。其中,架外工作是指型架外的补铆工作,补铆工作是在型架内已经定位,为了减少架内工作量而转移到架外进行的不影响装配质量的装配安装工作。开展安装试验工作时,应将有关的安装、试验工作尽量安排在部件装配阶段完成,以减少飞机总装工作量。

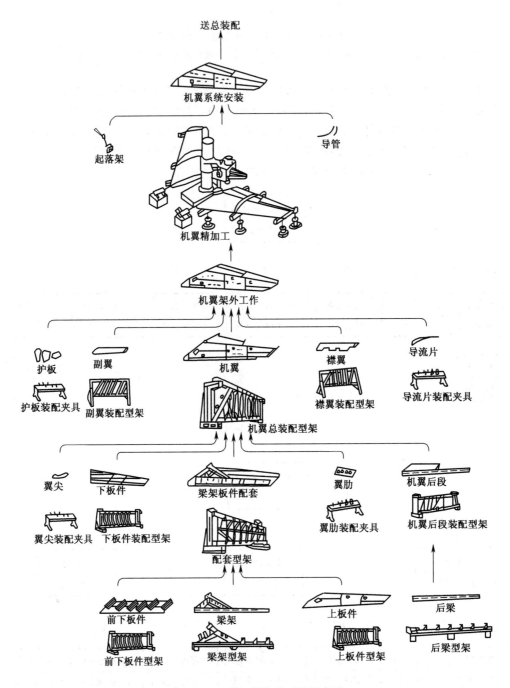

图 1-40 其机翼装配过程示意图

1.5.3　飞机翼盒装配工艺实例分析

飞机翼盒由上壁板、下壁板、前梁、后梁和翼肋组成，如图 1-41 所示。翼盒装配工艺设计需要考虑的主要问题有装配姿态、基准选择、定位方法、零组件保型、装配压紧力、装配环境、翼盒装配过程分析等。

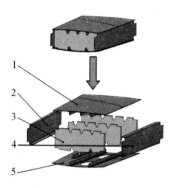

图 1-41　飞机翼盒结构
1—上壁板；2—前梁；
3—翼肋；4—后梁；5—下壁板

1. 装配姿态

翼盒装配有立式和水平两种装配姿态。在大型飞机研制以前，翼盒装配均采用立式装配姿态，这是因为翼盒尺寸较小时，立式装配具有显著的优点，而缺点可以忽略。但对于大型翼盒装配而言，立式装配虽优点明显，但缺点也很明显。

（1）立式装配的优、缺点及措施。

优点：大部分装配工作都是平视，只有少部分工作需要仰视和俯视，手工装配时的立式姿态是人机工程学最佳状态。

缺点：由于厂房内高度方向的温度差要比水平方向的大，加之翼盒弦向尺寸要比厚度尺寸大，导致立式装配时翼盒及其工装的变形更为复杂。翼盒的立式装配姿态和水平飞行姿态不一致，装配完成后需要翻转，也会存在相应的变形。装配人员的作业高度较高，需要有更多的安全防护。

措施：设计恒温车间，消除高度方向的温差和对流，但成本巨大。

（2）水平装配的优、缺点及措施。

优点：翼盒装配姿态与飞行姿态一致，装配过程中的累积误差相对较小。装配人员的作业高度较低，安全防护更容易实现。

缺点：大部分装配工作都是仰视和俯视，只有少部分工作需要平视，手工装配时水平姿态的人机工程学很差。

措施：用自动化作业代替手工作业，但成本较高。

2. 基准选择

（1）以型面为基准的定位。传统飞机翼盒装配，受当时制造技术的限制，主要以型面为定位基准。当前的很多整体件在当时都是组装件，如翼梁、翼肋和壁板等都是由钣金和蒙皮等弱刚性零件组装而成的。这些构件从零件制造到组装，为了保持基准的一致性，一直采用型面定位。但是，以型面为定位基准的装配工艺和工装较为复杂，且型面的制造精度不高。

（2）以孔为基准的定位。现代飞机翼盒装配，主要以整体件上的工艺孔为定位基准，如翼梁、翼肋和壁板等整体件均设有定位用的工艺孔。这些构件一般都是整体成形和整体机加工成形的，型面和定位孔之间的位置精度很高，且具有较高的刚度，不易变形。因此，飞机翼盒从整体件制造到装配，为了保持基准的一致性，提高装配精度和效率，简化装配工艺和工装，一直采用孔定位。孔的制造精度高，以孔为定位基准的装配精度较高。

3. 定位方法

（1）以固定工装为基准的定位。传统飞机翼盒装配，由于缺乏自动化定位装备和测量设备,几乎都是以固定工装为定位基准的。以固定工装为基准的翼盒装配,需要对工装进行周期性的检查和维护,保证工装在使用寿命内的准确性。

(2)以理论坐标为基准的定位。现代飞机翼盒装配,在以固定工装定位为主的同时,开始采用以理论坐标为基准的定位方法,且应用比例逐渐加大。调姿定位装备以理论坐标为基准定位方法中的一个支撑和运动的实体,产品定位依据产品上的测量点相对于飞机坐标系的坐标位置。该类调姿定位装备包括自动化运动装备和测量设备。以理论坐标为基准的定位,为调姿定位装备的模块化、柔性化和快捷重组提供了有效途径。

4. 零组件保型

翼盒装配过程中的零组件保型主要有壁板保型、翼肋保型和端部开口保型。对于小型翼盒的装配,零组件不需要保型,但是对于大型翼盒的装配,由于零组件在转运和装配时的变形较大,需要通过保型控制才能满足定位精度。

5. 装配压紧力

与金属构件装配不同的是,复合材料构件装配压紧力有特殊要求,单点压紧力不能过大。工装压紧件的数量和分布需要根据产品的质量、尺寸,以及单点最大压紧力等来确定。

6. 装配环境

装配环境主要有地基控制、温度控制、光线控制等,这些都是影响装配精度的环境因素。

(1)地基控制。为减少地基沉降、地面横波和纵波对工装的影响,大型装配工装和高精度的装配系统需要建造专用地基。

(2)温度控制。为减少温度对工装的影响,大型装配工装和高精度的装配系统需控制垂直和水平方向的空气对流,尽量降低装配系统的高度,特殊情况下需要设置恒温隔段。

(3)光线控制。太阳光不能直接照射在产品、工装和地面上,以防止太阳光辐射导致产品和工装吸热产生变形。

7. 翼盒装配过程分析

首先,翼梁和翼肋分别由各自的工装定位器进行定位,以两个孔和一个腹板面为定位基准,装配成骨架。再以骨架外形为基准,通过卡板和螺旋测力压紧器,将壁板内形与骨架外形贴合,定位壁板的型面。然后以工装边缘定位器或者骨架边缘线为基准,定位壁板的边缘线(某些壁板采用调姿定位装备,以理论坐标为基准,定位壁板的边缘线)。压紧器安装在卡板上,卡板上设有多个安装孔,用于调节压紧器的高低位置;卡板安装在滑轨上,可以实现压紧器水平方向的移动。通过微型拉压传感器和显示器获得压紧力的数值,实现压紧力的监测和调控。复合材料翼盒立式装配如图1-42所示。

图1-42　复合材料翼盒立式装配示意图

1—工装框架;2—梁定位器;3—卡板;
4—螺旋测力压紧器;5—翼盒;6—肋定位器;
7—底部辅助支撑;8—滑轨滑块

1.6 数字化装配工艺设计

数字化装配工艺设计技术是根据企业结构和制造流程在软件环境中构建企业的制造体系结构,包括产品、工艺和资源三个主要部分,可以描述产品的装配工艺及制造成本和时间。

产品物料清单(Bill of Material,BOM)表明产品、部件、组件、零件、原材料之间的结构关系,BOM 又包括设计物料清单(Engineering Bill of Material,EBOM)、工艺物料清单(Process Bill of Material,PBOM)和制造物料清单(Manufacturing Bill of Material,MBOM)。

工艺又分为根据工艺分离面设计的工艺规划和根据生产工位设计的工艺生产规划。资源分为结构化的资源和资源规划,结构化资源包括工厂、车间、工段、工位、设备、工装、工具和人。其中,成本包含在产品中,时间包含在工艺中,设备利用率包含在资源规划中。

利用设计部门发放的产品三维数模和 EBOM,在三维可视环境下进行产品的装配工艺规划及工艺设计。将三维数模数据(属性)导入产品节点,并将三维数模图形的路径关联到每个零件上,在编制工艺时可预览零件和组件的三维图形,直观地反映装配状态。

同时,在划分产品工艺分离面的基础上,对每个工艺部件进行初步装配流程设计,划分装配工位,确定在每个工位上装配的零组件项目,在三维数字化设计环境下构建各装配工位的段件装配工艺模型,并制定出产品各工位之间关系的装配流程图,形成装配 PBOM。

在划分装配工位的基础上,对每个工位依据段件装配工艺模型在三维数字化环境下进一步进行各工位内的装配过程设计,确定每个工位内的段件装配工艺模型和零组件的装配顺序,并且将相关的资源(设备、工装、工具、人)关联到工位上。确定该工位需要由多少个装配过程实现,并定义装配过程对应的装配指令(Assembly Outline,AO)。在划分装配 AO 基础上,对 AO 依据段件装配工艺模型进行详细的装配工艺过程设计,定义该工艺过程所需要的零组件、标准件、工装等,在三维数字化环境下确定该装配过程零组件、标准件、成品等装配顺序,明确装配工艺方法、装配步骤,并选定该装配过程所需要的工装、夹具、工具、辅助材料等资源,形成用于指导生产的 AO 和 MBOM。

思 考 题 1

1. 在机体设计中为什么要进行结构分解?试以某机翼(或机身)部件为例说明分离面的划分情况。

2. 试分析飞机装配中各种定位方法的特点及其应用。

3. 形成部件气动外形的装配基准有哪些?试说明它们的装配工艺过程,以及装配基准与部件结构特点的关系。

4. 分析装配孔定位、坐标定位孔定位及基准定位孔定位的异同点,分析各种孔定位方法的技术经济效果。

5. 结合飞机某一部件的具体结构,分析其装配方案。

第2章 飞机装配准确度

2.1 基本概念

2.1.1 飞机装配准确度要求

飞机机体的装配准确度直接影响到飞机的使用性能以及生产的互换性,因此保证飞机机体的装配准确度,是飞机装配工作的主要任务。对于飞机机体装配准确度的要求主要包括下述几方面。

1. 部件气动力外形准确度

(1)外形要求。对于不同类型的飞机,其要求是不同的。图 2-1 为高速歼击机各部件的外形要求示意图。由图 2-1 可见,对于外形准确度,翼面部件比机身部件要求高,部件最大剖面之前比最大剖面之后要求高。

外形波纹度是指一定范围内的波高误差。如图 2-2 所示,L 为部件外形波纹的波长,y_n,y_{n+1},y_{n+2},…为实际外形的波峰与波谷位置离等距卡板(或等距样板)工作外缘的距离,则外形波纹度 λ 定义为

$$\lambda = \frac{h}{L}$$

式中

$$h = y_{n+1} - \frac{y_n + y_{n+2}}{2}$$

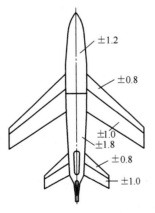

图 2-1 高速歼击飞机各部件外形要求示意图

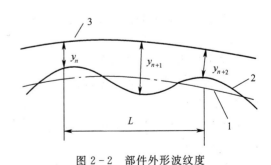

图 2-2 部件外形波纹度

1—理论外形; 2—实际外形; 3—等距卡板的工作外缘

高速歼击机允许的翼面展向波纹度不大于 0.5/400。由于机翼一般为单曲度部件,因此可用直尺沿等百分比(如 5%,10%,15%,20%,40%,60% 和 80%)弦线处进行检查。用直尺检查波纹度时,$y_n = y_{n+2} = 0$,故 $h = y_{n+1}$。

因为要检查出外形的正向误差,所以必须使用等距样板。当要检查各截面间的相对扭转和相对位移时,则必须用部件检验型架或在装配型架上安装检验卡板(即各截面的等距检验卡板)进行检验。这时检验出的外形误差是外形的综合误差。

(2) 表面平滑度要求。表面不平滑误差包括铆钉、螺钉、焊点处的局部凸凹缺陷,以及蒙皮对缝间隙和阶差等(见图2-3)。蒙皮对缝间隙允许值是按平行和垂直气流方向分别规定的,对缝阶差允许值是按顺气流和逆气流方向分别规定的。对结构比较复杂、难以保证精密配合的部位,则根据具体情况制定允许值。例如,对于"三叉戟"型客机的乘客舱门与周围机身配合处,允许的间隙:上部为(7.0±1.9) mm,侧部为(4.4±1.9) mm,下部为(3.8±2.5) mm;允许与机身的阶差要求:凸出为 2.5 mm,凹进为 5.0 mm。

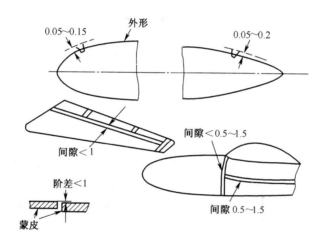

图 2-3　表面平滑度要求示例(单位:mm)

2. 部件内部组合件和零件的位置准确度

部件内部组合件和零件的位置准确度是对基准轴线的位置要求,如大梁轴线、翼肋轴线、隔框轴线、长桁轴线等的实际装配位置相对于理论轴线的位置偏差。一般规定梁轴线允许的位置偏差和不平度范围为 ±0.5～±1.0 mm,普通肋轴线的位置偏差范围为 ±1～±2 mm,长桁的位置偏差为 ±2 mm 等。

3. 部件间相对位置的准确度

表示飞机尾翼相对于机身的位置准确度参数是上反角(或下反角)β、安装角 α 和后掠角(见图 2-4)。一般将其允差值换算成线性尺寸在飞机水平测量时检验。

表示各操纵面相对于固定翼面的位置准确度参数是阶差、剪刀差和间隙(见图 2-5)。

表示机身各段间的相对位置准确度参数是同轴度。同轴度本身的要求并不高,一般在几毫米以内,但必须保证各段对接处的阶差不超过表面平滑度的要求。

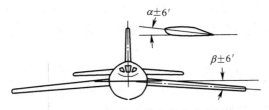

图 2-4 部件间相对位置的准确度要求

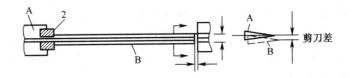

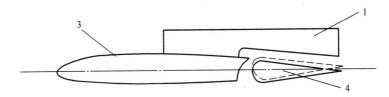

图 2-5 副翼相对于机翼的位置的准确度要求

A—机翼; B—副翼

1—检验卡板; 2—型架; 3—机翼外形; 4—副翼外形

翼面的下反角、安装角、后掠角、偏转角和机身各段件轴线同轴度,通常是用水平测量的方法来检查的,即将各部件的相对位置,按设计基准通过装配型架转换成部件表面上的测量点的相对位置,然后用水平仪、经纬仪来测量这些测量点的相对位置,以此检查各部件间的相对位置。图 2-6 为机翼、平尾安装角的测量示意图。

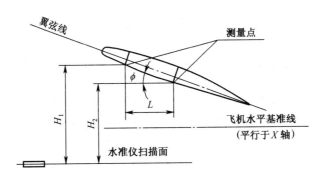

图 2-6 机翼、平尾安装角的测量示意图

机翼、平尾安装角的公差值 δ_ϕ,按两个测量点的高度差 $\delta_{(H_1-H_2)}$ 与该两点在平行于 X 轴的水平投影距离 L 的比值,换算成角度分值给定。安装角公差按下列公式计算:

$$\delta_\phi = \frac{\delta_{(H_1-H_2)}}{L} \times \frac{180}{\pi}$$

在机体分解中已经介绍过,部件与部件之间一般采用可卸连接,故在保证上述部件间相对

位置准确度的同时,还必须保证设计分离面(即对接接合)的准确度要求。

部件设计分离面,例如机身与机翼、机身与机身之间,一般采用叉耳式接头或围框式(凸缘式)接头,如图 2-7 和图 2-8 所示。

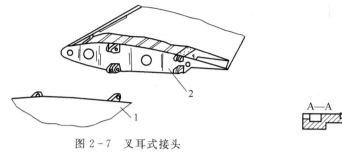

图 2-7　叉耳式接头
1—外翼；　2—中翼

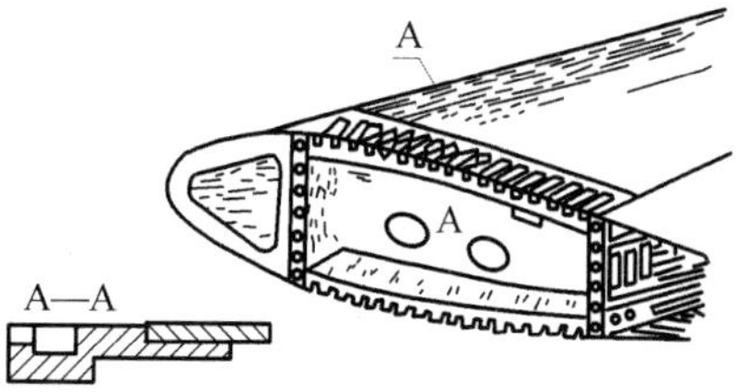

图 2-8　围框式接头

叉耳式接头的配合要求是:孔与螺栓一般为间隙配合 H8/h7 或 H9/f9 等。在叉耳宽度方向,当配合尺寸有公称间隙时,间隙值一般为 0.2～1.0 mm;当无公称间隙时,一般为间隙配合。

围框式接头的技术要求是:孔与螺栓的配合通常留有间隙,即孔径公称尺寸比螺栓直径公称尺寸一般大 0.2～0.5 mm。接头对接面允许局部存在 0.1～0.2 mm 的间隙,但接触面积之和占总面积的百分比一般不低于 70%。

由上述内容可见,部件装配完后,当部件对接时,既要符合部件间相对位置的准确度要求,又要符合对接接头的准确度要求,这在工艺上一般是比较困难的。因此,在结构设计时应仔细考虑结合面的工艺性。归纳起来,装配准确度的主要内容见表 2-1。

表 2-1　装配准确度主要内容

项　目	内　容	说　明
部件气动力外形准确度	外形型值要求	部件实际切面外形相对理论切面外形的偏差
	外形波纹度要求	一定范围内波高的偏差,即相邻两波峰间的波谷深度与波长的比值。对部件沿横向和纵向气动外形均有波纹度要求
	表面平滑度要求	1. 蒙皮口盖对缝间隙及阶差的偏差,对顺气流和垂直方向的偏差有不同要求； 2. 螺栓(钉)头、铆钉头、焊点相对蒙皮凸凹量偏差
部件间相对位置准确度	机翼、尾翼位置要求	上(下)反角、后掠角、安装角的偏差以及对称性偏差
	操纵面位置要求	操纵面相对定翼面外形阶差、剪刀差、缝隙间隙偏差,通常称为操纵面的吻合性要求
部件内部结构件位置准确度	基准轴线位置要求	隔框轴线、翼肋轴线、大梁轴线、长桁轴线的实际位置与理论位置的偏差,即框、肋、梁、长桁装配位置要求
结构件间配合准确度	不可卸零件间配合要求	零件贴合面之间的间隙偏差
	叉耳式对接接头配合要求	1. 沿耳宽方向叉耳之间的间隙偏差； 2. 对接孔的同轴度偏差
	围框式对接接头配合要求	1. 对接面之间的间隙偏差； 2. 对接孔的同轴度偏差
部件功能性准确度	质量、重心、重量平衡、清洁度、密封性、接触电阻、表面保护、操纵性等	产品图样和设计技术条件所规定的装配技术要求

与保证一般机械产品装配准确度相比,保证飞机装配准确度的难点是:一般机械产品零件的刚度大,连接产生的变形小,故装配准确度主要取决于零件的制造准确度。根据尺寸链理论,其装配误差由零件的制造误差积累而成。而飞机零件大多为钣金零件或薄壁机械加工件,一般刚度较小,因此,飞机装配是由大量刚度较小的零件在空间组合、连接的,故飞机装配准确度在很大程度上取决于装配型架(夹具)的准确度。此外,在飞机装配中还有定位和连接产生的应力和变形(如铆接应力和变形、焊接应力和变形),装配件从装配型架上取下后还要产生变形等。因此,在飞机制造中要采取一定的方法和措施,以保证飞机装配的准确度。

2.1.2 制造准确度和协调准确度的基本概念

飞机零件、组合件或部件的制造准确度是指它们的实际形状和尺寸与飞机图纸上所规定的公称尺寸相符合的程度,符合程度越高,则制造准确度越高,即制造误差越小。

协调准确度是指两个相配合的零件、组合件或部件之间配合部分的实际形状和尺寸相符合的程度,这种相符合的程度越高,则协调准确度越高,即协调误差越小。

图 2-9 所示为中翼和外翼之间的对接接头,设计中规定前梁和后梁的接头之间的距离为 L_0,而两部件装配后的实际尺寸分别为 L_1 和 L_2,两个部件尺寸 L 的制造误差分别为

$$\Delta_1 = L_1 - L_0$$
$$\Delta_2 = L_2 - L_0$$

两部件之间尺寸 L 的协调误差为

$$\nabla = L_1 - L_2 = \Delta_1 - \Delta_2$$

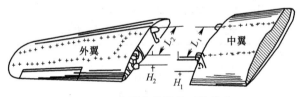

图 2-9 中翼和外翼的对接接头

在一般的机械制造中,各个零件和组合件都是独立地根据图纸尺寸制造的。配合尺寸之间的协调准确度是通过独立地控制各零件和组合件的制造准确度达到的。

在飞机制造中,由于飞机结构尺寸大,形状复杂,为保证零件、组合件或部件之间配合表面的形状和尺寸的协调准确度,如果是以它们本身更高的制造准确度来达到的,则在经济上既不合理,技术上又很困难。实际上,在飞机制造中,零件或部件之间配合表面的形状和尺寸的协调准确度往往比它们本身的制造准确度要求更严格。如上例中两部件的前梁与后梁叉形接头中心距尺寸 L 和后梁上的螺栓孔距离 H 的制造误差较大时,对结构的强度和部件之间的相对位置影响不大;两个部件之间尺寸 L 和 H 的协调误差较大时,在部件对接中,将由于强迫连接而在结构中产生很大的内应力,或根本对接不上,达不到互换要求。因此,在飞机制造中首要的是保证协调准确度。

在飞机制造中,为保证零件、组合件和部件之间的协调准确度,通过模线、样板和立体标准工艺装备(如标准量规和标准样件等)建立起相互联系的制造路线(关于这方面的问题将在第3章中专门讨论)。在零件制造和装配中,零件和装配件最后形状和尺寸的形成过程,是根据

飞机图纸,通过模线、样板和标准工艺装备制造出模具、装配夹具,然后制造零件和进行装配等一系列形状和尺寸传递过程。这种相互联系的尺寸传递过程可用图 2-10 来描述。此时,工件 A 和工件 B 尺寸 L 的制造误差分别为

$$\Delta_A = \sum_{i=1}^{m} A_i \Delta_i + \sum_{j=m+1}^{n_1} A_j \Delta_j$$

$$\Delta_B = \sum_{i=1}^{m} A_i \Delta_i + \sum_{k=m+1}^{n_2} A_k \Delta_k$$

式中　A_i,A_j 和 A_k——各误差的传递系数;

　　　　Δ_i——工件 A 和工件 B 的尺寸传递过程中所共有的各个环节的误差。

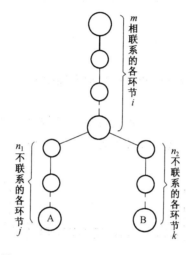

图 2-10　相互联系的制造与协调路线

工件 A 和工件 B 的尺寸 L_A 和 L_B 之间的协调误差为

$$\nabla_{A-B} = L_A - L_B = \Delta_A - \Delta_B = \sum_{j=m+1}^{n_1} A_j \Delta_j - \sum_{k=m+1}^{n_2} A_k \Delta_k$$

由此可见,工件 A 和 B 的尺寸 L_A 和 L_B 的协调误差中并不包括两个工件尺寸传递过程中所有公共环节的误差。

在飞机生产中,只要设法减少非公共环节的数量,并提高非公共环节的准确度,就可以达到比较高的协调准确度。

在飞机装配中,对协调准确度的要求包括以下两个方面。

1. 工件与工件之间的协调准确度

图 2-11 所示为机身隔框结构,是由上、下两个零件相连接的。

这两个零件一般是用橡皮成形模在液压机上成形的。显然,若两个零件相配合处的协调误差过大,则无法连接,或不能符合连接处的间隙要求。为保证上述协调要求,必须使制造这两个零件的模具也是相互协调的。

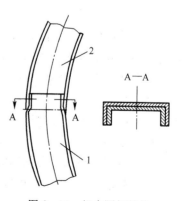

图 2-11　机身隔框结构
1—上框缘；　2—下框缘

又如机翼骨架装配时,要求纵向骨架和横向骨架(如翼梁和翼肋)的外形在交点处协调一致,否则,蒙皮与骨架就不能很好地贴合。为此,制造翼肋的模具与加工翼梁的模具、夹具必须是相互协调的。

2. 工件与装配夹具(型架)之间的协调

在机翼装配中,其装配过程是:前梁由前梁夹具装配成组合件,前梁、前肋及前段蒙皮由机翼前段型架组装成机翼前段,再将机翼前段、后梁以及其他零件和组合件在机翼总装型架内组装成机翼。为保证前梁组合件与机翼前段型架的定位器相贴合以及机翼前段与机翼总装型架的定位器相贴合,三个夹具(型架)之间应当是相互协调的。

2.1.3 装配尺寸链

为了描述装配件的尺寸形成过程和分析装配准确度和协调准确度,和机械制造一样,需要应用尺寸链理论。

尺寸链就是在零件或装配件上各零件表面及其轴线之间的一组尺寸(或角度)按一定顺序首尾相接形成的封闭的链。描述装配件中各零件尺寸相互关系的尺寸链称为装配尺寸链,如图 2-12 所示。

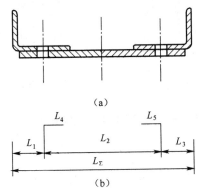

图 2-12 翼肋按装配孔装配时装配尺寸的形成图
(a)翼肋; (b)装配尺寸链

在尺寸链中,将零件加工或装配完毕以后形成的尺寸称为封闭环,见图 2-12 中的 L_Σ。除封闭环以外所有的尺寸称为组成环。

在尺寸链中,一部分组成环的尺寸增大时,封闭环的尺寸随之增大,这些组成环称为增环;另一部分组成环的尺寸增大时,封闭环的尺寸随之减少,这些组成环称为减环。

如果尺寸链中所有的尺寸是相互平行的,这种尺寸链称为线性尺寸链。图 2-13 所示即为线性尺寸链。

如果所有的角尺寸有共同的顶点,其尺寸链称角尺寸链,角尺寸链的数学表达式与线尺寸链相似。如图 2-13 所示,角尺寸链的误差尺寸链方程为

$$\theta_\Sigma = \theta_4 - \theta_1 - \theta_2 - \theta_3 = \sum_{i=1}^{4} A_i \theta_i$$

$$\Delta\theta_\Sigma = \sum_{i=1}^{4} A_i \Delta\theta_i$$

如果全部和一部分尺寸互相不平行,但都在一个平面或平行的平面内,形成封闭的多边形,这种尺寸链则称为平面尺寸链。

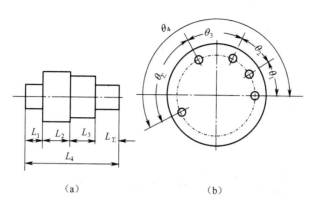

图 2-13　线尺寸链与角尺寸链

例如,图 2-12 中翼肋装配时各零件按装配孔定位,翼肋的装配尺寸链是线性尺寸链,影响翼肋最后外形尺寸的有翼肋角材上的装配孔和外缘间的尺寸 L_1 和 L_3,翼肋腹板上装配孔之间的距离 L_2,以及翼肋腹板和角材按装配孔定位时装配孔轴线间的不同轴度大小 L_4 和 L_5,则有

$$L_\Sigma = L_1 + L_2 + L_3 + L_4 + L_5 = \sum_{i=1}^{5} A_i L_i$$

式中　　L_Σ——封闭环尺寸;

L_4 和 L_5——用装配孔定位时,两装配孔轴线不同轴度大小,其公称尺寸为零。与翼肋装配尺寸链方程相对应,翼肋装配误差尺寸链方程则写成

$$\Delta_\Sigma = \sum_{i=1}^{5} A_i L_i \Delta_i$$

式中　　Δ_Σ——封闭环尺寸的误差;

　　　　Δ_i——各组成环尺寸的误差;

　　　　A_i——各组成环的传递系数。在线性尺寸中,增环的传递系数 $A_i = +1$,减环的传递系数 $A_i = -1$。在平面尺寸链中,A_i 的值在 $+1$ 和 -1 之间,根据尺寸间的角度求得。

如图 2-14 所示,用测量圆弧弦长 l 和弦高 h 的方法求圆弧半径 R,尺寸 R 为封闭环尺寸,尺寸 l 和 h 为基本环尺寸,它们都在同一平面内,但互相不平行,形成一个面尺寸链。按尺寸 R,l 和 h 的几何关系,有

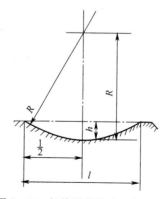

图 2-14　间接测量圆弧 R 的尺寸链

$$R^2 = (R-h)^2 + \left(\frac{l}{2}\right)^2$$

即

$$R = \frac{l^2}{8h} + \frac{h}{2}$$

对各尺寸的中值：

$$R_0 = \frac{l_0^2}{8h_0} + \frac{h_0}{2}$$

而实际尺寸为 $\quad R = R_0 + \Delta R \; , \; l = l_0 + \Delta l \; , \; h = h_0 + \Delta h$

用微分法求 ΔR ，Δl 和 Δh 的关系，可得

$$\Delta R = \frac{l_0}{4h_0}\Delta l - \left(\frac{l_0^2 - 4h_0^2}{8h_0^2}\right)\Delta h = A_1\Delta l + A_2\Delta h$$

这就是以 R 为封闭环，以 l 和 h 为基本环的误差尺寸链方程，其中传递系数 A_1 和 A_2 取决于 R 和 l，h 的几何关系。

如果全部或几个尺寸互相不平行，也不在平行的平面内，则这种尺寸链叫空间尺寸链。

2.2　影响装配准确度误差分析与控制

影响装配准确度的各种误差可以分成两大类：一类是与定位方法无关的各种误差；一类是与装配时所采用的定位方法有关的各种误差。

1. 与定位方法无关的各种误差

（1）连接引起的变形误差。铆接时，钻孔力、铆接力以及铆钉沿全长膨胀不均匀等各种因素，均会使结构产生变形，并在结构中产生残余应力；焊接时，零件各处受热不均匀以及焊缝在冷却时局部收缩引起的焊接变形误差。

（2）车间温度变化引起的变形误差。飞机部件的尺寸大、飞机零件、装配件与工艺装备的材料不同，热膨胀系数不同，车间的温度随季节和时间变化而异，必然使工艺装备和工件产生变形误差。

2. 与定位方法有关的各种误差

（1）进入装配的零件、组合件的制造误差，包括装配时各定位面的尺寸误差。

（2）装配夹具的误差，包括装配夹具的制造误差和使用时产生的变形误差。

（3）工件和装配夹具之间的协调误差，包括：零件、组合件之间的协调误差，零件、组合件与装配夹具定位面和定位孔之间的协调误差，以及各装配夹具之间的协调误差。这些协调误差的存在，必然引起强迫装配，使工件产生弹性变形，在装配以后产生变形误差。

总体来说，装配误差是零件制造误差、零件定位误差、装配夹具误差和各种变形误差综合的结果，可写成

$$\Delta_{装配} = F(\Delta_{零件}, \Delta_{定位}, \Delta_{夹具}, \Delta_{变形})$$

在实际估算某个装配件的装配误差时，要根据装配件的尺寸形成过程和所采用的装配定位方法，列出装配尺寸链方程和误差尺寸链方程，将各组成环的误差（或允差）按一定的综合计算公式进行计算。

在进行误差的综合计算时，根据各环节误差性质又可将其分成两大类：一类是系统误差，一类是偶然误差。

2.2.1　系统误差分析与控制

系统误差是按一定规律重复出现的误差,或是常值,或是按一定规律变化的确定值。例如,装配夹具的误差,一般情况下,一种装配夹具只制造一台,对所有在此装配夹具中装配的装配件来说,这个环节的误差是常数值。进一步来说,装配夹具的误差将随车间的温度变化而变化,但这种变化是有规律的,可以根据装配夹具的结构和所用材料,建立装配夹具变形误差与温度变化之间的函数关系。

1. 温度影响的分析与控制

在飞机制造中,特别是大型飞机制造中,在协调关系的尺寸大、协调准确度要求高、车间温度变化大的情况下,由于产品、工艺装备和设备的材料不同,其热膨胀系数、导热系数、比热容和密度等均不同,各有关部分的吸热、传热、散热性和热容量差别也很大,表现出程度不同的热惯性和伸缩差。这样,在部件之间、在工件与工艺装备之间、在工艺装备之间,以及在同一工艺装备上的不同构件之间,都可能产生协调问题。同时,地温与室温变化的差别也会导致设备和工艺装备的变形。

解决生产工艺准备和生产过程中温差对装配协调的影响,可从两方面进行:一方面是消除或减少产生温度协调误差的因素;另一方面是采取设计和工艺补偿措施,以保证部件对接协调及生产中的尺寸协调。

(1)消除或减少产生温度协调误差的因素。

1)在关键的协调过程中尽量创造热平衡条件。在关键的移形、精加工和检测过程中,应使工作对象尽可能处于热平衡的稳定状态,有温差时就停放等待;工作地要避开任何热辐射或来自热系统的热气流,不应靠近外界或位于门通道之间空气流通的地方。

2)缩短协调尺寸。这主要是结构设计时取分离面的问题。在工艺上也有控制定位孔中心距,不使协调尺寸过大的问题。

3)$\alpha = 0$ 的原则。这就是要求工件和工艺装备、有关工艺装备或工艺装备的有关构件具有相等的热膨胀系数。在飞机制造中采用此原则是有限制的,如在型架等大型工艺装备上局部采用铝构件,包括铝制型架平板、铝制结合面钻模板、卡板等。在国外曾有采用铸铝型架立柱、底座和整块铸铝基础的。但是需要注意的是,为了在采用铝构件后能保证部件结合交点协调,必须在同一温度下按钢制标准平板制出两块对应的铝制型架平板上的孔,也就是要求车间定温或控制温度。

由于同类材料的构件其厚度、表面面积、质量和吸热散热条件不同,因此当环境温度变化时它们的温度变化也各异。实际上采用铝制型架来装配铝合金部件,并不能完全解决温度协调误差的问题。

4)$\Delta t = 0$ 的原则。这就是有关车间和工地的定温问题,由于恒温车间的基建投资大,维持费用高,因此只能在少数车间和工地施行。一般可采取适当控制温度和温差的措施,因地制宜地处理。

(2)对温度协调误差的补偿。

1)产品结构设计补偿。结构设计补偿的形式是多样的,有用补偿件的形式,如在结合部位用带凸缘的偏心衬套(有余量、可调可换)等;有在结构上留有配合间隙;叉耳接头配合面之间的间隙必要时可在装配时配制垫片予以消除;交点结合孔与连接螺栓之间的间隙,一般在结构传力条件的设计中予以考虑。必须予以消除时,需采用膨胀螺栓。

2) 工艺补偿。对残余温度协调误差的工艺补偿的形式也是多样的,包括工艺装备上和工艺过程中对温度协调误差的补偿措施。

2. 工艺装备的变形与控制

工艺装备结构的刚度不够,受自重和工艺载荷的作用,会产生不希望有的变形,这可由工艺装备结构的刚度设计来控制。工艺装备的钢质构架、框架和梁,常采用焊接结构,焊后存在不希望有的内应力和变形,且焊接应力在时效期内随时间而变化,使结构的尺寸和形状不稳定。这可由控制焊接结构应力和变形的方法来解决。对工艺装备的残余变形予以掌握,在使用时就可把它当作系统误差来修正。对难以控制的地基沉降,为避免它引起型架和设备变形,除了做好强度足够的地坪之外,还应在型架、设备的结构设计上设法解决(例如,使地坪受力均匀,型架和设备的底座高度可调等)。

3. 装配变形和残余应力的控制

飞机机体结构的装配变形主要包括连接过程所产生的变形和强迫装配所产生的变形。在大型飞机装配中,还因部件受自重递增变化的影响而使其上的交点接头的相对位置改变。装配过程不仅要控制其残余变形,还应控制装配件中的残余应力,以满足其长期使用的要求。

(1) 连接变形。各种连接均可能使装配件变形,但变形显著且影响装配件质量的主要是熔焊、普通铆接和点焊。

1) 铆接变形。在铆接过程中,工具对板件和钉头、镦头的锤击或挤压,钉杆对孔壁的挤胀,使工件在铆缝上伸长。如果铆缝在工件横截面中性轴的一侧,则另一侧的工件材料在内应力平衡的条件下将在纵向受压,使整个工件弯曲,有铆缝的一边凸起。当铆缝分布广泛,铆接顺序选择不当,装配定位、夹紧不可靠时,工件将产生弯扭或翘曲的复杂变形。

为了减少铆接变形,尽可能采用压铆以及在产品结构中选用特种变形量小的铆接外,在生产中常采取以下措施:①合理安排铆接顺序;②铆接前反向变形。

2) 点焊变形。在焊点附近的金属由于加热和电极的压力作用,所产生的点焊变形与铆接变形很相似。但焊点有冷却收缩作用,与铆钉杆挤胀钉孔的作用相反,因此在点焊缝上的伸长率比普通铆接的要小。

点焊机支臂在压力作用下还可能引起弯曲而产生位移。这些因素可引起板件间的相对位移。此外,两焊板间的配合不良,如圆弧形板件与加强件之间的配合,其点焊变形是严重的,其中包含强迫装配的后果。

(2) 装配过程中结构自重变化使连接交点接头移位。机体结构上有些交点接头(如某型机机身内炸弹挂架的悬挂接头),其相对位置的准确度要求较高。如果这些接头在部件装配的早期必须安装上去的话,随着部件装配工作的继续进行,结构质量逐渐增加,直到装配和安装工作完成后,结构质量才稳定下来。结构自重变化时,这些已装上结构的交点接头将随着结构变形而移位。这些移位很难预先准确估计,但结构各组成元件和内部安装物的质量和重心位置是可以准确估计的,所以可预加工艺载荷代替以后要装的元件、成品。在此条件下装上交点接头,即在结构有应力的状态下装上接头,部件装配和安装中逐渐换下工艺载荷,使交点接头相对位置的准确度最终符合要求。这种装配方法,工厂称之为"应力装配"。

对装配过程中有可能改变其位置的交点接头,只要结构和工艺允许,就应尽可能后装,或先装可卸可换的工艺接头,最后换上真接头。换装真接头时应进行必要的位置调整。

(3)强迫装配和加垫。在条件公差下,强迫装配允许消除的装配单元配合面(或交点孔)之间的协调误差取决于:是否用装配夹具进行装配,被强迫装配的装配单元的刚度比和装配单元与装配对象的刚度比,以及装配对象许可的变形量和许可的装配残余应力。

2.2.2　随机误差的综合

装配误差是各个环节误差综合的结果。对于各系统误差,因其在一定条件下为确定值,在线性尺寸链中,可以用求代数和的方法计算。对于由随机误差累积成的累积误差,可以用两种不同的方法计算,即极值法和概率法。

1. 极值法

极值法又称极大极小法,即封闭环误差的上限和下限为所有组成环误差的上限和下限的代数和。

误差的尺寸链方程为

$$\Delta_\Sigma = \sum_{i=1}^{n} A_i \Delta_i$$

令:$(\Delta_\Sigma)_o$ 和 $(\Delta_i)_o$ 分别为封闭环和第 i 个组成环误差的中点值,ω_Σ 和 ω_i 分别为封闭环和第 i 个组成环误差带的半带宽。

按极值法计算封闭环误差的中点值和误差带半带宽的公式分别为

$$(\Delta_\Sigma)_o = \sum_{i=1}^{n} A_i (\Delta_i)_o$$

$$\omega_\Sigma = \sum_{i=1}^{n} |A_i| \omega_i$$

封闭环误差 Δ_Σ 的上限 $(\Delta_\Sigma)_s$ 和下限 $(\Delta_\Sigma)_x$ 计算公式分别为

$$(\Delta_\Sigma)_s = (\Delta_\Sigma)_o + \omega_o = \sum_{i=1}^{n} A_i (\Delta_i)_o + \sum_{i=1}^{n} |A_i| \omega_i$$

$$(\Delta_\Sigma)_x = (\Delta_\Sigma)_o - \omega_o = \sum_{i=1}^{n} A_i (\Delta_i)_o - \sum_{i=1}^{n} |A_i| \omega_i$$

用极值法计算累积误差可以达到100%的概率,但这样计算出来的累积误差偏大。由于在实际生产中,所有增环同时达到其最大极限尺寸并且所有减环同时达到其最小极限尺寸的概率是极小的,即这样计算出来的封闭环尺寸误差带两端有相当一部分出现的概率是很小的。因此,在计算累积误差时,一般采用概率法。

2. 概率法

概率法的基础是各组成环的误差为随机误差并有一定的统计分布规律,取各随机误差出现的概率接近100%(小于100%)作为其分布范围,用概率求和的公式计算累积误差。

随机误差常见的分布规律为正态分布（高斯分布），它也是比较随机误差分布特征的一种基准分布规律。

正态分布的曲线如图 2-15 所示。

正态分布的曲线方程为

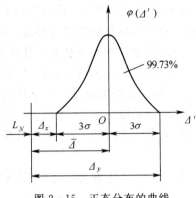

图 2-15 正态分布的曲线

$$\varphi(\Delta') = \frac{1}{\sigma\sqrt{2\pi}}e^{-\frac{(\Delta')^2}{2\sigma^2}}$$

式中 $\Delta' = \Delta - \bar{\Delta}$，$\bar{\Delta}$ 为 Δ 的均值；

$\varphi(\Delta')$ ——概率分布密度；

σ ——均方根差，表示随机误差的离散程度。

对正态分布，一般规定随机误差的分布范围为 $\pm 3\sigma$，此时随机误差出现的概率为 99.73%。

如果各组成环的随机误差均服从正态分布，则封闭环误差 Δ_Σ 也符合正态分布。则有

$$\bar{\Delta}_\Sigma = \sum_{i=0}^{n} A_i \bar{\Delta}_i$$

$$\sigma_\Sigma = \sqrt{\sum_{i=1}^{n} A_i^2 \sigma_i^2}$$

$$\omega_\Sigma = \sqrt{\sum_{i=1}^{n} A_i^2 \omega_i^2}$$

在机械制造的大批量或大量生产中，随机误差的分布大多属于正态分布。而在飞机制造中，由于主要采用模线—样板—标准样件—模具、夹具—工件的制造和协调路线，即尺寸传递过程中主要采用实体移形方法，随机误差的分布一般不服从于正态分布，而是不对称的分布，如图 2-16 所示。

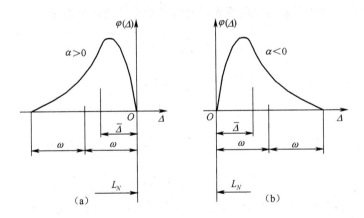

图 2-16 随机误差的不对称分布曲线
(a) 移形时尺寸只能减小的分布曲线；　(b) 移形时尺寸只能增大的分布曲线

为了对各种不同分布的随机误差进行综合，需要设定表示分布特征的参数，即相对离散系数 k 和相对不对称系数 α。

相对离散系数定义为

$$k = \frac{3\sigma}{\omega}$$

相对不对称系数定义为

$$\alpha = \frac{\bar{\Delta} - \Delta_0}{\omega}$$

对于正态分布，$k = 1$，$\alpha = 0$。对其他不对称的分布，$1 \leqslant k \leqslant 1.73$，$0 \leqslant \alpha \leqslant 1$。
因此

$$\sigma_i = \frac{k_i \omega_i}{3}$$

$$\sigma_\Sigma = \frac{k_\Sigma \omega_\Sigma}{3}$$

若已知各组成环尺寸的公差带半带宽 δ_i 和公差带中点值 $(\delta_i)_o$，计算封闭环的 k_Σ 和 α_Σ 可用近似公式：

$$k_\Sigma \approx 1 + 0.55 \frac{\sqrt{\sum_{i=1}^{n} A_i^2 k_i^2 \delta_i^2} - \sqrt{\sum_{i=1}^{n} A_i^2 \delta_i^2}}{\sum_{i=1}^{n} |A_i| \delta_i}$$

$$\alpha_\Sigma \approx 0.59 \frac{\sum_{i=1}^{n} A_i \alpha_i \delta_i}{\sum_{i=1}^{n} |A_i| \delta_i}$$

此时，累积误差的计算公式可写成

$$(\Delta_\Sigma)_o = \sum_{i=1}^{n} A_i (\delta_i)_o + \sum_{i=1}^{n} A_i \alpha_i \delta_i - \alpha_\Sigma \omega_\Sigma$$

$$\omega_\Sigma = \frac{1}{k_\Sigma} \sqrt{\sum_{i=1}^{n} A_i^2 k_i^2 \delta_i^2}$$

$$(\Delta_\Sigma)_x^s = (\Delta_\Delta)_o \pm \omega_\Sigma$$

采用以上计算方法时，需要有各种不同加工方法的 k_i 和 α_i 的统计值，在缺乏这些统计数据的情况下不能采用。此时可采用以下两种更为简便的经验公式。

（1）各组成环尺寸的随机误差按正态分布并加修正系数，即

$$\omega_\Sigma = H \sqrt{\sum_{i=1}^{n} A_i^2 \delta_i^2}$$

$$H = 1.8 - 0.8 \frac{\sqrt{\sum_{i=1}^{n} A_i^2 \delta_i^2}}{\sum_{i=1}^{n} |A_i| \delta_i}$$

（2）按极值法加修正系数。在各组成环中，如果对封闭环误差的影响没有明显很大或很小的环节时，可以根据组成环的数量 n 确定对极值法的修正系数，即修正系数是 n 的函数。此时计算公式可写成

$$\omega_\Sigma = f(n) \sum_{i=1}^{n} |A_i| \delta_i$$

式中　$f(n)$——对极值法的修正系数。

2.3 各种装配方法的装配准确度分析

2.3.1 在型架内以骨架外形为基准装配的准确度

当产品骨架零件的刚度比蒙皮的刚度大时,一般是采用以骨架外形为基准进行装配的,如图 2 - 17 所示。

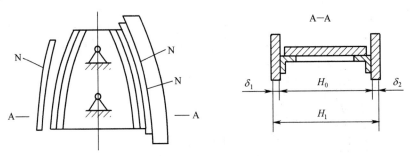

图 2 - 17 以骨架外形为装配基准

采用以骨架外形为基准装配时,产品装配的准确度主要取决于骨架装配的准确度。骨架装配的准确度又取决于骨架零件和组合件的准确度以及装配夹具(型架)的准确度。由于骨架零件和装配夹具在制造时都会产生一定的误差,当骨架零件在装配夹具上定位时,零件和装配夹具的定位面之间不可能完全贴合,必然出现一定间隙,夹紧件施加夹紧力使骨架零件产生变形可消除一部分间隙。因此,骨架装配的准确度主要取决于装配夹具的制造误差 $\Delta_{夹具}$ 和骨架在装配夹具中的定位误差 $\Delta_{定位(骨架-夹具)}$ 。

蒙皮在装配好的骨架上安装时,蒙皮与骨架之间也不可能完全贴合,必然存在蒙皮在骨架上的定位误差 $\Delta_{定位(骨架-蒙皮)}$ 。此外,产品外形的误差还应包括蒙皮厚度的误差 $\Delta_{蒙皮厚度}$ 。但可以认为,这两个误差对产品最后装配准确度的影响相对来说比较小。

最后还应考虑到在装配过程中由于连接和其他原因引起的变形误差 $\Delta_{变形}$ 。变形误差的大小取决于许多结构和工艺因素,难以准确确定其数值。根据实际经验,变形误差在组合件装配中占装配总误差的 $30\% \sim 40\%$,在段件和部件装配中占总误差的 $10\% \sim 20\%$。根据以上所述,以骨架外形为基准装配的误差尺寸链方程可写成

$$\Delta_{装配} = \Delta_{夹具} + \Delta_{定位(骨架-蒙皮)} + \Delta_{定位(骨架-蒙皮)} + \Delta_{蒙皮厚度} + \Delta_{变形}$$

$\Delta_{定位(骨架-夹具)}$ 和 $\Delta_{定位(骨架-蒙皮)}$ 正是骨架零件和装配夹具之间协调误差 $\nabla_{骨架-夹具}$ 以及骨架和蒙皮之间协调误差 $\nabla_{骨架-蒙皮}$ 。如考虑到在装配定位过程中,夹紧件的夹紧使骨架零件外形与装配夹具定位面贴合及使蒙皮与骨架零件外形相贴合的因素,将使协调误差有所减少,故应这两种协调误差加上修正系数 $K_{夹紧}$ 。

因此,误差尺寸链方程可改写成

$$\Delta_{装配} = \Delta_{夹具} + (\nabla_{骨架-夹具} + \nabla_{骨架-蒙皮})K_{夹紧} + \Delta_{蒙皮厚度} + \Delta_{变形}$$

因变形误差可表示为装配总误差的一部分，即

$$\Delta_{变形} = m\Delta_{装配}$$

则误差尺寸链方程最后可写成

$$\Delta_{装配} = \frac{1}{1-m}\left[\Delta_{夹具} + (\nabla_{骨架-夹具} + \nabla_{骨架-蒙皮})K_{装配} + \Delta_{蒙皮厚度}\right]$$

式中　$m = 0.1 \sim 0.2$ 时，用于段件和部件装配；

　　　$m = 0.3 \sim 0.4$ 时，用于组合件和板件装配。

2.3.2　在型架内以蒙皮外形为基准装配的准确度

采用以蒙皮外形为基准进行装配，可以显著提高飞机外形的准确度，当然这需要在飞机结构上具备采用这种装配方法的条件。在夹具（型架）内以蒙皮外形为基准的装配如图 2-18 所示。

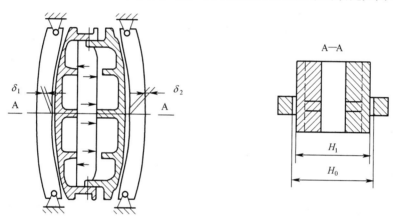

图 2-18　以蒙皮外形为装配基准

采用以蒙皮外形为基准装配时，首先在装配夹具中安装定位蒙皮，夹紧力使蒙皮外形与装配夹具定位表面贴合。这种装配方法的特点是按装配夹具直接形成封闭环尺寸，因此装配后产品外形的准确度主要取决于装配夹具的制造误差 $\Delta_{夹具}$。

蒙皮有制造误差，当在装配夹具中定位时，蒙皮不可能与装配夹具定位面完全贴合，在蒙皮外形和装配夹具定位面之间必然有间隙而产生定位误差 $\Delta_{定位(蒙皮-夹具)}$。此误差是由蒙皮和装配夹具之间的协调误差 $\nabla_{蒙皮-夹具}$ 引起的，考虑到蒙皮在装配夹具中，夹紧力使蒙皮产生弹性变形与装配夹具定位面相贴合，$\nabla_{蒙皮-夹具}$ 将减少，故应加上修正系数 $K_{夹紧}$。

同样，最后还应考虑到装配过程中产生的变形误差 $\Delta_{变形}$。

于是，在夹具内以蒙皮外形为基准装配的误差尺寸链方程为

$$\Delta_{装配} = \Delta_{夹具} + \nabla_{蒙皮-夹具}K_{变形} + \Delta_{变形}$$

令

$$\Delta_{变形} = m\Delta_{装配}$$

则误差尺寸链方程最后可写成

$$\Delta_{装配} = \frac{1}{1-m}(\Delta_{夹具} + \nabla_{蒙皮-夹具}K_{夹紧})$$

2.3.3　按装配孔装配的准确度

按装配孔装配时,是以产品中的一个零件作为基准零件,其余零件则按装配孔在基准零件上进行装配定位的,如图 2-19 所示。

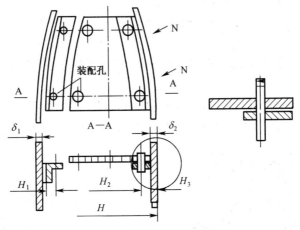

图 2-19　以装配孔为装配基准

按装配孔装配的准确度首先取决于基准零件的制造误差 $\Delta_{基准零件}$ 和在基准零件上定位的其他各零件的制造误差 $\Delta_{零件}$。零件制造误差包括零件上装配孔的位置误差 $\Delta_{零件装配孔}$ 和零件外形的误差 $\Delta_{零件外形}$,这两项误差的总和就是零件外形相对于装配孔的误差,即

$$\Delta_{零件外形} + \Delta_{零件装配孔} = \nabla_{零件(外形-装配孔)}$$

此外,当基准零件和其他零件按装配孔定位时,由于装配孔轴线不可能完全重合,因此形成协调误差 $\nabla_{装配孔(基准零件-零件)}$。

产品装配的准确度还取决于蒙皮厚度误差 $\Delta_{蒙皮厚度}$ 和蒙皮在骨架上的定位误差 $\Delta_{定位(蒙皮-骨架)}$,即 $\nabla_{蒙皮-骨架}$,以及装配变形误差 $\Delta_{变形}$。

由以上内容可知,按装配孔装配时,装配误差尺寸链方程可写成

$$\Delta_{装配} = \Delta_{基准零件} + \Delta_{零件(外形-装配孔)} + \nabla_{装配孔(基准零件-零件)} + \nabla_{蒙皮-骨架} K_{夹紧} + \Delta_{蒙皮厚度} + \Delta_{变形}$$

令

$$\Delta_{变形} = m\Delta_{装配}$$

得到

$$\Delta_{装配} = \frac{1}{1-m}(\Delta_{基准零件} + \Delta_{零件(外形-装配孔)} + \nabla_{装配孔(基准零件-零件)} + \nabla_{蒙皮-骨架} K_{夹紧} + \Delta_{蒙皮厚度})$$

2.3.4　在夹具内按坐标定位孔装配的准确度

在夹具内按坐标定位孔装配的方法适合用于骨架零件和组合件(梁、翼肋或隔框)刚度大的结构,在装配时以这些刚度大的骨架零件(或组合件)为基准,在这些基准零件(或组合件)上预先制出坐标定位孔,在装配夹具中则有相应的坐标定位孔的定位器。在装配时,基准骨架零件则按坐标定位孔在夹具内定位,如图 2-20 所示。

在夹具内按坐标定位孔装配的准确度首先取决于装配夹具中坐标定位孔的位置误差,即

装配夹具的误差 $\triangle_{夹具}$ 以及骨架零件的制造误差。骨架零件的制造误差包括零件上坐标定位孔位置的误差和零件外形的误差,即零件外形相对于坐标定位孔的误差 $\nabla_{零件(外形-坐标定位孔)}$ 。

当骨架零件在装配夹具中按坐标定位孔定位时,坐标定位孔的轴线不可能完全重合,在骨架零件和装配夹具的坐标定位孔之间必然有协调误差 $\nabla_{坐标定位孔(夹具-骨架)}$ 。当骨架零件在装配夹具中按坐标定位孔用定位销定位时,可能会由于强制定位使零件产生弹性变形,从而部分补偿坐标定位孔的协调误差,故应引进夹紧系数,即 $\nabla_{坐标定位孔(夹具-骨架)}K_{夹紧}$ 。

在产品骨架上安装蒙皮时,还应加上蒙皮厚度误差 $\triangle_{蒙皮厚度}$ 和蒙皮在骨架上的定位误差 $\triangle_{定位(蒙皮-骨架)}$,即 $\nabla_{蒙皮-骨架}K_{夹紧}$ 。

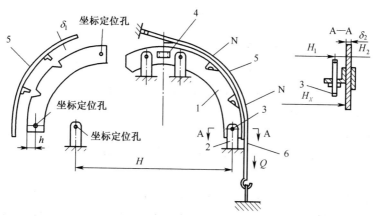

图 2-20 以定位孔为基准

1—隔框;2—叉形件;3—定位销;4—连接片;5—壁板;6—钢带

最后还应考虑装配过程中的变形误差 $\triangle_{变形}$ 。

由以上内容可知,在夹具内按坐标定位孔装配的误差尺寸链方程为

$$\triangle_{装配}=\triangle_{夹具}+\nabla_{零件(外形-坐标定位孔)}+\nabla_{坐标定位孔(夹具-骨架)}K_{夹具}+\nabla_{蒙皮-骨架}K_{夹紧}+\triangle_{蒙皮厚度}+\triangle_{变形}$$

令

$$\triangle_{变形}=m\triangle_{装配}$$

得到

$$\triangle_{装配}=\frac{1}{1-m}(\triangle_{夹具}+\nabla_{零件(外形-坐标定位孔)}+\nabla_{坐标定位孔(夹具-骨架)}K_{夹具}+\nabla_{蒙皮-骨架}K_{夹紧}+\triangle_{蒙皮厚度})$$

2.3.5 按基准定位孔装配的准确度

按基准定位孔装配时,是以一个或几个组合件为基准组合件的,基准组合件应是结构刚度最大、定位后不会改变其本身的几何形状,并与其他组合件联系最多的组合件。基准组合件可以用前面介绍过的任何装配方法进行装配,如以骨架外形为基准装配或按坐标定位孔装配等,而其他组合件则按基准定位孔在基准组合件上定位。

如机翼翼盒按基准定位孔装配时,选择大梁为基准组合件,在大梁的连接角材上预先钻有定位翼肋的基准定位孔,在翼肋腹板的两端预先也钻有相应的基准定位孔。按基准定位孔装配的误差首先取决于装配夹具的制造误差 $\triangle_{夹具}$ 和基准组合件(大梁)在装配夹具中定位的误差。其中基准组合件在装配夹具中定位的误差主要取决于基准组合件装配夹具与产品装配夹具之间的协调误差 $\nabla_{夹具(产品-基准件)}$ 。其次,还取决于其他组合件(翼肋)按基准定位孔在基准

组合件（大梁）上定位的误差，即组合件和基准组合件之间基准定位孔的协调误差 $\nabla_{基准定位孔（基准件-组合件）}$ 以及组合件（翼肋）外形相对于组合件上基准定位孔的误差 $\nabla_{组合件（基准定位孔-零件）}$ 。

产品最后外形的误差还应包括蒙皮的制造误差 $\Delta_{蒙皮}$ 和装配过程中产生的装配变形误差 $\Delta_{变形}$ 。因此，按基准定位孔装配的误差尺寸链方程可写成

$$\Delta_{装配} = \Delta_{夹具} + \nabla_{夹具（产品-基准件）} + \nabla_{坐标定位孔（基准件-组合件）} + \nabla_{组合件（基准定位孔-外形）} + \Delta_{蒙皮厚度} + \Delta_{变形}$$

令

$$\Delta_{变形} = m\Delta_{装配}$$

得到

$$\Delta_{装配} = \frac{1}{1-m}(\Delta_{夹具} + \nabla_{夹具（产品-基准件）} + \nabla_{坐标定位孔（基准件-组合件）} + \nabla_{组合件（基准定位孔-外形）} + \Delta_{蒙皮})$$

综合上述对各种装配方法装配准确度的分析可知：

（1）决定产品最后形状和尺寸准确度的各种误差中有系统误差和偶然误差。装配夹具的制造误差 $\Delta_{夹具}$ 属于系统误差。而装配误差尺寸链中大多数属于偶然误差，如零件制造误差 $\Delta_{零件}$ 、定位误差 $\Delta_{定位}$ 和变形误差等均属于偶然误差。

在一般情况下，一种装配件的装配夹具只做一台，对这一种装配件来说，装配夹具的制造误差是一定值。为了提高装配的准确度，装配夹具的制造和安装应尽量准确。

（2）定位误差取决于装配夹具定位面和有关零件表面之间形状和尺寸的协调误差。在装配时一般是通过装配夹具上的夹紧件施加夹紧力，迫使零件表面与装配夹具定位面贴合，在这种情况下，定位误差将显著减少。因此，定位误差是在装配夹具和零件之间协调误差的基础上乘以夹紧系数 $K_{夹紧}$ 。

（3）装配过程中的变形误差对装配件最后的准确度有很大影响。由于变形误差是由很多结构-工艺因素引起的，其值很难通过理论分析和计算得出，只能根据经验给一个近似值。对组合件和板件装配一般是取 $\Delta_{变形} = m\Delta_{装配}$ ， $m = 0.4$ ，这将使装配误差为其他各环节综合误差的 1.7 倍。

2.4　提高装配准确度的分析方法

为使飞机装配能够顺利进行，进入装配的零件和组合件应具有互换性。所谓互换性是指零件和装配件的几何形状、尺寸及物理机械性能在一定的误差范围以内，在装配时不需要经过修配、补充加工或调整，在装配以后能够完全满足规定的技术要求。具有互换性的零件和装配件对装配工作是十分有利的，在装配过程中，不需要对进入装配的零件和装配件进行试装和修配，能减少手工修配工作量，缩短装配周期，便于均衡、有节奏地生产。实际上，在飞机成批生产中，许多钣金零件、机械加工件、装配件都是可以互换的，即在装配时不需要修配和补充加工。

但对一些复杂结构中对准确度要求很高的重要尺寸，为了保证装配后能达到所要求的准确度，过分提高零件和装配件的制造准确度，在经济上不合理，在技术上也做不到。因此，在飞机装配中，对某些准确度要求很高的配合尺寸则采用各种补偿的方法，以便能达到最后所要求的准确度。

所谓补偿方法就是对零件或装配件中某些准确度要求高的尺寸，在装配时或装配后，通过

修配、补充加工或调整,部分消除零件制造和装配误差,最后达到所要求的准确度。

采用补偿方法时,飞机装配的工作量将有所增加,但从整个制造过程来看,将取得更好的经济效果。

飞机装配中采用的补偿方法可以分为两类。一类是从工艺方面采取的补偿措施,称为工艺补偿;另一类是从结构设计方面采取的补偿措施,称为设计补偿。

2.4.1　工艺补偿方法

工艺补偿是从工艺方面采取的补偿措施,如装配时进行相互修配,或装配后进行最后精加工。

1. 装配时相互修配

在飞机制造中,有些准确度要求高的配合尺寸,在零件加工时,用一般的加工方法难以达到要求时,或者在零件加工时虽能达到要求,但在装配过程中由于有装配误差,在装配后难以达到给定的要求时,可以在装配时采用相互修配的方法来达到。由于修配工作一般是手工操作,在相互修配时,有时要反复试装和修配,工作量比较大。而且,相互修配的零件或部件不具有互换性。因此,在成批生产中应尽量少用修配的方法。

例如,飞机外蒙皮之间的对缝间隙有时要求比较严格,甚至有时要求对缝间隙小于 1 mm。因机身和机翼蒙皮的尺寸一般比较大,有的长达 5～6 m,如果单靠零件制造的准确度来保证这些蒙皮对缝间隙要求,在技术上是难以做到的。解决方法:在蒙皮制造时,在蒙皮的边缘处留有一定的加工余量,在装配时对蒙皮的边缘进行修配,最后达到蒙皮对缝间隙的要求。在修配时,通过试装,按蒙皮对缝间隙要求确定修配余量大小,然后去掉加工余量。

为使整个蒙皮对缝能达到要求的间隙,有时需要多次反复试装和锉修,而且修配工作量多属于手工操作,手工工作量大。

起落架护板、舱盖和舱门的边缘、长桁端头等,为了保证配合或间隙要求,有时也采用相互修配的方法。

又例如,为了保证组合件或部件之间相对位置准确度,在试制或小批生产时,有时也采用相互修配的方法。如图 2-7 所示中翼和外翼用叉耳式对接接头连接,为保证中翼和外翼之间相对位置准确度要求,在试制时可以采用相互修配的方法。即,叉耳接头上的连接螺栓孔在零件加工和部件装配过程中均留有一定的加工余量,待两个部件装配好以后进行对接时,通过测量,将两个部件调整到准确的相对位置上,再将两个部件叉耳接头上的对接螺栓孔一起加工到最后尺寸,以消除零件加工和部件装配过程中所产生的孔的位置偏差。

由上述内容可知,修配工作一般是手工操作,在相互修配时,有时要反复试装和修配,工作量比较大。而且,相互修配的零件或部件不具有互换性。因此,在成批生产中应尽量少用修配的方法。

2. 装配后精加工

在飞机装配中,对准确度要求比较高的重要尺寸(一般为封闭环尺寸),因零件加工和装配过程中误差积累的结果,在装配以后达不到所要求的准确度。若采用相互修配的方法,不仅手工劳动量很大,而且达不到互换要求。为了减少手工修配工作量并使产品达到互换要求,应采用装配后进行精加工的工艺补偿方法。

例如,歼击机的前机身与机翼和前起落架用叉耳式接头进行连接,各部件上这些叉耳接头螺栓孔的位置尺寸准确度和配合精度要求都比较高,并且要求部件之间具有互换性。为了最后能达到这些要求,在零件加工和装配过程中,各叉耳接头上的螺栓孔均留有一定的加工余量,在部件装配好以后再对接头螺栓孔进行最后精加工,以消除零件加工和装配过程中产生的积累误差。

装配后精加工一般是在专用的精加工设备上进行的,就是上面提到的前机身上的各接头最后精加工用的设备。前机身装配好以后,在前机身精加工台上进行定位,然后通过扩孔头上的扩孔刀和铰刀,按导向支架上的导向衬套导向,对各接头上的螺栓孔进行最后精加工。

对于部件之间为凸缘式的连接接头(见图 2-8),如果凸缘接头的刚度较大,对接平面之间的贴合度要求又比较高,为保证对接面的准确度和部件的互换性,需要对部件上的凸缘对接面进行最后精加工。如果各对接螺栓和螺栓孔之间的公称间隙比较小(如在 0.2 mm 以内),还需要对各螺栓孔进行最后精加工。

如图 2-21 为了保证机翼与起落架护板、副翼和襟翼之间对缝间隙和互换要求,机翼上的起落架护板舱、副翼舱和襟翼舱处的蒙皮边缘预先留有加工余量,在机翼装配好后,在精加工台上按靠模板对蒙皮边缘进行最后精加工。

应当指出,装配后精加工所用的设备属于专用设备,精加工设备的造价高、占用生产面积大,精加工工序增加了装配周期。因此,应设法改善飞机结构的工艺性,尽量避免采用装配后精加工的工艺补偿方法。

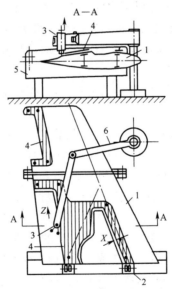

图 2-21　机翼的起落架护板舱、副翼和襟翼舱处的蒙皮边缘最后加工用精加工台
1—机翼；　2—接头定位器；　3—铣切头；　4—靠模板；　5—定位卡板；　6—回臂

2.4.2　设计补偿方法

设计补偿是从飞机结构设计方面采取的补偿措施,以保证产品的准确度。如在飞机结构

中采用垫片补偿、间隙补偿、连接补偿件以及可调补偿件等。

1. 垫片补偿

垫片补偿是飞机制造中经常使用的补偿方法,用以补偿零件加工和装配过程中由于误差累积偶然产生的外形超差,或用以消除配合零件配合表面之间由于协调误差所产生的间隙。

例如,以骨架为基准进行装配时,在骨架装配好以后,通过检验查出骨架上某些局部外形超差,或骨架零件之间相交处的外形出现阶差,为了消除局部外形超差或阶差,在飞机设计中允许在骨架和蒙皮之间按实际需要加一定厚度的垫片。当然,为了控制结构的质量和结构的强度,对每个部件都规定有允许加垫的数量、面积和厚度。

又例如,对于在零件制造和装配过程中难以保证零件配合表面之间很好贴合的情况下,为了不致产生强迫连接,在结构设计中,有时有意在配合表面之间留有公称间隙。在装配时,根据实际存在的间隙大小加一定厚度的垫片,以补偿协调误差。允许加垫的部位和厚度在飞机图纸上予以规定。

垫片材料有铝合金、不锈钢或图纸上规定的其他材料。为了便于根据实际需要选择一定厚度的垫片,可采用可剥的多层胶合垫片。

垫片包括固体垫片、液体垫片和可剥垫片。固体垫片是传统的密封形式,通过切割、冲压或裁剪工艺将板状密封材料制成符合工件形状大小的垫片。固体垫圈按材质可分为金属垫圈和非金属垫圈。金属的有铜垫片、不锈钢垫片、铁垫片、铝垫片等。非金属的硅胶垫片、橡胶垫片等。液体垫片有环氧树脂胶型和聚酯化合胶型。使用时,工作人员手动将其涂抹在构件上,经一段时间固化后,可以进行连接操作。液体垫片适用于不同厚度、间隙的情形。缺点是固化时间长,浪费大,垫片脆性大。可剥垫片的材质有钛合金、铝合金、玻璃纤维和碳纤维等,是一种层压型垫片,层与层之间用胶黏剂连接,可以根据大小不同的间隙剥离出合适厚度的垫片进行填补。

2. 间隙补偿

间隙补偿也是在飞机制造中常用的补偿方法。间隙补偿常用于叉耳对接配合面,或用于对接螺栓和螺栓孔。

保证飞机各部件之间对接的协调准确度和互换性,是飞机制造中的关键技术问题。为了便于保证对接的协调准确度和互换性,对叉耳接头的配合面,以及对凸缘式对接接头的对接螺栓和螺栓孔之间,往往采用有公称间隙的配合,这样可以减少装配后精加工的内容,甚至可以不用精加工。

3. 连接补偿件

为了减少零件之间的协调问题和强迫连接,并便于保证装配准确度要求,在飞机结构设计时,往往在重要零件或组合件之间的连接处增加过渡性的连接角材或连接角片,这些连接角材或角片可起到补偿协调误差的作用。在飞机结构设计中经常采用这种设计补偿方法。

在机翼上,翼肋中段两端若通过弯边直接与前、后梁相连接,装配时在翼肋弯边和前、后梁腹板之间必然会出现间隙或紧度而形成强迫装配。因此,机翼的翼肋中段与前、后梁一般是通过连接角材相连接的,见图1-35。连接角材一方面有加强前、后梁腹板的作用,另一方面有补偿协调误差的作用,能够避免翼肋中段和前、后梁之间出现不协调和强迫装配的问题。当然,在装配过程中,连接角材应先装在梁组合件上,而不能先装在翼肋中段上。否则,连接角材起不到补偿作用。

当部件以蒙皮外形为基准进行装配时,结构的骨架和蒙皮分别在装配夹具中定位,在骨架和蒙皮之间则通过连接角材连接。在这种情况下,连接角片具有补偿零件制造和装配误差的作用,保证部件装配后具有较高的外形准确度。

4. 可调补偿件

以上所述各种工艺补偿和设计补偿方法,是在装配过程中用来补偿各种误差的,在装配好以后一般不能再进行调整。而可调补偿件的特点是,在飞机装配好以后或在使用过程中,仍然可以方便地进行调整。

某些部件之间的相对位置准确度要求很高,在部件装配时很难达到这些要求,而且在飞机使用过程中,结构产生了永久变形,使这些重要的部件间相对位置超差。在这种情况下,在飞机结构设计时需要采用可调补偿件,以便对部件间的相对位置进行调整,达到技术条件所规定的要求。这些重要部件间的相对位置包括发动机相对于机身的位置,机翼或水平尾翼的安装角,机关炮和照相枪相对于机身的位置,等等。

可调补偿件根据需要可采用各种结构形式,如螺纹补偿件、球面补偿件、齿板补偿件、偏心衬套以及综合采用各种补偿形式的补偿件等。

图2-22所示为发动机与机身连接的示意图,在主接头上装有球面衬套,以补偿机身接头和发动机接头间的不同轴度,并用辅助接头上的可调螺杆调整发动机相对于机身的位置。

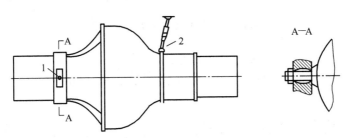

图2-22 发动机与机身连接的示意图

1—主接头; 2—辅助接头

图2-23所示为带锥面配合的两种连接接头。图2-23(a)是在锥座下面按实际需要加一定厚度的垫片,以调整两部件接头间的距离,对接螺栓和螺栓孔间有公称间隙,故螺栓只承受拉力,剪力则由锥面传递。图2-23(b)的结构形式与图2-23(a)相似,只是锥座通过下面的螺纹连接,可按需要调整锥座的高度。

这种可调补偿件是利用带内螺纹的接头和带球头的螺杆间的螺纹连接调整轴线尺寸,调整好以后用锁紧螺帽固定,并利用球面配合补偿轴线间的角度误差。

应当指出,可调补偿件一般主要用于在飞机使用过程中需要调整的部位,并在飞机设计时规定只允许在使用过程中进行调整。允许在制造过程中调整的可调补偿件,一般须在飞机图纸上明确限定在制造过程中允许调整的范围,给使用过程中保留一定的调整余量。

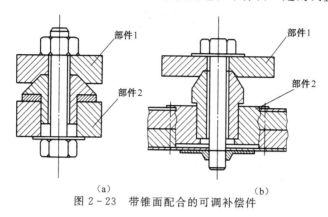

图 2-23　带锥面配合的可调补偿件

2.5　保证装配准确度的壁板装配实例分析

壁板装配工艺的主要控制要素包括壁板四周边缘线的位置度,长桁、隔板等型材轴线面和型面的位置度,型材与壁板的贴合度,壁板外形公差。壁板组件如图 2-24 所示。

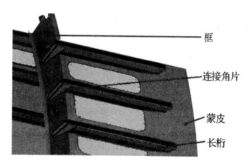

图 2-24　壁板组件

(1)壁板四周边缘线的位置度:壁板四周边缘线的位置度直接影响两块拼接壁板之间的间隙公差,可采用固定工装或者调姿定位系统进行定位。

(2)长桁、隔板等型材轴线面和型面的位置度:型材轴线面的位置度直接影响两拼接型材之间的错位公差,型材的型面位置度直接影响壁板的外形公差,型材一般采用工装进行定位。

(3)型材与壁板的贴合度:壁板与型材在装配时需要贴实,为满足连接质量和疲劳寿命,一般允许的最大局部间隙不超过 0.12 mm,通常采用压紧卡板或者压紧带将壁板与型材贴实。

(4)壁板外形公差:飞机的气动外形公差一般在毫米级,而框、长桁等组成构件的制造公差要小很多,因此,为了简化壁板装配工作,壁板外形一般不采用工装定位,而是采用型材等骨架产品的自定位和尺寸链公差来控制壁板的外形公差。

对于大型飞机而言,隔框一般都是整体框,大型飞机机身壁板的定位基准及基准传递路径如下。

第一步:用整体框上的两个定位孔和一个定位面,确定整体框的位姿(位置和姿态),如图 2-25 所示。

第二步:用长桁定位器确定长桁的轴线面,用卡板侧面定位长桁的端面位置(也可以设置专门的长桁端面定位件)。除了长桁外形面没有定位外,长桁的其他位姿均已确定,如图 2-26 所示。

第三步:将蒙皮放置在底端面定位件上,并将蒙皮侧面与侧端面定位件贴合,用拉紧带使蒙皮与框贴实后(不是与卡板贴实,卡板型面取 $-0.1 \sim -0.3$ mm 的公差,可用于检查定位精度或者蒙皮和框的加工精度),蒙皮位姿完全确定。

第四步:连接时通过铆钉将长桁型面与蒙皮内型拉紧贴实,长桁位姿可以完全确定。

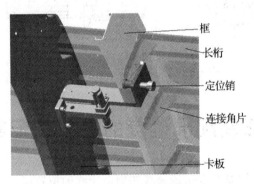

图 2-25 壁板中框的定位

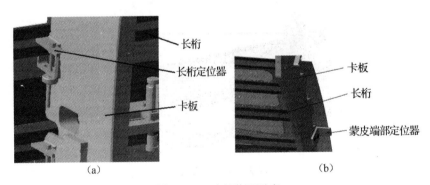

(a)   (b)

图 2-26 壁板装配示意
(a)长桁轴线面定位;(b)长桁和蒙皮端部定位

思考题 2

1. 飞机装配准确度的要求主要包括哪些内容?
2. 试述制造准确度和协调准确度的定义和它们之间的联系。
3. 试述系统误差与偶然误差的区别和特点。
4. 对不同的装配方法,装配误差中包括哪些环节的误差?影响各环节误差的主要因素有哪些?
5. 试述工艺补偿与设计补偿的区别和特点,工艺补偿的类型、特点和适用情况,设计补偿的类型、特点和适用情况。

第3章 飞机装配协调系统设计

3.1 互换与协调的基本概念和意义

3.1.1 互换与协调的基本概念

飞机制造中的互换性(即完全互换性)是指,相互配合的飞机结构单元(部件、组合件或零件)在分别制造后进行装配或安装时,除设计规定的调整外,不需修配和补充加工,即能满足所有几何尺寸、形位参数和物理功能上的要求。飞机制造中的互换性包括几何形状互换性和物理功能互换性两个方面的内容,它是由飞机结构和生产上的特点所决定的。互换性只是对同一飞机结构单元而言的。

飞机结构单元的互换性按性质可分为两种:一种是使用互换性,另一种是生产互换性。使用互换是指:飞机在使用中,如果某个零件、组合件或部件损坏,可以随意用一个备件将其更换,而不需要进行挑选或修配工作,经更换后飞机的使用性能仍然满足规定的要求。至于哪些组合件或部件要求使用互换以及要求互换的程度,是由订货方提出的。一般如各种舱门、翼尖、舵面等组合件,以及起落架、外翼、尾翼等部件,在使用过程中都容易损坏,为了使其损坏后能迅速更换新的备件,使飞机恢复使用,订货方就需对它们提出互换的技术条件,以便更换时不进行修配或稍加修配就能满足飞机使用的技术要求。

生产互换是指,在生产过程中,飞机零件、组合件、部件,以及各种机构在装配时不需经过挑选和修配,在装配后就能满足制造的技术要求,具有这样性质的互换性称为生产互换。如果零件和组合件等具有生产互换,在生产中不但可以减少装配工作量,从而缩短装配周期和降低装配费用,还便于组织有节奏的流水生产。因此,在成批生产条件下,飞机上有相当数量的零件和组合件等具有生产互换性。要求具有生产互换性的范围比使用互换性的范围要广得多。

但是,对那些尺寸大、刚度小、形状复杂的零件及组合件,若想保证其全部几何尺寸的互换性,往往在技术上比较困难,而且在经济上也不合理。此时,对这类零件、组合件或部件只能要求达到一定程度的互换,即对某些难以保证互换的尺寸,事先留有一定的加工余量,在装配时进行修配;也可以借助可调补偿件,在装配时进行调整,来达到装配技术要求。这样的组合件或部件称为不完全互换。

必须指出,保证零件、组合件或部件的生产互换,应该根据生产产量和生产条件来确定要求互换的程度。在确定互换程度时,应在确保产品质量的条件下,考虑最经济的原则。

飞机上的成品件虽然装在机体上,但不是飞机制造厂本身所生产的,因此,对机体和成品件的互换性又称为外部互换性,对机体内结构单元的互换性称为内部互换性。

协调性则是指,两个或多个相互配合或对接的飞机结构单元之间、飞机结构单元与它们的工艺装备之间、成套的工艺装备之间,配合尺寸和形状的一致性程度。一致性程度越高,则其协调性越好,协调准确度越高。协调性仅对几何参数而言。

应当指出,不应把保证飞机制造中的互换性和协调性与追求高准确度(即加工装配尺寸与设计尺寸的一致程度)混为一谈。例如,对有足够设计补偿和无设计补偿的两种设计分离面,其制造准确度相同时,前者能毫无困难地达到互换和协调要求,后者则不能。对于工艺分离面也是如此。

这里还要强调的是互换性与协调性的关系,即协调性是保证互换性的必要条件。只有在解决了结构元件之间协调性的基础上,才有条件全面深入地解决互换性问题。而达到了协调性的结构元件,并非都具有互换性;达到了互换性的结构元件,则必然具有协调性。鉴于上述联系,在飞机制造中,通常把这两个不同概念的术语合称为互换协调。然而,在飞机生产中,一般情况下,对协调准确度的要求比制造准确度的要求更高。

3.1.2 飞机制造中的互换要求

1. 气动力外形的互换性要求

气动力外形的互换性要求是飞机产品的特殊要求,因为气动力性能是评价飞机产品性能的一个极为重要的内容。而飞机的大部分零件都是与气动外形有关的,有的是直接构成飞机的外形,有的是通过与其他零件装配后对飞机的气动外形产生影响。

气动力外形的互换包括两个内容:一是组合件和部件本身的气动力外形达到互换要求;二是组合件、部件安装在飞机上后,达到与相邻组合件和部件相对位置的技术要求。例如,当机翼部件在总装时,或在使用过程中因损坏而更换时,用任一机翼装上飞机后,飞机的上反角、安装角和后掠角等有关相对位置的几何参数,也应完全符合技术条件的要求。

2. 部件对接接头的互换要求

要求互换的组合件或部件,在与相邻的组合件或部件相对接时,应当不需要任何修补或补充加工即能结合在一起,而且对接后能达到规定的技术要求。

因为飞机各部分之间往往采用空间多点的复杂连接形式,所以保证互换要求也需要采用一些特殊的方法。现以图3-1所示的中翼和外翼对接为例,对它们对接的技术要求做简要介绍。

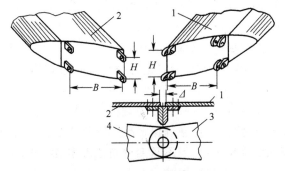

图3-1 中翼和外翼对接

1—外翼; 2—中翼; 3—叉子; 4—耳片

1)对接接头叉耳间的配合要求,以及对接螺栓孔的同心度要求;

2)对接处蒙皮对缝的间隙要求;

3)对接处两个部件端面切面外形的吻合性要求;

4)两个部件内各种导管、电缆等在对接面处连接的技术要求。

前 3 项要求都直接影响到飞机气动性能,而第一项除了与部件气动力性能有关外,还与部件之间的连接强度有关。因此,这些要求都很严格。

根据上述要求,在飞机生产过程中,如果采用一般机器制造的公差配合制度和通用量具是难以保证其互换的,必须应用特殊的保证互换的方法。又因为飞机构造上的特点,有的内容难以做到完全互换,只能要求达到一定程度的互换。例如,为了达到部件间蒙皮对接缝的间隙要求,可在蒙皮边缘留一定的加工余量,待装配时通过修配来达到。

3. 强度互换要求

零件、组合件和部件的物理机械性能及加工尺寸,应保持在一定的误差范围内,以保证产品的强度和使用可靠性。

4. 重量(包括重心)互换要求

飞机的重量及重心对飞机的性能有重要影响,因此要求生产出的组合件和部件的重量及重心应符合技术条件的规定。

上面提到的保证互换的内容,是从飞机及其部件总的要求方面而言的,这些要求必须通过飞机生产过程中的各个阶段来实现。基于飞机构造的特点与所采用的加工方法的影响,所以,在保证互换性的方法上,除了那些形状简单而规则,尺寸小而刚度大的机械加工零件(如起落架构架、作动筒、操纵系统的零件等)外,凡与气动外形有关的零件和装配件,都不能采用公差配合制度及各种通用量具来保证其互换要求,而必须采用一种建立在模线-样板基础上的保证互换性的方法和计算机辅助设计与制造技术。

3.1.3　解决互换协调问题的方法

在飞机制造中,当飞机的零件、组合件、段件和部件具有生产和使用互换性时,不但可以减少装配和对接时的修配工作量,节省大量工时,缩短生产周期,降低生产成本,有利于组织有节奏的批量生产,而且可避免出现由于强迫装配而产生的装配变形,以及飞机结构内产生的装配残余应力和局部应力集中。同时,当飞机某个零件、组合件、段件或部件在使用中被损坏时,能用备件迅速更换,不会由于局部的损坏而影响飞机的正常使用,从而可延长飞机的使用寿命,保证飞机的使用性能。因此,保证飞机零件、部件生产和使用的互换性,对飞机的制造和使用都有重要意义。

飞机机体的结构和形状都很复杂,并且零件的数量多、尺寸大、刚性小,容易产生变形;在飞机制造过程中工艺流程长,所用工艺装备的种类和数量繁多,产生误差的环节多。因此,影响互换、协调的因素很多。然而,用户要求提高产品的使用性能,制造中又要保证飞机结构件具有协调和互换的高度准确性。长期以来保证互换、协调就成为飞机制造中的难点,这也是飞机制造技术不同于一般机械制造技术的重要之处,这正是飞机制造技术的特点。飞机制造技术中解决互换协调问题的基本方法如下。

1. 提高结构设计水平

从上面的讨论中可知,在飞机生产中,影响互换、协调问题的因素虽然很多,但其主要因素是我们过去生产的一些机种结构设计不够合理,特别是那些协调准确度要求高的对接部件。因此,解决飞机生产中互换、协调问题的主要方向,首先是改进飞机结构设计,保证飞机生产中的互换、协调。飞机设计部门不但应该了解协调尺寸的形成过程,而且应该掌握协调尺寸形成过程中各个传递环节固有的误差特性(包括随机误差、装配变形及热膨胀误差等)。在结构设计中,应根据协调尺寸各传递环节固有的误差特性,对装配和对接部位协调尺寸的积累误差进行估算。对结构设计的合理性、经济性要有详细的分析、论证和评定。因此,设计部门应设立一个专门负责这一项工作的单位,从新机设计开始,就与工艺部门共同讨论、研究和决定全机的互换、协调原则和保证互换、协调的方法和措施;计算对接、配合部位协调尺寸的积累误差;确定在结构上采取什么措施解决互换、协调问题;编制与飞机结构设计有关的互换性文件;研究和拟定各种结构补偿形式等。当其积累误差不能满足装配或对接协调准确度要求时,在结构设计中就必须采取在装配尺寸链中加入调整补偿环等措施加以解决(如可考虑采用在本书第2章讨论过的一些结构补偿形式)。不能在飞机结构中留下在生产中难以解决或在经济上需要付出过高代价的互换、协调问题。

2. 采取工艺保证措施

在制造工艺方面也可采取一些有效措施来解决飞机生产中的装配协调问题。其中主要应依靠制定正确的装配和协调方案,合理地安排装配顺序和确定装配型架的总体结构形式,以减少装配过程中的不协调问题,具体可以考虑采用的方法主要有下述几种。

(1)留出必要的工艺补偿量。同一部件内有长度协调要求的各装配件(如中央翼、中外翼和机身各段件中的壁板、梁等),在制定装配和协调方案时,可将一端能确定壁板或梁长度的对接型材、梳状件或接头等,在壁板或梁装配时只进行工艺定位,等到下一装配阶段按型架定位件(如型架平板)或已定位好的产品零件调整其长度并进行最后的定位装配。这样可顺利解决在下一装配阶段中这些装配件与装配件或装配件与型架之间的长度协调问题。否则即使采用标准工艺装备来协调有关型架,也会由于铆接伸长和热膨胀误差等的存在,无法协调。

如某中型上单翼运输机,由于工艺上对机身与中央翼的对接面协调采用了上述装配与协调方案,不但省去了两个大型的协调用标准量规,缩短了生产准备周期,其对接质量反而比采用标准量规来协调的小型上单翼运输机有很大的提高,对接周期也大大缩短。这说明,在工艺上采用正确合理的装配和协调方案,也能很好地解决某些互换协调问题,减少标准工艺装备的数量,缩短生产准备周期,取得良好的技术经济效果。

(2)避免套合装配。在划分工艺分离面时,注意要尽量避免出现套合结构,这样可减少不协调问题。

(3)合理安排装配顺序。对一些协调准确度要求高的重要接头,在安排装配顺序时,应尽量放在装配件的其他铆接装配工作完成之后再进行,以减少装配变形对这些接头位置准确度的影响。

（4）采用非固定式型架。装配型架的总体结构形式,应尽量采用不与地坪固定的整体式或整体底座式结构,以减少由于地坪的热膨胀系数与产品的热膨胀系数相差几十倍而产生的热膨胀不一致对协调的不利影响。在有条件时应尽量采用铝制整体式或带铝制整体底座的型架,以减少因钢与铝热膨胀系数不同而产生的热膨胀误差。

（5）采用可调整的型架结构。对型架中一端的型架平板,可采用移动式结构,以清除型架与产品长度的不协调。

3.2 保证协调互换准确度的基本方法

无论是采用一般机器制造中的公差配合制度,还是采用飞机制造中的模线-样板方法达到产品的互换性,其基础都是保证产品准确度——制造准确度与协调准确度。

在飞机制造中,保证零件、组合件和部件的互换性,除了要保证其制造准确度外,更重要的是保证相互配合工件之间的协调准确度。而达到工件与工件之间的协调准确度,就要首先保证有关工艺装备之间的协调准确度。

制造任何零件,其几何形状和尺寸的形成,一般都是根据图纸所绘制的形状和标注的尺寸,在生产中通过一定的量具、工艺装备(夹具、模具等)和机床而获得的。在这一过程中,先根据标准的尺度与量具制造出生产过程中使用的各种测量工具和仪器,然后用它们制造各种工艺装备,最后通过工艺装备和机床加工出工件的形状和尺寸。可见,整个生产过程是尺寸传递的过程。

显然,两个相互配合零件的同名尺寸取得协调,它们的尺寸传递过程之间必然存在一定的联系。如图 3-2 所示,工件 A 和 B 是要相互协调的,假定 L_A 和 L_B 是协调尺寸,则它们的形成经过了许多次尺寸传递,其中有的是两个尺寸公共的环节,有的是两个尺寸各自的环节。后者将产生两个尺寸的协调误差 ∇_{AB}。

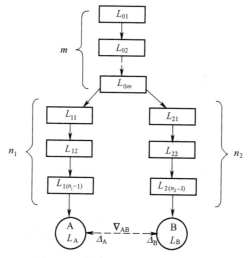

图 3-2 尺寸 L 的制造与协调路线

可以用一个联系系数 K 来表示两个零件在尺寸传递过程中的联系紧密程度,有

$$K = \frac{2m}{n_1 + n_2}$$

式中 m——尺寸传递中公共环节的数量;

n_1, n_2——零件 A,B 尺寸传递中各自环节的数量。

若 $m=1$,则两个零件在尺寸传递中只有一个公共环节。此时 K 值最小,相当于两个零件各自独立制造。随着 m 值的增大,K 值也增大,两个零件有关尺寸的联系愈加密切。若 $n_1 = n_2 = 1$,则此时 K 值最大,这表明两个零件相当于修配制造,协调性最佳。

基于这一原理,在生产中有 3 种不同原则来取得 L_A 和 L_B 两个尺寸协调的过程,即 3 种尺寸传递的过程:独立制造原则、相互联系原则和相互修配(或补偿)原则。

下面详细讨论各种协调原则的原理和特点。

3.2.1 按独立制造原则进行协调

这种协调原则传递尺寸的过程如图 3-3 所示,它是以标准尺上所定的原始尺寸来开始尺寸传递的。对于 L_A 和 L_B,原始尺寸是它们发生联系的环节,被称为公共环节。在这里,尺寸传递过程中只有一个公共环节,以后的各个环节都是单独进行的,因此,称它为独立制造原则。此时,制造误差的方程式可以写成

$$\Delta_A = \Delta_0 + \sum_{i=1}^{n_1} \Delta_i$$

$$\Delta_B = \Delta_0 + \sum_{j=1}^{n_2} \Delta_j$$

式中 Δ_0——原始尺寸的误差;

Δ_i——零件 A 尺寸传递中的第 i 个环节的误差;

Δ_j——零件 B 尺寸传递中的第 j 个环节的误差;

n_1, n_2——零件 A,B 尺寸链的环节总数量。

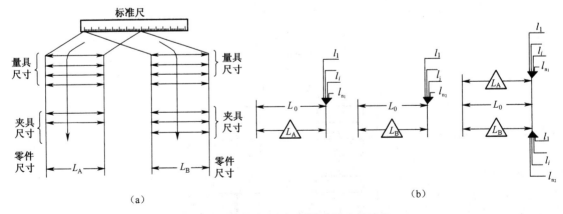

图 3-3 按独立制造原则传递尺寸的过程

(a)尺寸链传递原理; (b)尺寸传递误差分配

因此,零件 A 和 B 尺寸的协调误差 ∇_{AB} 可表示为

$$\nabla_{AB} = \Delta_A - \Delta_B = \sum_{i=1}^{n_1} \Delta_i - \sum_{j=1}^{n_2} \Delta_j$$

协调误差带公式为

$$\omega_{AB} = \sum_{i=1}^{n_1} \omega_i + \sum_{j=1}^{n_2} \omega_j$$

由此得出一个重要结论:对于相互配合的零件,当按独立制造原则对其进行协调时,协调准确度实际上要低于各个零件本身的制造准确度。

现以图 3-4 所示的口盖与蒙皮的协调为例,讨论这种协调原则的应用。对口盖与蒙皮开口之间的间隙要求比较小,而且要均匀。但是,口盖直径 D 的偏差即使是几毫米,在使用上并不会造成任何困难,也不会对飞机性能有任何影响。由此可见,对两个零件协调准确度的要求比每个零件制造准确度的要求要高。但是,按照独立制造原则,分别制造口盖和蒙皮,如图 3-5 所示。其过程是:根据口盖和蒙皮开口的设计尺寸,通过测量工具分别制造口盖和蒙皮开口的样板;然后按照口盖的样板制造口盖的冲模,用冲模冲制口盖零件;同时,根据蒙皮开口的样板在蒙皮上开口。在采用这种方法时,为了保证两个零件有比较高的协调准确度,要求各个样板和模具等应具有更高的制造准确度。

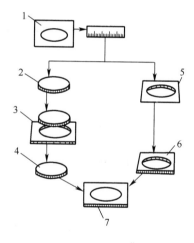

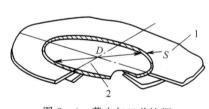

图 3-4　蒙皮与口盖协调

1—蒙皮；　2—口盖

图 3-5　按独立制造原则制造口盖与蒙皮

1—设计图纸与尺寸；　2—口盖样板；　3—口盖冲模；

4—口盖；　5—蒙皮开口样板；　6—蒙皮；　7—口盖与蒙皮

3.2.2　按相互联系原则进行协调

按相互联系原则传递尺寸的过程如图 3-6 所示。当零件按相互联系制造原则进行协调时,零件之间的协调准确度只取决于各零件尺寸单独传递的那些环节,而尺寸传递过程中公共环节的准确度,并不影响零件之间的协调准确度。此时,制造误差的方程式可写成

$$\Delta_A = \Delta_o + \sum_{k=1}^{m} \Delta_k + \sum_{i=m+1}^{n_1} \Delta_i$$

$$\Delta_B = \Delta_o + \sum_{k=1}^{m} \Delta_k + \sum_{j=m+1}^{n_2} \Delta_j$$

式中　　Δ_k——m 个公共环节中第 k 个环节的误差；

　　　　Δ_i——零件 A 尺寸传递中单独有的第 i 个环节的误差；

　　　　Δ_j——零件 B 尺寸传递中单独有的第 j 个环节的误差；

　　n_1,n_2——零件 A，B 尺寸链的环节总数量。

因此，零件 A 和 B 尺寸的协调误差 ∇_{AB} 可表示为

$$\nabla_{AB} = \Delta_A - \Delta_B = \sum_{i=m+1}^{n_1} \Delta_i - \sum_{j=m+1}^{n_2} \Delta_j$$

协调误差带的基本公式为

$$\omega_{AB} = \sum_{i=m+1}^{n_1} \omega_i + \sum_{j=m+1}^{n_2} \omega_j$$

　　从这里又得出一个重要结论：如果其他条件相同，那么当采用独立制造和相互联系制造两种不同的协调原则时，即使零件制造的准确度相同，得到的协调准确度也不同。按相互联系制造原则能得到更高的协调准确度。而且，在尺寸传递过程中，公共环节数量愈多，协调准确度也就愈高。

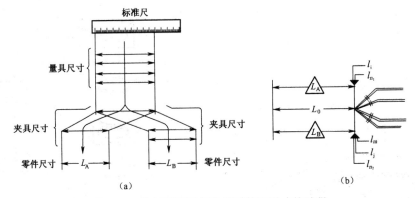

图 3-6　按相互联系制造原则传递尺寸的过程

(a)尺寸链传递原理；　(b)尺寸传递误差分配

　　现仍以前面列举的口盖与蒙皮协调为例来说明这种协调过程，如图 3-7 所示。首先通过测量工具按图纸上的设计尺寸加工出口盖样板。这块样板就作为加工口盖和蒙皮的共同标准，即按样板加工口盖，按样板在蒙皮上制出孔。此时，口盖样板加工的准确度只影响零件的制造准确度，而不影响零件之间的协调准确度。

3.2.3　按相互修配原则进行协调

　　按相互修配原则传递尺寸的过程如图 3-8 所示，它的联系系数 K 最大。在一般情况下，按这种协调原则比按相互联系制造原则能够达到更高的协调准确度。此时，制造误差的方程式也可写成

$$\Delta_A = \Delta_0 + \sum_{k=1}^{m} \Delta_k$$

$$\Delta_B = \Delta_0 + \sum_{k=1}^{m} \Delta_k + \Delta_{m+1} = \Delta_A + \Delta_{m+1}$$

式中　Δ_{m+1}——零件 A 尺寸传递给零件 B 的环节误差。

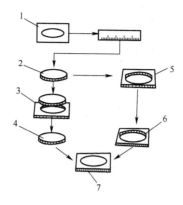

图 3-7　按相互联系原则制造口盖与蒙皮

1—设计图纸与尺寸；　2—口盖样板；　3—口盖冲模；　4—口盖；　5—蒙皮开口样板；　6—蒙皮；　7—口盖和蒙皮

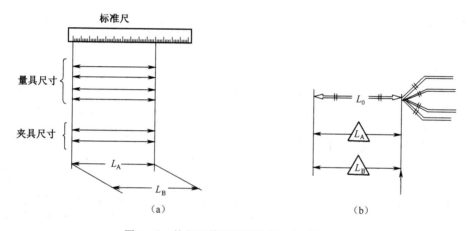

图 3-8　按相互修配原则协调两个零件尺寸

(a)尺寸链传递原理；　(b)尺寸传递误差分配

因此,零件 A 和 B 的协调误差 ∇_{AB} 可表示为

$$\nabla_{AB} = \Delta_A - \Delta_B = \Delta_{m+1}$$

协调误差带基本公式为

$$\omega_{AB} = \omega_{m+1}$$

由此可以得出另一个结论:当采用相互修配原则进行协调时,协调准确度仅决定于将零件 A 的尺寸传递给零件 B 这一环节的准确度。

再以前面所举的口盖和蒙皮为例,说明相互修配、原则的应用。如图 3-9 所示,根据口盖的设计尺寸制造口盖样板,按样板加工冲模,由冲模制造口盖,然后按口盖零件加工蒙皮上的开口,或者先按口盖样板加工蒙皮上的开口,再按开口的实际形状加工口盖。采用这种方法可以保证较高的协调准确度。但是应当指出,相互修配的零件不能互换。

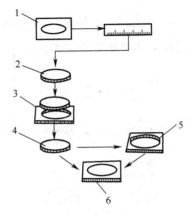

图 3-9　按相互修配原则制造口盖与蒙皮

1—设计图纸与尺寸；　2—口盖样板；　3—口盖冲模；　4—口盖；　5—蒙皮开口样板；　6—蒙皮

3.2.4　三种尺寸传递原则的应用

上面讨论了三种不同的协调原则（或尺寸传递体系）的基本原理和特点,本节则介绍它们在飞机制造中的应用。

1）根据飞机构造和制造的特点,对于与气动外形有关的零件,要达到较高的制造准确度比较困难,或者在经济上不合理。但是,为了保证互换,首先必须保证协调准确度。实际上,在飞机生产中出现的大量问题是协调方面的问题。若采用独立制造原则,为了达到协调准确度的要求,就必须对零件的制造准确度提出更高的要求。这一点用目前常规的制造方法是难以做到的。

2）对形状复杂的零件采用相互联系制造原则。在制造过程中,将那些技术难度大、制造准确度不可能达到很高的环节,作为尺寸传递的公共环节,这样就能显著地提高零件之间的协调准确度。由于飞机构造上的特点,采用这种原则来保证协调具有特别重要的现实意义。而独立制造原则仅适用于那些形状比较简单的零件,如起落架、操纵系统等机械加工类零件。

3）采用独立制造原则便于组织生产,能够平行、独立地制造零件、组合件或部件以及各种工艺装备,故扩大了制造工作面。这有利于缩短生产准备期,也便于开展广泛的协作。而当采用相互联系制造原则时,生产中所用的工艺装备都必须按一定的协调关系依次制造,显然延长了生产准备期。

4）按相互修配原则进行协调,虽然能够保证零件之间有很好的协调性,但不能满足零件互换性的要求。而且修配劳动量大,装配周期长。只有当其他协调原则在技术上和经济上都不合理,而且不要求零件具有互换性时,才采用这一协调原则。一般在飞机成批生产中都尽量少用该协调原则,而在飞机试制中应用较多。

计算机辅助设计和计算机辅助制造技术的迅速发展,为在飞机制造中广泛采用独立制造原则创造了条件。飞机的外形可以通过建立相应的数学模型来准确地加以描述,飞机结构件的几何形状和尺寸也可以准确地存储在计算机内。在此基础上,产品的几何信息就直接传递给计算机绘图设备和数控加工设备,以输出图形和进行加工。这样,机械加工零件、成形模具以及与外形有关的工艺定位件等工艺装备,可以达到很高的制造准确度。这不但保证了协调要求,还能提高协调准确度。因此,随着计算机辅助设计和计算机辅助制造技术应用的深入,飞机产品的全数字化定义有利于在飞机制造中实现独立制造原则以及实施并行工程,这是飞机制造技术的发展方向。

3.3　模线样板技术

3.3.1　模线的分类和作用

飞机必须具有光滑流线且合乎气动力学要求的几何形状,其大量零件具有与气动力外形有关的曲线或曲面外形,且要求相互协调。同时,飞机零件大部分用板材制造,其尺寸较大,工艺刚度差,不便于用通用量具来度量其外形。此外,各部件间的连接,一般也都是用成组空间接头对接的,准确度要求高,配合部位多,关系复杂。因此,在飞机制造中必须采用一种与一般机器制造业不同的技术——模线-样板技术,以保证制造出的各种工艺装备和零件相互协调,并能顺利进行装配,制造出符合设计要求的飞机。

模线-样板工作法是按相互联系制造原则建立的。根据这种方法,在飞机制造中尺寸传递过程可表述如下:

首先将飞机部件、组合件的外形及结构,按 1：1 的比例在专门的图板上准确地画出飞机的真实外形与结构形状,这就是模线。在生产中,模线就作为飞机外形与结构形状的原始依据。然后,根据模线加工出具有工件真实外形平板,这就是样板。在生产中,样板即作为加工或检验各种工艺装备及测量工件外形的量具。

图 3-10 是模线-样板工作法在保证机翼部件某切面工艺装备之间和零件之间相互协调的原理图。

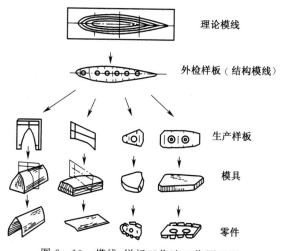

图 3-10　模线-样板工作法工作原理图

模线主要分为理论模线和结构模线。

1.理论模线

按照飞机理论图纸和飞机工艺要求进行设计,以飞机部件、组件的理论外形和结构轴线为主要绘制内容,以 1:1 的比例精确地画在金属平板或透明胶板上的图样,被称为飞机理论模线。理论模线的绘制内容包括飞机部件的设计基准、部件平面及各切面的理论外形及部件的主要结构轴线(如大梁、翼肋、隔框和长桁等轴线)。

在应用飞机外形数学模型和数控绘图技术之前,理论模线是保证飞机外形的结构轴线正确与协调的唯一原始依据,是绘制结构模线和制造样板的主要依据之一。

应用计算机建立飞机外形数学模型并采用数控绘图技术以后,理论模线的地位发生了变化,不再是主要的原始制造依据。理论模线主要有下述用途。

1)作为飞机外形数学模型的直观精确图像,用于验证飞机外形数学模型的正确性(包括光滑流线性)。

2)作为数字量到模拟量之间的桥梁和 CAD/CAM 技术的辅助手段;用于校核结构模线的剖面外形、结构轴线和斜角值,校核从飞机外形数学模型算出的各种数据;作为某些样板的制造或检验依据;量取某些外形或结构轴线的数据。

随着 CAD/CAM 技术及其应用深度和广度的提高,理论模线的作用和重要性将进一步减弱。

2. 结构模线

结构模线是对飞机部件某个切面按 1:1 比例绘制的结构装配图。在结构模线上绘制的内容有设计基准线,以及该切面上全部零件的外形和所在位置。结构模线上的切面外形线是从理论模线复制来的,或者可按理论模线加工出部件某个切面的真实外形。因此,结构模线也称为外形检验样板。同时,在该切面外形线内画出结构装配图。

根据结构模线绘制的内容,它在飞机制造中主要有以下作用。

1)以 1:1 比例准确地确定飞机内部的结构形状和尺寸,因此,它是保证飞机内部结构协调的依据。

2)作为用于加工生产的各种样板的依据。

3)为制造样件、装配型架、模具和夹具等工艺装备,量取一些经过模线协调的尺寸。

此外,模线还有运动模线,运动模线是以 1:1 的比例绘制在模线台上的运动构件(如起落架与起落架舱门、操纵系统等)在运动过程中的轨迹。它是为检验运动构件在运动过程中相互之间和与其他结构之间的协调性而绘制的模线。

运动模线的作用:通过它协调和确定运动构件与相邻结构的最后尺寸和活动范围。

3.3.2 理论模线的绘制方法

在理论模线的绘制方法中,飞机的理论模线一般以部件或分部件为单位进行绘制。部件理论模线分为机身前段、机身后段、机翼、水平尾翼、垂直尾翼、发动机短舱和起落架舱等。分部件理论模线的划分随飞机型别的不同而不同,一般有襟翼、襟翼舱、副翼、翼尖、驾驶舱、尾舱、舱门、各种整流罩和油箱等。分部件理论模线必须按相关部件理论模线来协调绘制。

根据飞机各部件外形的特点,理论模线可归结为两种类型:一类是单曲度外形的部件,如机翼和尾翼等;另一类是双曲度外形的部件,如机身和发动机短舱等。两种类型部件具有不同的理论外形,可分别介绍如下。

1. 机身理论模线

图 3-11 为机身理论模线示意图,它的绘制依据是飞机理论图。

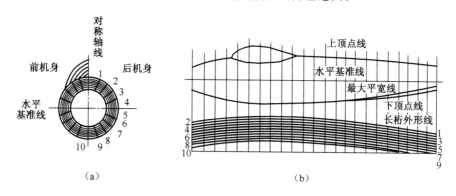

图 3-11 机身理论模线示意图
(a)机身综合切面模线; (b)机身平面模线

机身的理论模线包括机身综合切面模线、机身平面模线(包括机身侧视投影和俯视投影)、压缩模线和真实外形(不是投影外形)的长桁模线。

在机身理论模线上有设计基准线(水平基准线和对称轴线)、外形线、长桁轴线以及其他结构轴线。因为机身外形是左右对称的,所以机身隔框切面外形相对于对称轴线只画一半。

综合切面模线是以水平基准线和对称轴线为重叠基准,将横切面的外形以 1:1 比例重叠绘制在一起的模线图。短舱则以水平基准线和垂直基准线为重叠基准画出。如果是翼面类部件,则以翼弦线为重叠基准。

平面模线是以 1:1 的比例画出的。对于大型飞机,由于其尺寸过大,只有对比较复杂的部件(如机身前段和尾段)才按 1:1 比例画出平面模线。而对外形比较简单的中段,可不画平面模线,或只画压缩模线。

压缩模线是将部件纵向切面的外形沿纵向以 1:5 或 1:10 的比例、沿横向以 1:1 比例画出的。压缩模线的作用是检查部件外形曲线是否为光滑流线和提供量取尺寸。

机身和发动机短舱这类部件的外形,可利用平切面法、母线法和曲面片法等给出。有关曲面造型技术,可参阅相关书籍,这里不作介绍。

2. 机翼理论模线

飞机翼面类型的部件,如机翼、水平尾翼、垂直尾翼、襟翼、副翼等(除翼尖外),其外形特点是:曲线一般是单曲度的。这些部件以几个基准翼肋切面外形(即翼型)为控制曲线,在基准翼肋外形之间的同一百分比弦长处用直线相连,形成单曲度曲面。这种以直线为母线紧贴着两端的控制曲线滑动而产生的曲面,在数学上称为直纹曲面。

下面以机翼理论模线为例,介绍这类部件理论模线的绘制内容及方法。

机翼理论模线包括3个部分,即翼肋综合切面模线(即把各翼肋切面外形按统一的弦线重叠画在一起)、平面投影模线和翼梁切面模线。其中最主要的是翼肋综合切面模线,它是绘制各翼肋切面结构模线和加工样板的主要依据。

图3-12为机翼理论模线示意图。从该图中可以看出,在机翼综合切面模线上,画有各翼肋切面的外形线、桁条的结构位置线、在各翼肋切面上翼梁的结构轴线。这些线条都是绘制结构模线和加工样板所必需的。

画平面模线时,视结构和外形而定,或画局部的,或不画。

对于机翼理论模线,一般先画基准翼肋外形,这是因为在机翼理论图上会给出几个基准翼肋位置和翼型数据;而对于中间各翼肋的外形数据,则可以根据直母线外形的特点,利用相似比例关系计算出来。

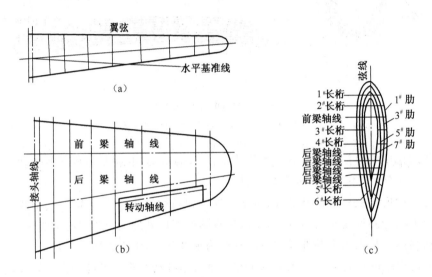

图3-12 机翼理论模线示意图

(a)翼梁切面模线; (b)机翼平面模线; (c)翼肋综合切面模线

3.3.3 结构模线的绘制方法

在飞机部件的结构模线上,画有部件的各主要切面的结构,如机翼或尾翼的大梁切面、各翼肋切面和机身隔框切面等。为了协调每个切面上的全部结构,对一个切面上的结构不分开绘制。另外,由于结构模线是按1:1比例画出的,因此无须加注尺寸。而且对零件形状一般不取剖面图,而是通过各种符号来表示,如零件弯边高度和角度、减轻孔的形状和加强筋的形状等。同时,为了保证零件与装配件尺寸协调,在结构模线上还应绘制各种工艺孔,如基准孔、定位孔、导孔等,如图3-13所示。

结构模线的主要结构轴线位置、外形线和角度等的绘制公差要求与理论模线相同。

绘制结构模线使用两种底板:一种是金属图板,另一种是明胶板。

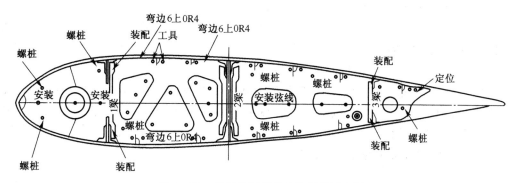

图 3-13　机翼某切面的结构模线示意图

1. 金属图板结构模线

金属图板结构模线可分为不加工出外形和加工出外形两种。加工出外形的结构模线通常被称为外形检验样板,简称外检。这种样板属于基本样板,是制造生产样板的依据。

外形检验样板制造过程大致如下:按理论模线移形于厚度为 1.5～2.0 mm 的冷轧低碳钢板上,加工出样板外形并喷漆,在样板上绘制内部结构并进行协调。为了保护样板上的线条和标记,一般在完成结构绘制之后,可加喷一层油基清漆。

理论外形线的移形是关键工作,直接影响产品的准确度。传统的移形采用手工方法,这种方法是将描图纸盖在理论模线上,然后描绘理论外形线,接着将它复描到结构模线底板上。还有的是直接按理论模线外形的坐标数据来画。显然,这种移形的生产效率和精确度都较低。

2. 明胶板结构模线

这种方法的实质是:将结构模线上的理论外形和主要结构轴线(如基准轴线、与理论外形有关的外形线、梁和长桁的结构轴线等),直接通过正像反射法(将透明胶板聚酯薄膜的一面涂上感光剂,把它复制在理论模线图上,然后用光线照射,再进行显影),从理论模线图板上移形过来。这种方法改变了直接按坐标数据或用描图纸描绘的方法。同时,将画在明胶板上的全部结构模线用接触照相法晒在金属图板(一般用铝板)上。这种图板被称为照相图板,照相图板用于制造和检验样板。明胶板上的模线则起底图作用,不直接用于生产。

使用明胶板画模线具有以下优点:

1)便于模线的协调、移形和复制,提高了移形的准确度和生产率;

2)可以用接触照相法晒制样板毛料,加工方便,有效地缩短了样板制造周期;

3)可以用明胶板结构模线直接在装配型架卡板和钣金型胎毛坯上晒制所需的外形,以加速工艺装备的制造;

4)模线底板轻便,便于使用和保管。

3. 结构模线上的各种工艺孔

在保证零件和装配件的尺寸协调方面,样板上的工艺孔起着非常重要的作用。它们在制造工艺装备以及装配过程中是主要的工艺基准,或是在零件上钻孔的依据。

工艺孔的孔径分别为 8.0 mm,5.2 mm,2.7 mm,须根据孔的用途不同而定。各种工艺孔(除导孔外)在结构模线上的布置见图 3-13。

3.3.4　常用样板

样板是一种平面量具,是加工和检验带曲面外形的零件、装配件和相应工艺装备的依据。飞机制造中所用样板的主要特点是它们之间必须相互协调,因为在这里样板起着制造、协调、检验零件和工艺装备的作用。因此,要求样板之间有着相互协调的关系。生产中使用的样板种类繁多,现对几种最常用的样板进行介绍。

1. 外形样板

图 3-14 为翼肋前段的外形样板。

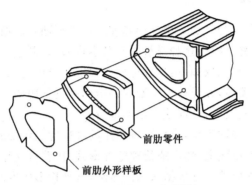

前肋零件
前肋外形样板

图 3-14　翼肋前段的外形样板

外形样板一般用于检验平面弯边零件、平板零件和单曲度型材零件。外形样板也是制造与协调成套零件样板的依据,直接作为成形模具的加工依据。

外形样板通过样板的外廓边缘线和样板上的标记符号来表示出整个零件的形状。对于无弯边的平板零件,样板的外缘就是零件的外廓形状;对于有弯边的零件,样板外缘是零件弯边处外形交叉线所形成的轮廓线,如图 3-15(a)(b)所示;对于双弯边零件,外形样板的外缘与零件的外形关系如图 3-15(c)所示。零件的弯边在样板上的标记如"弯边 15 上 R3",这说明该零件弯边高度为 15 mm,弯边方向向上,弯曲半径为 3 mm,弯边角度为 90°。

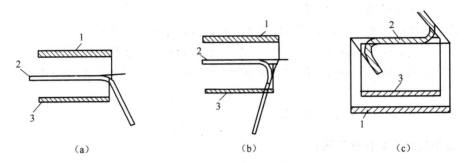

（a）　　　　　　　　　　（b）　　　　　　　　　　（c）

图 3-15　样板外形取法
(a)开斜角弯边；(b)闭斜角弯边；(c)双弯边
1—外形样板；　2—零件；　3—内形样板

2. 内形样板

内形样板是零件成形模的制造依据,也是检验零件成形模的样板。

内形样板的外缘是由零件弯边外、内形交叉线所构成的曲线。内形样板与外形样板之间外缘位置的差值为 s ,如图 3-16 所示,其计算公式为

$$s = \tan\left(\frac{90° \pm \beta}{2}\right)\delta = \tan\frac{\alpha}{2}\delta$$

式中　δ——零件材料厚度;

　　　β——弯边斜角值;

　　　α——闭斜角 $\alpha = \pi/2 - \beta$,开斜角 $\alpha = \pi/2 + \beta$ 。

在生产中,为了减少样板数量,现在基本上不再使用内形样板,而直接按外形样板和角度样板来制造与检验零件的成形模,如图 3-17 所示。

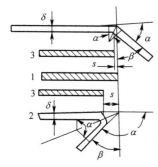

图 3-16　内、外形样板差值

1—外形样; 2—零件; 3—内形样板

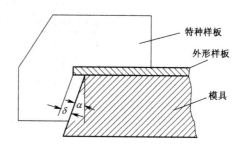

图 3-17　按外形样板和角度样板加工模具

α—零件弯边斜角; δ—零件材料厚度

3. 展开样板

对于弯边线为直线的零件,其毛料尺寸可以通过直接计算得到。对于弯边线为曲线的零件,也可以根据弯角大小、弯曲半径、弯边高度等把零件的展开尺寸大致地计算出来,求得零件展开后的形状。根据零件展开后的形状制成的样板称为展开样板,而对形状复杂的钣金零件,其毛料形状只能通过反复试验求得。按所求得的形状制成的样板,称为毛料样板。

图 3-18 为制造隔框零件时使用的几种样板。

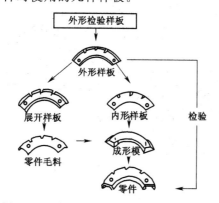

图 3-18　制造隔框零件时使用的几种样板

4. 切面样板

对于形状复杂的立体零件(如双曲度蒙皮),必须用一组切面样板才能控制零件的形状,如图 3-19 所示。为制造与检验这类模具和零件,必须用多种切面样板,如切面内形、切面外形、反切面内形和反切面外形。它们之间的尺寸关系为

$$切面内形 + 零件材料厚度 = 切面外形$$
$$反切面内形 - 零件材料厚度 = 反切面外形$$

这 4 种切面样板及其用途如图 3-20 所示。为了保证一组切面样板在使用中相互位置准确,在每块样板上必须刻有基准线,如图 3-21 所示。如果对形状复杂的模具采用数控加工和数控测量,则有时可以不用切面样板。

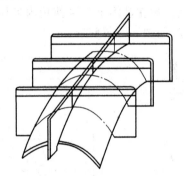

图 3-19 机身双曲度蒙皮使用的切面样板

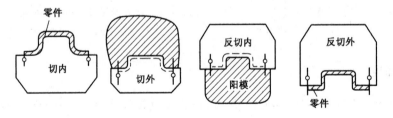

图 3-20 4 种切面样板及其用途

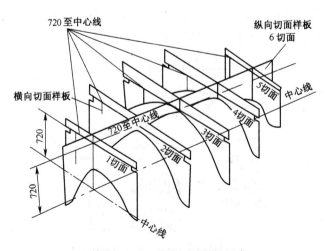

图 3-21 成套切面样板组合

5. 下料样板、切钻样板、夹具样板

下料样板、切钻样板、夹具样板,分别用于:在下料设备中下料;在具有复杂立体形状的零件上切割边缘和钻孔;制造装配夹具。它们的形状如图 3-22 所示。

随着飞机零件和工艺装备制造技术的发展,数控加工和数控测量比例不断增大,生产样板的数量也将逐渐减少。计算机辅助设计和计算机辅助制造技术的推广应用,使模线样板工作方法有了新的进展。

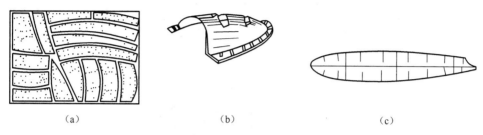

（a）　　　　　　　　　　　（b）　　　　　　　　　　　（c）

图 3-22　生产样板

（a）成组下料样板；　（b）切钻样板；　（c）夹具样板

3.3.5　样板的分类和基本用途

样板是一种专用刚性量具,它按模线或数据制造,表示飞机零件、组件、部件真实形状,在其上刻有标记并钻有工艺孔。样板的分类、名称和基本用途见表 3-1。

表 3-1　样板的分类、名称和基本用途

样板分类	样板品种		基本用途
	样板名称	简称	
基本样板	晒相图板①	相板	1. 制造、检验样板； 2. 制造、检验零件和工艺装备
生产样板	外形样板	外形	1. 制造成套零件样板； 2. 制造和检验模具及零件
	内形样板	内形	制造零件的成形模具。常被外形样板代替
	展开样板	展开	零件的下料及制造冲切模
	切面样板　切面外形样板	切外	制造和检验模具或零件
	切面样板　反切面外形样板	反切外	
	切面样板　切面内形样板	切内	
	切面样板　反切面内形样板	反切内	
	钻孔样板	钻孔	钻（或冲）零件上的孔
	夹具样板	夹具	制造、安装标准样件或装配、检验夹具
	表面标准样件样板	样件	制造表面标准样件
	机加样板	机加	加工和检验机加零件上与理论外形或结构协调有关的部分
	专用样板	专用	按工艺需要确定

续 表

样板分类	样板品种		基 本 用 途
	样板名称	简称	
标准 样板	按需要选用		1. 作为用于制造生产样板的过渡样板; 2. 检修和复制生产样板

注:晒相图板:简称相板,为按聚酯模线采用接触晒相法晒出的图板。它可以代替生产样板使用,也可以作为样板、工艺装备以及零件的制造和检验依据。相板的材料有铝板和聚酯片基两种。

从以下几类零件的典型成形过程中还可以看到样板的基本用途。

(1)平面类零件典型成形工艺,如图 3-23 所示。

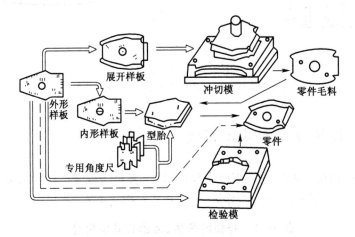

图 3-23 平面类零件典型成形工艺

(2)蒙皮类零件典型成形工艺,如图 3-24 所示。

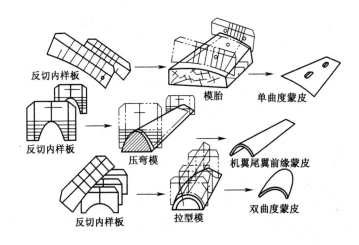

图 3-24 蒙皮类零件典型成形工艺

（3）形状复杂的蒙皮类零件典型成形工艺,如图 3-25 所示。

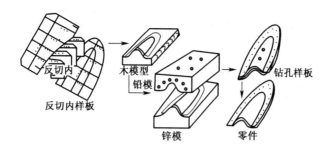

图 3-25　形状复杂的蒙皮类零件典型成形工艺

（4）单曲度标准挤压型材零件典型成形工艺,如图 3-26 所示。

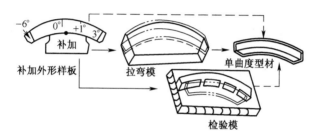

图 3-26　单曲度标准挤压型材零件典型成形工艺

3.4　标准工艺装备

　　在飞机制造中,采用了大量的工艺装备保证产品的制造准确度和协调准确度。这些工艺装备,根据它们的功用可以分成两类:标准工艺装备和生产工艺装备。

　　标准工艺装备是具有零件、组合件或部件的准确外形和尺寸的刚性实体,它作为制造和检验生产工艺装备外形和尺寸的依据。生产工艺装备则直接用于制造和检验飞机零件、组合件或部件。生产工艺装备之间的外形和尺寸是通过标准工艺装备来保证相互协调的。标准工艺装备必须具有足够的刚度,以保持其尺寸和形状的稳定性;同时,它应比生产工艺装备具有更高的准确度。

　　本节主要介绍飞机生产中的标准工艺装备。

3.4.1　标准工艺装备的类型

　　在飞机制造中,根据保证互换与协调的内容,标准工艺装备可归纳为以下三类。

　　（1）保证对接分离面协调的标准工艺装备,如标准量规和标准平板,如图 3-27、图 3-28 和图 3-29 所示。

　　（2）保证外形协调的标准工艺装备,如外形标准样件(或称表面标准样件),如图 3-30、

图 3-31 和图 3-32 所示。

（3）保证对接分离面与外形综合协调的标准工艺准备,如安装标准样件,如图 3-33 所示。

在按相互联系制造原则进行协调时,标准工艺装备是保证生产工艺装备之间相互协调的重要手段。因此,标准工艺装备在重要协调部位应具有较高的制造精度。

3.4.2 标准量规与标准平板

飞机各部件间的连接有两种形式:叉耳式连接和围框式凸缘多孔连接。为了保证对接分离面的互换协调,分别采用标准量规(也称标准卡具)和标准平板。

1. 标准量规

如图 3-27 所示,标准量规是组合件或部件间一组叉耳式对接接头的标准样件,它们是成对制造的。

由于接头之间必须保证非常高的协调准确度,因此成对的标准量规不宜分别按图纸单独制造,而是采取配合制造,即首先根据对接接头的结构图纸制造其中一个,与其成对的另一个,则按照已制造好的那一个量规制造,如图 3-28 所示。

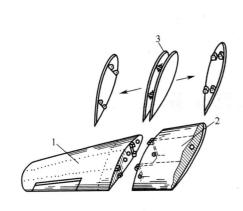

图 3-27 中、外翼对接接头标准量规
1—外翼; 2—中翼; 3—标准量规

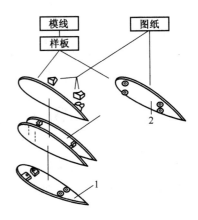

图 3-28 成对标准量规制造过程
1—中翼标准量规; 2—外翼准量规

在工艺装备制造中,凡是与这对接头有关的工艺装备,如标准样件上的接头,用于安装各装配型架上接头定位件以及精加工台上的接头定位件的安装量规等,都按照这个成对的标准量规安装,从而保证在分离面处具有很高的协调准确度。

由于标准量规是协调的依据,其结构应有较大的刚度,因此一般是用钢管焊接成立体构架作为标准量规的骨架,以避免标准量规在使用中或存放时变形。

2. 标准平板

标准平板是部件间框式凸缘多孔对接面的标准样件。在平板上有准确的对接孔,用来协调对接零件的钻孔夹具、组合件装配夹具、板件和部件装配型架上的型架平板以及部件精加工台的钻模等。标准平板不单是保证两个接合部件之间的对接孔的互换协调,而且还保证孔相对于分离面处气动外形之间的协调。因此,标准平板还带有所在对接面处的外形(或外形线),如图 3-29 所示。

标准平板一般采用厚度为 20~30 mm 的低碳钢板制成。对于大尺寸的标准平板,为保证其平面刚度,则将平板固定在用钢管焊接成的加强框架上。标准平板也应是成对制造,事先可以把两块平板重叠一起钻出孔,然后分别压入经淬火的衬套。平板平面度一般为 ± 0.1 mm,标准平板上的孔相对于平面的不垂直度为 0.2 mm/100 mm。用标准平板制造其他工艺装备时,关键技术是把标准平板上的孔准确地转移到其他工艺装备上去。

3.4.3　外形标准样件

外形标准样件是保证飞机部件上外形比较复杂部位的有关工艺装备曲面外形协调的标准工艺装备,作为制造带复杂曲面外形的各有关成形模的原始依据。根据型面复杂程度与协调方案的不同,采用正外形标准样件或反外形标准样件。

图 3-30 所示为利用外形标准样件协调工艺装备的一个例子。

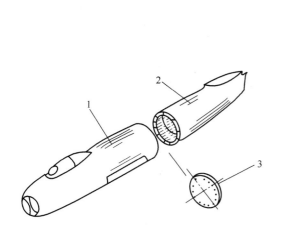

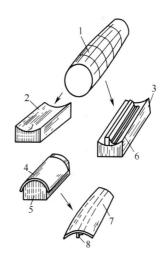

图 3-29　前后机身分离面标准平板　　　图 3-30　外形标准样件协调作用示意图
　1—前机身；　2—后机身；　3—标准平板　　1—外形标准样件；　2—过渡模；　3—型材检验模；
　　　　　　　　　　　　　　　　　　　4—蒙皮；　5—蒙皮拉伸模；　6—型材；　7—蒙皮；　8—型材

外形标准样件的结构形式取决于它的尺寸,一般是固定框架式或固定平台式。

固定框架式用于尺寸较大的外形标准样件,它由底座(钢管和钢板焊接的或水泥的)、样板构架、面层及表面划线构成。样板构架可通过基准孔用光学仪器测量,并调整到准确位置,然后用螺栓、角材等固定于底座。样板之间充填泡沫水泥或掺有麻刀的石膏,再用刮板进行流线加工,表面喷以保护漆,最后在表面上划线(如基准线和有关零件位置线)。

固定平台式主要用于中等尺寸的外形标准样件,与固定框架式不同的是它的底座多为铸铝平台,也有用钢管和钢板焊接成的,并用千斤顶支承,如图3-31所示。面层填料除用石膏掺麻刀外,也有采用环氧塑料和硬泡沫塑料的。

由于在飞机生产中使用了计算机辅助设计和计算机辅助制造技术,复杂的曲面外形(不论零件还是模具)可以直接用数控加工得到,而且还能大大提高加工准确度,保证较高的协调性。因此,可以不用外形标准样件。

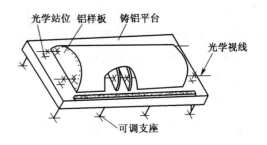

图3-31 铸铝平台固定式外形标准样件

3.4.4 安装标准样件和反标准样件

1. 安装标准样件

安装标准样件用于安装装配型架,它带有组合件或部件的外形(一般只带局部外形)和接头,由于装配型架上只需控制主要切面处的外形,因此在安装标准样件上只是在装配件的纵、横向骨架处才加工出实际外形。

安装标准样件是模线-样板工作法中保证互换协调的重要工艺装备,除了用于安装装配型架,还可以保证有关装配工艺装备之间的协调,如图3-32所示。

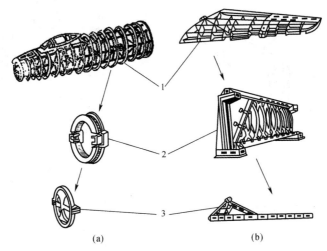

图3-32 标准样件的协调
(a)机身样件协调; (b)机翼样件协调
1—安装标准样件; 2—反标准样件; 3—组合件标准样件

为了保证部件及其各段件、板件和组合件装配型架之间的协调准确度,可将部件安装标准样件做成可分解的,即所谓组合式安装标准样件,如图3-33所示。当制造部件装配型架时,样件作为整体使用;当制造各段件、板件和组合件装配型架时,就将样件做相应的分解,分别制造各部分的装配型架。

　　苏 - 27 飞机部件的标准样件大都采用组合式结构,即由若干分(局部)样件组合成整体样件,作为安装大型型架、精加工台的依据。这样把样件分解后,又可作为段件、组合件及零件工艺装备的协调依据。它的全机标准样件分为 5 大部分,即前机身标准样件、进气道标准样件、后机身标准样件、中央翼标准样件和外翼标准样件。

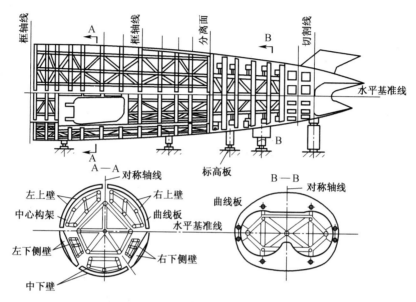

图 3 - 33　某歼击机后机身安装标准样件

2. 反标准样件

　　反标准样件是保证部件标准样件与其组合件标准样件之间相互协调的标准工艺装备。例如,机翼安装标准样件,其制造准确度要求很高,但样件结构刚度不大而尺寸又较大。如果将它分解出一个梁架样件作为安装机翼梁架装配型架用,显然,因梁架样件刚度不足而会影响准确度。又如机身安装标准样件上某些重要隔框,其上带有较多的接头,若将其分解出隔框样件,也会因刚度不足而影响准确度。在这些情况下,需要单独制造一个有足够刚度的组合件标准样件来安装组合件装配型架。为了保证组合件样件和部件安装样件的协调问题,在生产中常常根据部件安装样件制造一个部件反标准样件,以制造组合件标准样件。由于是采用相互联系制造的原则,因此部件安装标准样件与组合件安装标准样件之间具有较高的协调准确度。机身隔框和机翼的反标准样件及其组合件安装标准样件如图 3 - 32 所示。

　　对于大尺寸的飞机部件,要制造部件安装标准样件比较困难,不仅制造周期长,制造费用高,而且容易产生变形,无法保证样件的制造准确度,同时也不便于使用。因此,飞机制造的发展趋势是不再采用大尺寸的部件安装标准样件和反标准样件。但是,对于那些结构和形状比较复杂的组合件(如座舱罩、舱门和门框等),只采用组合件标准样件。

3.4.5　标准工艺装备的主要技术要求

　　(1) 协调性高。因为标准工艺装备是保证成套工艺装备和产品的协调准确度与制造准确度的依据,因此必须保证成套标准工艺装备之间具有良好的协调性和必要的制造准确度。在有协调要求的标准工艺装备之间,使用前必须对其进行协调性检查。标准工艺装备上的交点(接头)应尽量采用固定式结构,而避免采用活动式结构。若使用上有要求,也可设计成活动式结构。

(2)长期的稳定性。这也是一项重要的技术要求。凡是用焊接、铸造和冷轧钢材制造的标准工艺装备构件(如焊接的标准工艺装备骨架,用冷轧钢板或铸件制造的标准平板等),在加工或安装工作交点之前,都必须进行用于消除内应力的热处理。对工作交点、工作孔、基准孔等,都必须进行淬火处理或压淬火衬套,以提高耐磨性。对于骨架材料,除钢材外,有条件时还应尽量选用与产品材料的热膨胀系数相同的铝材或玻璃钢,以减小热膨胀引起的误差。

(3)刚性好。标准工艺装备结构的刚性是保证其长期稳定性的基础,因此,它必须具有足够的结构刚性。其自身质量所产生的挠度在任何方向上都不得大于产品准确度的1/3。要特别注意重要交点的骨架连接部位的局部刚度(如杯套与骨架连接部位的局部刚度)。要注意采用合理的结构布局,以减轻其结构质量,增加刚度。对于标准工艺装备的骨架,可采用由壁厚小、断面尺寸小的管材焊接成的空间桁架式结构。

(4)合适的精度和表面粗糙度。标准工艺装备工作部位的精度,一般应为产品公差的$1/4 \sim 1/3$。工作部位的表面粗糙度应不大于$Ra1.6$,其工作和配合部位一般应采用$H7/f7$配合。在100 mm的长度上,交点(接头)上孔轴线对工作面的垂直度偏差不应大于0.05 mm。

(5)防止变形和便于搬动。为防止变形和在搬运过程中损坏,对尺寸较大的标准工艺装备,应设有专用的支承和吊运装置,其位置可布置在距端头约1/4全长的位置。

3.5 模线-样板协调系统

3.5.1 协调路线的设计要求

前面已经提到,用模线-样板方法来协调产品的形状和尺寸是传统飞机制造中尺寸传递的特点。这个方法是基于产品相互联系制造的原则,借助形状和尺寸的专门实物样件,从飞机图纸传递形状和尺寸到所制造的零件和产品上。而在这个过程中,原始尺寸所形成的一些误差,也伴随着形状和尺寸的传递而转移。这些误差的积累(相加或相减)最终体现到产品最后的形状和尺寸上。由此可知,协调路线的设计会直接影响产品的制造准确度和协调准确度。因此,对设计协调路线提出的基本要求是:保证飞机零件、组合件、段件和部件的互换性,即保证它们主要的几何参数——外形、接头和分离面的互换性。

协调路线的设计受到产品的构造、工艺特点和生产条件等诸因素的制约,但它应该保证在制造各阶段中尺寸和形状(特别是相配合表面)的制造准确度和协调性。

设计协调路线应特别注意保证基准零件或组合件的准确度。在装配时,如果以蒙皮表面为基准在装配型架内定位,那么必须保证制造蒙皮的工艺装备和装配型架能很好地协调;如果以零件骨架为基准在装配型架内定位,则要注意零件骨架外形和装配型架卡板能很好地协调;如果按装配孔装配,则必须保证制造基准零件的工艺装备之间能很好地协调等。

同时,协调路线的设计应当满足:从模线、样板、工艺装备直到零件的形状和尺寸,其传递环节应尽可能少,且这些环节的误差量为最小,而其中公共环节的数量为最大。

在飞机生产中,以模线-样板为基础的工件、工艺装备以及它们之间在几何形状与尺寸上的协调系统,可大致归结为模线样板-标准样件、模线样板-局部标准样件两种典型的协调系统,即两种模拟量尺寸传递体系。此外,由于各工厂的技术条件、传统习惯以及装配方法不同,工件形状与尺寸的协调过程也有些差别。

3.5.2　模线样板-标准样件协调系统

模线样板-标准样件协调系统是一种适合于成批生产小型飞机的协调系统。它的原始依据是模线样板。根据样板来制造安装标准样件,通过安装标准样件来制造装配型架。也可以直接用样板安装一些平面组合件的装配夹具。安装标准样件可以造成组合式的、分别用于制造各有关工件的装配夹具。也可以单独制造组合件标准样件,但须经过部件反标准样件协调。

零件生产工艺装备的制造依据随零件形状的类型而异。对于平面弯曲零件或单曲度的零件和板件,它们的形状和尺寸是通过取自理论模线和结构模线的成套生产样板来协调的,并用这些样板来制造与检验零件和工艺装备(如成形模或型胎)。

如果用平面形状样板来确定空间表面形状,则其特点是不能连续地确定整个表面。切面样板的外形是连续的,而用其构成的空间表面则是不连续的。因此,无论是平面样板的位置误差,还是在给定切面之间用手工方法进行的光滑过渡加工,都将导致产生空间表面形状的附加误差。如果采用空间立体的协调依据,则其协调过程的特点是可连续地确定空间形状。这种协调依据保证了具有复杂曲面外形的飞机零件之间的协调准确度。因此,对于双曲度零件,通过切面样板制造的外形标准样件来协调。这类零件的成形模具(如制造蒙皮的拉伸模)是经过由外形样件制造的过渡模而翻制成的。由于引用了外形标准样件,因此解决了用平面样板无法解决的复杂空间表面外形的协调问题。这不仅保证了零件工艺装备之间的协调,还保证了零件工艺装备与装配工艺装备之间的协调。

图 3-34 为模线样板-标准样件协调系统原理图,图 3-35 为该协调系统的示意图。两个图中的结构模线和外检样板具有相同的性质。

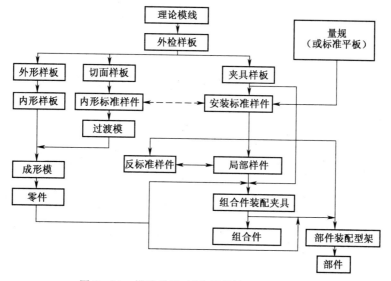

图 3-34　模线样板-标准样件协调系统原理图

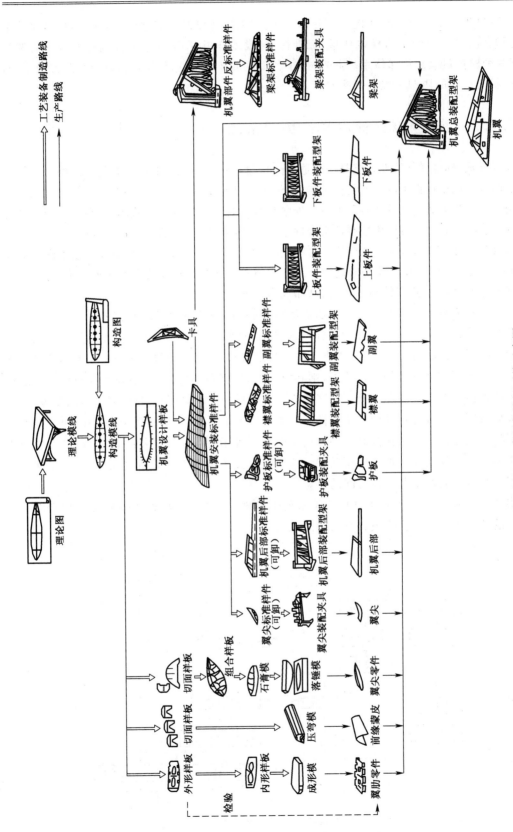

图 3 - 35　模线样板-标准样件协调系统示意图

该协调系统具有以下特点：

1)对复杂型面使用外形标准样件来协调,提高了零件的协调性;

2)在生产中出现不协调问题时,检查方便、直观。

但是,制造标准样件的周期长,技术要求高,所需费用多。例如,我国 20 世纪 60 年代初的歼-6 全机标准样件的制造费用当时为 3 000 万元,现在制造这种样件可能需要几亿元。而对于大、中型飞机,制造标准样件还存在种种问题。因此,现在这个协调路线已不适用。

3.5.3　模线样板-局部标准样件协调系统

模线样板-局部标准样件协调系统是当前飞机生产中常用的一种协调系统。它采用型架装配机、划线钻孔台和光学仪器等通用工具,并附加平面样板和局部标准样件作为协调全部工艺装备的依据。在装配型架的安装中,由于使用光学仪器,进而发展到使用激光准直仪,大大提高了装配型架安装的准确度。因此,这个协调系统虽然不用大尺寸的安装标准样件,但在装配工艺装备之间仍然可以获得较好的协调性。

图 3-36 为模线样板-局部标准样件协调系统原理图,图 3-37 为这种协调系统的示意图。

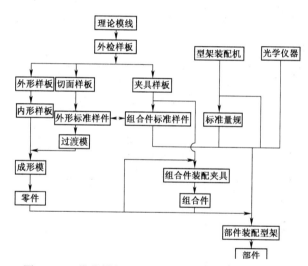

图 3-36　模线样板-局部标准样件协调系统原理图

该协调系统有下述特点：

1)省去了全机安装标准样件,只制造局部的标准样件。为了保证复杂型面的协调,只制造局部外形标准样件。

2)使用通用的工具(如型架装配机、划线钻孔台和光学仪器)制造装配型架以及其他工艺装备。这不仅提高了制造精度,还减少了安装型架的时间。据估计,用激光准直仪安装型架比用普通光学仪器可节约 50%~60%的调试时间。尤其在安装大尺寸的装配型架时,其优越性更为突出。

由此可见,这种协调系统克服了模线样板-标准样件协调系统的缺点,因而在国内飞机工厂中被广泛采用。

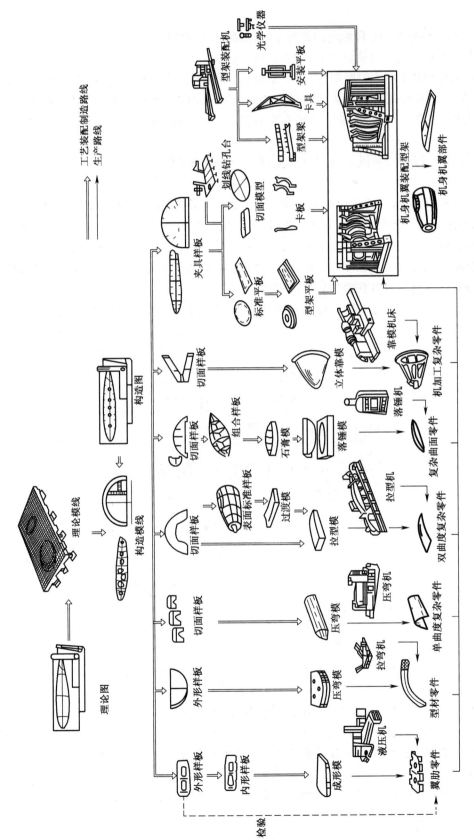

图 3-37 模线样板-局部标准样件协调系统示意图

3.5.4　适用于不同装配方法的协调原理图

在前文已提到,在设计协调过程方案中要特别注意保证基准零件或组合件的准确度。因此,我们在讨论协调问题时,还应考虑零件或组合件在装配中所用的不同方法,包括装配定位和装配基准。

1. 按装配孔装配的协调过程

在模线-样板工作法下,平面组合件、板件和直线型表面的板件是借助成套样板来协调的,利用这些样板制造或检验零件和工艺装备。外形检验样板是生产样板的制造依据,它画有该部位所有零件的全部几何参数,如构造轴线、零件外廓线和装配孔位置等。由于零件按装配孔装配,因此在制造外形样板时,应复制外形检验样板上装配孔位置的标记,并镶上装配孔钻套,这样的外形样板就可用于在零件毛坯上钻制出装配孔。而蒙皮类型的零件必须用拉伸模制造,它上面的装配孔是按拉伸模制造的蒙皮外形铣切样板来钻制。

对于具有复杂的空间表面的组合件和板件,仅仅用平面样板协调工件形状和尺寸是不可能的。从前面讨论的协调路线可知,这类零件要用标准样件或表面模型,作为协调工件形状和尺寸的原始依据。同时,它也是装配孔协调的依据。由蒙皮、半框和纵梁组成的双曲度板件,可以作为这类构造的典型例子,其形状和尺寸的协调过程,如图 3-38 所示。

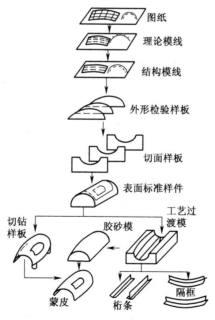

图 3-38　双曲度板件协调过程

2. 在装配夹具内以骨架或蒙皮表面为基准装配时的协调过程

在装配夹具内以骨架或蒙皮表面为基准装配时,产品形状与尺寸协调过程的特点是:确定安装在装配夹具上基准定位件的距离。对于装配以板件蒙皮外表面为基准的机翼,卡板定位件按机翼切面几何尺寸制造,如图3-39所示的蒙皮表面为基准装配机翼时形状与尺寸的协调过程。协调的原始依据是理论模线和外形检验样板,由外形检验样板制造夹具样板,然后通过夹具样板制造型架卡板定位件,和中翼与外翼对接分离面的带对接孔的结合样板,用型架装配机和划线钻孔台安装装配型架,以此保证型架卡板、型架平板和其他定位件彼此协调。

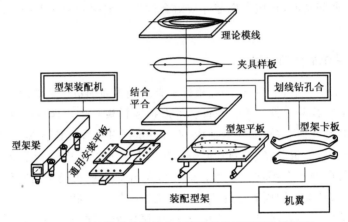

图3-39 机翼部件以蒙皮表面为基准装配时协调过程

从上面讨论的按装配孔装配和按蒙皮表面装配中,我们可以看出:从模线到工艺装备和零件不同装配方法具有不同的传递几何形状与尺寸的环节数量与次序。但是,它们都是以模线-样板为基础的,按相互联系制造的原则保证零件、工艺装备以及零件与工艺装备之间的相互协调。

3.6 数字化装配协调技术

在飞机制造中,过去传统方式采用的是模线样板-局部标准样件协调系统。它的特点是:采用相互联系的制造方法,在制造过程中通过实物的模拟量(模线、样板、标准样件)来传递产品的形状和尺寸,以达到生产工艺装备之间的协调性和零件、装配件和部件的互换性。这种协调系统主要存在下述问题。

1)工艺装备的制造须严格按协调路线规定的先后次序进行,平行作业受到很大限制。

2)在模线、样板、标准样件和生产工艺装备制造中,手工劳动量占很大比重,生产准备周期很长,制造费用很高。

3)尺寸传递过程的环节多、路线长,每个环节的移形误差大,难以提高产品的制造准确度。

因此,在飞机制造中,迫切需要采用新的技术以改变这种状况。计算机和数控技术刚一出现,就在飞机制造中展示出广阔的应用前景。同时,飞机制造技术的发展又推动了数控技术的发展,先后研制出在飞机制造中应用的数控机床、数控绘图机和数控测量机等。在计算机和数控技术发展的基础上,计算机辅助设计与计算机辅助制造(CAD/CAM)技术在飞机制造中也得到了很快的发展和应用,并带动了其他制造业也采用计算机辅助设计与制造技术。

经过多年的发展,到目前为止,计算机辅助设计与制造技术在飞机制造中已用于许多方面,并取得了显著的技术经济效果,传统的模线样板-局部标准样件的协调系统已产生了很大的变化。归纳起来有以下几方面。

1）用计算机建立飞机外形和部分内部结构的几何模型，并将其作为应用于飞机制造过程中各个环节统一的几何数据库。通过数控绘图机来绘制理论模线、结构模线和飞机生产图纸，大大提高了理论模线、结构模线和飞机生产图纸的质量和绘制效率。在计算机内存储的飞机外形和部分内部结构的精确几何模型成为飞机制造的原始依据。

2）在工艺装备制造方面，对必要的且形状和协调关系复杂的组合件的标准样件、用于钣金零件制造的大量成形模具、装配型架上内形板和外形卡板等，可以采用数控加工和数控测量技术。对于工艺装备数控加工所需要的有关形状和尺寸的几何数据，可以直接从飞机的几何数据库中提取，而不再需要经过模线和样板等尺寸传递过程。这样可以大大提高工艺装备的制造准确度和协调准确度，提高加工效率，缩短生产准备周期。

3）在零件制造方面，由于现代飞机上采用了很多整体结构件，这些重要的飞机零件，包括整体框、整体肋、整体梁和整体壁板等，也采用了数控加工和数控测量，从而大大提高了零件加工的制造准确度和协调准确度，减少了尺寸传递的许多中间环节。

由上述可知，在飞机制造中采用了计算机辅助设计与制造技术以后，传统的模线样板-局部标准样件协调系统产生了很大的变化。由于在飞机制造中采用了计算机和数控加工等新技术，就出现了以飞机外形的数学模型为基础的协调系统。这种新协调系统的特点是：可以应用独立制造原则，通过建立统一的精确飞机几何数据库，将飞机外形和内部结构的几何信息直接传递给数控设备，进行飞机零件和工艺装备的数控加工。因此，在新的协调系统中，可以省掉许多样板和标准工艺装备。

以飞机外形的数学模型为基础的协调原理框图如图 3-40 所示，它的协调系统示意图如图 3-41 所示。

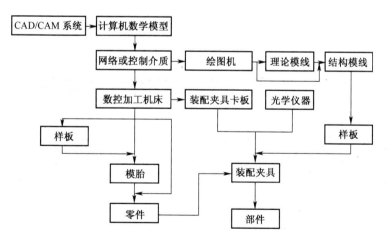

图 3-40　以飞机外形的数学模型为基础的协调系统原理框图

20 世纪 90 年代后，以美国波音公司为代表的飞机制造厂家，在全面采用数字化技术（即建立全机的三维数字实体模型）的基础上，改进了飞机设计技术，实现了真正的飞机"无纸"设计，虚拟制造技术使飞机制造过程中的互换协调问题大为简化，并得到了较好的解决。

数字化协调方法也可称数字化标准工装协调方法，是一种先进的基于数字化标准工装定义的协调互换技术，将保证生产用工艺装备之间、生产工艺装备与产品之间、产品部件与组件之间的尺寸和形状协调互换。数字化传递协调路线如下：

1)飞机大型结构件(与飞机外形及定位相关)如框、梁、桁、肋、接头等用NC方式加工。

2)在飞机坐标系下,工装设计人员以产品工程数模为原始依据,进行工装的数字化设计,并且在工装与产品定位相关的零件上用NC方式加工出所有的定位元素。

3)工装在装配时利用数字标工(数据)协调,采用激光自动跟踪测量系统测量,通过坐标系拟合,定位出零件的安装位置,满足安装基准的空间坐标及精度要求。

4)飞机钣金件模具数字化设计以及用NC方式加工,钣金零件数控加工。

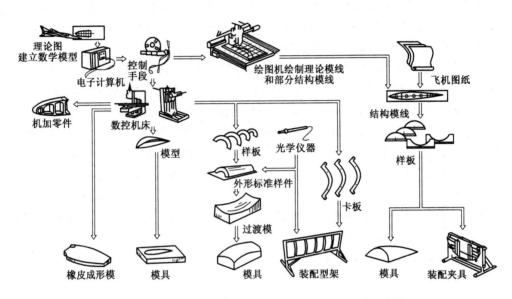

图 3-41 以飞机外形的数学模型为基础的协调系统示意图

3.7 典型飞机结构的协调路线

前文已经提到,在飞机制造中越来越广泛地应用CAD/CAM技术是发展的必然趋势。在广泛应用CAD/CAM技术的情况下,飞机制造中所采用的协调路线,与常规的模线-样板和标准样件的协调路线相比,产生了质的变化,即由模拟量的几何模型传递方式转变为数字量的几何模型传递方式。本节以飞机结构中常用的两类典型结构的协调路线为例,具体说明这两种协调路线的差别。

3.7.1 由钣金件构成的段件的典型协调路线

对于外形比较规则且以钣金件为主构成的飞机段件或部件,如机身等的剖面段和翼面类部件等,在制造过程中部件的外形比较容易控制,采用常规的模线样板和局部标准样件协调路线,一般能保证产品和工艺装备之间的协调。但对外形比较复杂的段件(或空间组合件),如座舱段、进气道、机尾罩等,一般还要采用表面标准样件、过渡模等较复杂的协调路线,以达到工艺装备之间的协调。即使如此,因移形次数过多,协调路线过长,仍难以保证产品外形的准确度和零件配合面之间相互协调,这往往成为生产中的关键问题。

因此,对外形比较复杂的段件应当采用 CAD/CAM 技术,直接按飞机外形数据和工艺装备图样上的数据,用数控加工方法来加工模具。这样不仅可以大大提高工艺装备的制造和协调准确度,可靠地保证工艺装备之间的协调性,还可以缩短生产准备周期。

例如,图 3-42 是机身两侧由钣金件构成的进气道前段,其外形和结构均较复杂。前面的唇口部分为双曲度的焊接件,其外形复杂且准确度要求很高。唇口后面部分有内、外蒙皮,其内形和外形要求均较高。内、外蒙皮与隔框外形均有配合要求。对外形如此复杂的进气道前段,若采用常规的模线样板-标准样件协调路线,则协调路线较长,典型的协调路线如图3-43所示。即使如此,也较难保证工艺装备之间的协调。

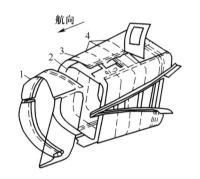

图 3-42　机身两侧进气道前段结构示意图
1—唇口；　2—内蒙皮；　3—外蒙皮；　4—隔框

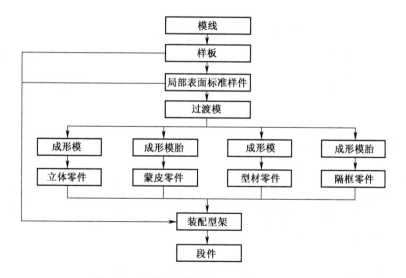

图 3-43　进气道前段常规的典型协调路线

若应用 CAD/CAM 技术,则钣金零件的成形模和型架卡板可直接按飞机外形几何模型采用数控加工,其典型的协调路线如图 3-44 所示。采用这种协调路线有以下优点。

(1)提高了模具和型架卡板的制造和协调准确度。对模具和卡板直接按飞机外形数据用数控加工和数控测量来检验。外形和尺寸的加工误差一般可控制在 0.1 mm 以内,局部最大也只有 0.2～0.3 mm。由于取消了局部表面标准样件和过渡模等环节,缩短了协调路线,协调准确度可提高 2～3 倍,从而保证了工艺装备之间的协调性。

(2)提高了工艺装备加工的效率。当采用常规的协调方法时,工艺装备制造中的手工劳动量比重很大,而用数控加工可实现工艺装备制造的机械化和自动化,从而可提高加工效率。

(3)缩短了生产准备周期。由于减少了大量的样板,取消了表面标准样件和过渡模等环节,各工艺装备可平行制造,从而显著缩短了生产准备周期。

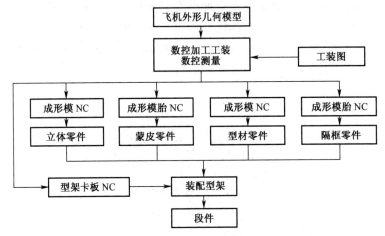

图 3-44 对进气道前段采用 CAD/CAM 技术的典型协调路线

3.7.2 由整体结构件构成的段件的典型协调路线

在现代飞机上典型的机翼翼盒是由整体结构件构成的装配件,如图 3-45 所示。机翼翼盒一般是由整体梁、整体墙、整体翼肋和整体壁板构成的。对整体结构件的外形与它们之间配合表面的配合要求均很高。例如,两端肋、梁和整体壁板之间相连接的典型结构如图 3-46 所示。

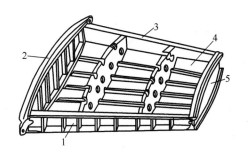

图 3-45 由整体结构件构成的机翼翼盒
典型结构示意图
1—前梁; 2—根肋; 3—后梁;
4—下壁板; 5—端肋

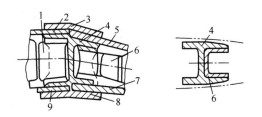

图 3-46 机翼翼盒的端肋、梁和壁板
相连接的典型结构剖面示意图
1—中央翼后梁; 2—中央翼上壁板; 3—上带板; 4—根肋;
5—中外翼上壁板; 6—中外翼后梁; 7—中外翼下壁板;
8—下带板; 9—中央翼下壁板

对这类结构若用常规的模线-样板和标准样件的协调方法,需要按样板制造整体梁、墙和翼肋的标准样件。这些标准样件还要经过协调加工和对合检验,以保证这些标准样件之间的协调,然后按各自的标准样件加工装配夹具和检验修合夹具,其典型的协调路线如图 3-47 所示。在协调路线中即使采用了标准样件,由于在移形过程中主要靠手工加工,准确度不高,因此,很难保证整体结构件的外形与配合面之间的协调要求,需要在装配阶段进行大量的研合和修配工作。

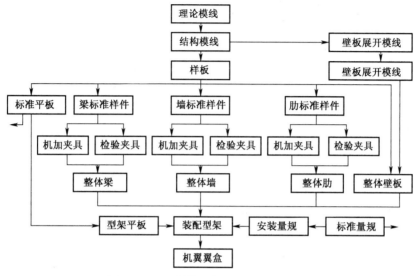

图 3-47　机翼翼盒常规的典型协调路线

对这类结构采用 CAD/CAM 技术势在必行。对这些整体结构件,只有采用数控加工和数控测量检查,才能从根本上解决整体结构件的制造和协调问题。采用 CAD/CAM 技术的典型协调路线如图 3-48 所示。

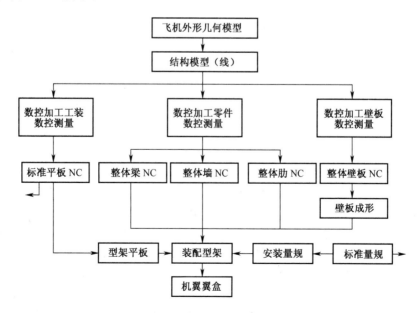

图 3-48　对机翼翼盒用 CAD/CAM 技术的典型协调路线

由于这些整体结构件是直接根据计算机内存储的飞机外形和结构模线的数据进行加工和数控测量检验的,因此可达到比较高的加工准确度。

飞机整体结构件的外形尺寸大而截面尺寸小,在加工过程中很容易产生变形,如何减小加工过程中所产生的变形则是关键问题。产生变形的主要原因是加工后引起零件内部应力的重新分布,因此,消除加工变形的根本措施是对毛坯进行消除非均匀内应力的预处理。一般毛坯应采用预拉伸板。根据毛坯材料不同,其预拉伸量一般为 1‰~3‰。对尺寸较小的毛坯,应尽量用模锻件。此外,在加工过程中还需要采取以下技术措施。

(1)采用多次、分层、对称加工的方法,分粗加工、半精加工和精加工几个阶段来进行加工,使材料中的内应力逐步释放,以减少由于内应力而引起的变形。

(2)控制切削用量和切削速度,尽量减少由于切削力而引起的变形,有时用高速切削。

(3)充分使用冷却液和选择理想的冷却方法,尽量减少由于切削热而引起的变形。

采用上述措施后,整体结构件外形的加工误差一般可控制在 0.3 mm 以内,其他尺寸的误差范围一般可控制在±0.2~±0.3 mm。这样就可以保证整体结构件的外形准确度和配合面之间的协调性,整体壁板之间的对缝也可以达到装配要求,从而在装配过程中可实现无余量装配,大大减少了装配工作中研合和修配的手工工作量。

应当指出,在采用 CAD/CAM 技术的情况下,在协调路线中,对于部件之间的对合面和接头,根据对接的结构形式,仍须采用标准平板或标准量规,以保证对接的配合面和孔之间的协调性。此时,标准平板也应采用数控加工和数控测量来检验。

3.8　数字化标准工装及应用

3.8.1　数字化标准工装技术

前面介绍的传统的飞机装配协调装配是利用模线-样板-标准样件及各种生产工装,把飞机的设计要求(各种数据)传递到最后产品上的。全机理论模线和结构模线,体现了飞机的理论外形和全机的协调关系,国外称之为主几何(Master Geometry),各种以实物形式出现的标准样板(外形样板、切面样板和夹具样板等)和标准样件(标准样件、标准量规和标准平板)等标准工装称之为主工装(Master Tooling),即用来制造生产工装的工装。在国外先进的数字化制造系统中,这些以实物形式出现的标准工装逐步被数字化主几何和数字化主工装(Digital Master Tooling, DMT)定义所替代,并且数字化主工装的应用几乎完全替代了实物形式的主工装,如与外形有关的主工装被主几何主尺寸表面模型(Master Dimension Surface, MDS)所替代、交点主工装(量规)被数字量规所替代。在我国的飞机制造企业中,实物形式的标准工装已经沿用多年,数字化制造方式刚刚起步,按我国企业习惯,数字化主工装定义可称作数字化标准工装定义(与以实物形式出现的标准工装相对应),简称数字化标工定义。在数字化制造系统中,模线样板和标准样件部分地被 MDS 所替代,受数控加工能力等的限制,仍然有不少样板及少量标准样件的应用,但样板及样件的设计制造采用了数字化方式而非传统的模拟量方式,该方式称作综合式尺寸传递方式。在交点的协调方式中，以数字量规替代实物量规的协调方式只在少量协调部位进行尝试性的应用。

3.8.2　数字化标准工装的概念

数字化标准工装是包含相关产品协调部位的几何形状和尺寸的数学模型，可能是产品数字化定义模型本身的一部分或标准工装的数字化定义模型，是制造和检验生产工装的数字依据。数字化标准工装的定义与应用是飞机数字化设计制造中的一种新型协调方法。

数字化标准工装是保证工装与工装之间、产品零组件和部件与工装之间的尺寸和形状互换协调的重要依据，而其实现的手段则是先进的产品数字化定义及数字化测量系统。其实质是利用产品或工装的三维模型中的协调特征（如对接接头、孔等）作为数字化协调依据进行工装和定位器的协调设计与制造，以及工装检验等，是产品、工装之间相协调的重要依据，在工装的设计制造中的作用与实物标工一样。与实物标工不同的是不再制造标工的实物，而是依据数字化标准工装定义数据，利用计算机辅助光学测量系统将工装上的定位器等装配于工装上（装配工装）或设计制造零件工装，完全取代实物标工的同时，又要保证产品与工装和工装与工装之间的协调准确度。数字化标准工装的定义有几种形式：三维数学模型（如起标准样件作用的 MDS，即飞机理论外形）、数字化标准工装的定义模型（部段对接时起标准平板作用）和数字量规等。

3.8.3　数字化标准工装方法的应用

数字标准工装方法的应用大致分以下 3 个环节。

（1）在测量系统中建立坐标系，用数字标工的方法进行装配。先将工装数字化模型和坐标系及基准方案输入测量系统的计算机中，在测量系统中建立坐标系，在工装中事先设置坐标参考点，依照此类参考点在测量系统中建立坐标系，如图 3-49 所示，且该坐标系与工装数字模型中的坐标系相同，坐标参考点要精确标定。

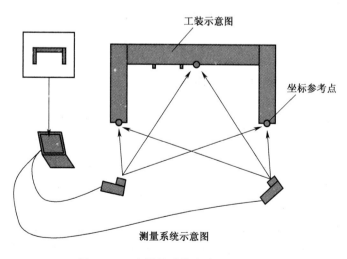

图 3-49　在测量系统中建立坐标系

（2）在工装中安装定位器。坐标系建立起来以后，就可以在工装中安装定位器。在传统飞机制造中，很多工装定位器的安装是靠实物标工定位完成的。而在数字化装配环境中，除主要用于厂际互换外，大部分实物标工已被取消，而以数字标工代替实物标工，其方法是：在工装设计时定位器的定位特征点以数字标工为准，在工装定位器装配时（如在型架装配机中）用激光跟踪仪一边测量定位点坐标一边进行工装定位器的安装，如图 3-50 所示。

（3）将零部件装配到工装。在新标定的坐标系中，以定位器定位，将零部件装配到工装中。在数字化模型中定义一些该零部件的关键特性点，在工装中测量定位后，将零部件上的特征点坐标值，与存储在数字化模型中的这些点的坐标值相比较，检查装配误差情况，如图 3-51所示。

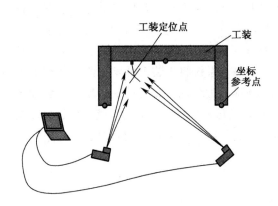

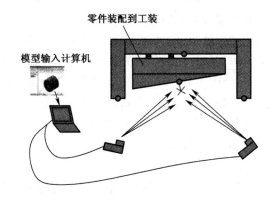

图 3-50　测量并装配工装定位器　　　　图 3-51　测量零部件相对于数字化模型中的坐标误差

在实际应用数字标工技术时，各使用单位应采取三步方针：首先，根据当前各主机厂的工装和标准工装的使用情况进行分析，提取、总结标工的特征及使用原理，以此来定义数字标工的明确内涵，包括数字标工的应用目的、范围和建立原则等；其次，对数字标工模型进行分析，应用 CATIA 等三维造型软件和分析模拟软件，结合工程数据集和装配数据集来建立数字标工模型，并制定相应的规范原则，研究对模型进行分析和修改的方法；最后，对数字标工技术要应用到实际生产的组件、部件中去。要选择采用数字标工技术中的产品部分，对装配过程跟踪、分析、修正和总结。

3.8.4　装配中的数字化协调路线

采用数字化技术后的装配系统，不仅可以将原本用于各部分分别装配的工装组合在一起形成装配工作站，而且甚至可以将激光跟踪、数字控制等功能的设备集成其上，统一接收 3D 数字模型，保证数据源一致。这样的装配集成系统的数字化标准工装协调路线如图 3-52 所示。在新的协调系统中，可以省掉许多样板和标准工装。装配型架在设计时，采用数字化三维相关性设计方法，依据是工程数据集和制造数据集；定位件的设计是以被定位的零组件定位特征协调进行的，并进行数字化预装配协调，如果定位面是外形面，则定位件定位面的设计依据是被定位外形面的工程数据集或制造数据集，协调依据就是外形面的主表面模型。如果定位特征是孔，则定位件定位孔的设计就是以被定位对象的孔轴线等作为定位件的孔轴线。型架的坐标系应与工程数据集中的坐标系相统一。就装配工装而言,从设计到制造成形的整个过程,可以在数字化协调基础上,结合现有技术和方法,形成带有少量传统方式的混合的数字化协调路线。

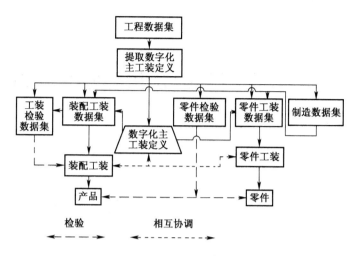

图 3-52 数字化标准工装协调路线

思 考 题 3

1. 在飞机制造中有哪些主要的互换要求?

2. 在传统的飞机制造中,工艺装备的作用和分类有哪些?

3. 什么是标准工艺装备? 在飞机制造中常用哪些标准工艺装备? 它们各自的功用有哪些?

4. 说明制造准确度与协调准确度、独立制造与相互关联制造的概念与特点。

5. 模线样板在协调系统中起什么作用?

6. 由模拟量尺寸传递体系向数字量尺寸传递体系过渡中应解决哪些问题?

7. 说明现代飞机制造中数字量传递的协调方法。

第4章 装配型架的设计

4.1 装配型架的功用和技术要求

4.1.1 概述

飞机产品的结构和工作环境不同于一般机械产品,因此在传统的飞机制造过程中,除了采用各种通用机床、常用工具和试验设备外,还须针对不同机型的零件、组合件、部件,制造专用工艺装备,如型架、夹具、模具、标准样件、量规等。这些专用工艺装备用于对工件进行加工成形、装配安装、测量检查,以及在工艺装备之间进行协调移形。它们对保证飞机零件、部件的质量,提高劳动生产率和减轻工人劳动强度有着重大的影响。在飞机研制过程中,特别是在成批生产中,飞机零件的数量很大、结构复杂、要求高,相互间又有协调关系,因此,在飞机制造中不得不采用大量的工艺装备。苏-27飞机全机采用工艺装备总数约达61 881项,比原歼击机增加很多。在MD-82飞机生产中,麦道公司采用的工艺装备种类繁多、数量巨大,总数高达135 000多项。这样,在设计制造工艺装备时,要占用很多人力和很长周期(一般约占飞机研制周期的1/3),要耗费大量资金。而且当生产机型改变时,这么多工艺装备基本上不能再用。这样,工艺装备的选用和制造就成为飞机制造中一个十分重要的任务。

飞机工艺装备分为两大类:一类是标准工艺装备,另一类是生产工艺装备。其中生产工艺装备包括毛坯工艺装备、零件工艺装备、装配工艺装备、检验工艺装备、精加工型架及其他辅助工艺装备。

飞机结构不同于一般机械结构,在它的装配过程中,不能单靠零件自身形状和尺寸的加工准确性来装配出合格的部件,而需采用一些特殊的装配工艺装备(见表4-1)。它们是一些专用生产装备,在完成飞机产品从零组件到部件的装配以及总装配过程中,用以控制其形状几何参数,且具有定位功能。装配型架是其中主要的一类,型架的种类很多,按其用途或工作性质可划分为装配型架、对合型架、精加工型架(或称精加工台)、检验型架等,其中大量的是装配型架。按装配对象(工件)的连接方法,又可将装配型架划分为铆接装配型架、胶接装配型架、焊接装配型架等。根据目前的技术状况,其中数量最多的是铆接装配型架。装配型架按工序又可划分为组合件装配型架(夹具)、板件装配型架、部件总装配型架等。下面主要介绍装配型架,特别是铆接装配型架。

装配型架又称为装配夹具,一般把尺寸较大的装配夹具称为装配型架,而把尺寸较小装配夹具的称为装配夹具,二者并无严格、明确的界限。

表 4－1　装配工艺装备分类

类别	工艺装备名称	说　　　明
铆接装配类	装配型架、装配夹具	装配型架、夹具具有独立的定位系统,而不依靠另一工艺装备或产品来完成本工艺阶段的定位装配。"型架"和"夹具"之间没有严格的定义上的区分,习惯上称大型装配夹具为型架,称小型装配夹具为夹具
	安装夹具安装量规	当用于安装交点接头时,安装夹具有时也称为安装量规。一般是按产品上已制出的孔或已装好的接头等,将其定位在产品上,然后再按该夹具将待装零件定位在该产品上来完成其装配工作
	钻模	多用于较精确孔的钻制,以保证孔的协调性或孔的垂直度。钻模并不一定都独立存在,它往往附属于装配夹具或安装夹具,作为其结构组成部分
	钻孔样板	一般用于铆钉孔的钻制,以提高钻孔工效
	补铆夹具	补铆夹具只具有较少的定位部位,用以控制协调部位的几何形状。采用该夹具的目的是减少产品在装配型架上的装配周期
检测类	对合台	一般用于部件的对接,有时也用于组件的对合配套。它具有装配和检测功能
	平衡台	用于转动部件或零件、组件的静平衡调试。根据其功能特点,又可分为舵面平衡台和高速旋转体静平衡台
	水平测量台	水平测量台是为了飞机的最终水平测量目的而在部件阶段进行水平测量的工艺装备。它模拟飞机的结构关系(定位),以水平测量的方式来检测部件外形的几何参数
	检验夹具、量规	检验夹具、量规是根据协调互换的要求来控制产品尺寸或外形的工艺装备。根据不同的要求,可能是直接检查所指的尺寸或外形,也可能是模拟检查产品的运动可靠性。将产品放于其上者,一般称为检验夹具;放在产品上进行检查者,一般称为检验量规(或模型)
	其他	不包括在上述类别中的其他检验工艺装备,例如,操纵系统中的非几何参数的某些检验卡具等
加工类	精加工型架	精加工型架是完成部件对合部位精加工工序的型架,它包括定位系统和动力装置
	其他精加工装置	附属装配型架结构上的精加工装置。根据与被加工部位的结构关系,该装置的定位基准可能是在型架结构上,也可能是在产品上的相关部位

4.1.2　装配型架的功用

　　装配型架的主要功用是:保证进入装配型架装配的低刚度飞机零件、装配件能准确、迅速地定位、夹紧,保证其有正确的几何形状和位置,并限制它在连接装配过程中的变形,使装配后装配件的几何形状和尺寸在规定的公差范围之内,以满足产品的制造准确度和协调准确度要求,从而达到产品的装配协调和互换。此外,由于采用装配型架装配飞机机体时,各零件、装配件的定位、夹紧迅速准确,并为工人提供了较好的劳动条件,因此装配型架也能提高装配工作的生产效率,缩短装配周期。

4.1.3　装配型架的结构

　　装配型架由以下几部分组成(见图 4-1)。

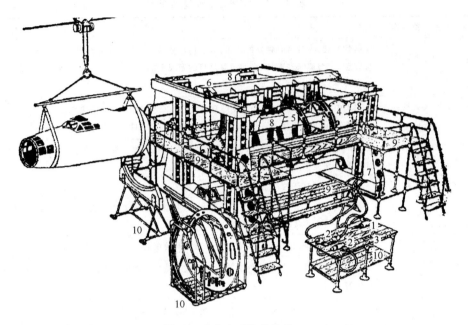

图 4 - 1　装配型架的结构

1,2,3—铆接装配工具；　4—围框接头的定位件(型架平板)；　5—外形定位件(卡板)；

6—梁；　7—立柱；　8—照明装置；　9—工作梯；　10—工作台及托台

（1）骨架。它是型架的基体，用以固定和支撑定位件、夹紧件等其他元件，保持各元件空间位置的准确度和稳定性。

（2）定位件。它是型架的主要工作元件，用以保证工件在装配过程中具有准确的位置。定位件应准确可靠、使用方便，不致损伤工件表面。夹紧件一般与定位件配合使用，被称为定位夹紧件。

（3）辅助设备。它包括工作踏板、工作梯、托架、工作台、起重吊挂、地面运输车、照明设备、压缩空气管路等。辅助设备也是保证工作方便、安全，减轻劳动强度，提高生产率所必不可少的型架组成部分。

4.1.4　对装配型架的技术要求

（1）准确度和协调性要求。在飞机装配中，由于装配型架的制造准确度和安装准确度是保证飞机装配准确度的基础，装配型架制造和安装的准确度应高于装配对象的制造准确度；必须保证装配型架之间具有协调性要求的部位，要有良好的协调性和必要的制造准确度，其协调误差应小于产品间的协调公差。为保证装配过程中不损伤产品，对于产品的定位面和夹紧面，其粗糙度应小于 $Ra1.6$。

（2）刚性要求。装配型架的刚性是保证其长期稳定性的基础，因此，它必须具有足够的结构刚性。其自身质量所产生的挠度在任何方向上都不得大于产品准确度的 1/3。要注意采用合理的结构布局，以减轻其结构质量，增加刚度。

（3）长期的稳定性要求。这也是一项重要的技术要求。只有保证装配型架在使用过程中的长期稳定性,才能保证型架的准确度和成套型架之间的协调性。因此,除了装配型架结构应有必要的刚度外,接头定位件的耐磨性要好,一些重要的接头定位器都应进行淬火处理或压淬火衬套;结构中的活动部位要有小而稳定的间隙,应采用耐磨的材料和合理的结构。在长期的使用过程中还需考虑以下因素对型架准确度的影响,如型架骨架等元件的焊接内应力、螺栓连接的间隙、操作中的冲击力、连接振动、架内的过分强迫装配和意外的外载荷、热膨胀影响,胶接夹具工作过程中反复不均匀加热及冷却,以及地基下沉等,诸影响因素还会使型架的准确度随时间而变化。例如,某型架安装好后,由于地基严重变形,不得不把全部定位件拆掉重装。某胶接夹具因积累热变形过大,不得不重新设计、制造。因此,设计中还要求注意解决型架准确度的稳定性问题。

　　(4)装配效率的要求。结构应简单、开敞并尽可能轻便,工人接近工件方便、安全,能使装配工作在最有利的条件下进行。若结构开敞性不好,工人要弯腰扭背地工作,就会带来许多问题,如工人容易疲劳,装配质量差,劳动生产率低,容易出现质量事故等。另外,产品的上架和下架要安全、方便。

　　(5)装配型架结构的工艺性要求。型架构件的制造加工应简单、方便,准确度要易于保证,安装、调整应容易而安全,检修要方便,成本要低。型架结构要简单,元件应标准化。对于减少型架的制造及安装工作量,缩短生产准备期和降低成本有着根本性作用。

4.2　型架的总体结构设计

　　装配型架的设计,首先是总体结构的设计。型架的总体结构设计合理是获得优良型架结构的关键性设计阶段,对一些大、中型复杂型架更是如此。这一阶段主要有两项工作:一是选定型架的总体结构形式,二是对型架结构进行总体布局。型架设计方案主要应确定如下内容:

　　1)型架的设计基准;

　　2)装配对象在型架中的放置状态;

　　3)工件的定位基准,主要定位件的形式和布置方式、尺寸公差;

　　4)工件的出架方式;

　　5)型架的安装方法;

　　6)型架的结构形式;

　　7)骨架刚度的验算,型架支承与地基估算;

　　8)温度对型架准确度的影响。

　　现在对型架总体设计所要考虑的几个主要问题分别作一些简单的说明。

4.2.1　型架设计基准的选择

　　型架设计与其他机械设计一样,必须首先正确地选择设计基准,根据它来确定型架上各个零件和装配件的相对位置。如果基准选择不当,则在设计过程中确定工作尺寸和检验这些尺寸时,将会遇到困难,且会降低型架准确度和延长安装周期。

　　一般情况下,应以飞机部件的设计基准作为成套装配型架和成套标准工艺装备的设计基

准。这样,可以避免基准转换时繁杂的计算,也可消除制造时由于基准转换引起的误差积累。在具体选择时应注意以下几方面的问题:

(1) 对相邻部件的装配型架(如中翼—外翼—副翼—襟翼装配型架),或者同一部件中不同组合件的装配型架(如机翼中的前缘—梁—板件装配型架),都应当选择同一设计基准轴线。

(2) 选择型架设计基准时,还应力求简化尺寸的计算,以便制造及检验。

(3) 型架设计基准的选择要与安装方法相适应。例如,用型架装配机安装型架时,要求有3根相互垂直的坐标轴线作为基准;用划线钻孔台安装卡板端头或塑造卡板工作面时,要求基准线垂直于各框或肋的平面,各安装尺寸都应是 50 mm 的倍数。

4.2.2 装配对象在型架中的放置状态

工件在型架中的放置状态应使工人在最有利的工作姿态下进行工作,即应使工人的大部分操作是在站立姿态下,工作高度在 1.1~1.4 m 范围内。此外,还应考虑节省车间面积。

工件在型架上的放置状态样式很多,可根据上述原则,结合工件结构特点和装配工作内容予以确定。对一般尺寸的梁、隔框、翼肋等平面型组合件,可在非转动式夹具内平放或竖放,但最好采用转动式夹具。对大尺寸框类或圆形结构件,如大型机身隔板、机头罩等,可设计成转动式夹具。对于板件,一般都采用立放。机身类的段、部件的放置状态大多与飞机的飞行状态一致。这样放置可使隔框处于垂直位置,使定位件布置方便,特别是使型架卡板布置合理。同时,大型飞机机身装配时往往以座舱地板作为定位基准。地板处于水平位置,对装配工作有利。对于翼面类部件,习惯于垂直放置,即前缘向下。这样放置适合于采用卡板定位的型架,装配工作可以从两面接近,也便于前缘内部的操作。翼面类部件的精加工型架多采用平放,因为主要操作是在接头区,水平放置便于机翼在架内定位、加工操作和吊运工件,也便于精加工头的布置。

4.2.3 选择工件的定位基准、定位件形式及其布置方式

"定位基准"是指用来确定零件或装配件在机床或型架(夹具)内位置的那些零件或装配件的表面。因为飞机机体薄壁结构一般都是非刚体,所以不能简单地应用刚体零件的"六点定位原则",而是要有适当的过定位。过定位的程度取决于工件的刚度。例如,整流包皮的蒙皮薄,骨架刚度也弱,外形变化大,所以常用包络式夹具,整个表面都是定位面。板件型架一般每个框或肋处都有一块内型板或一对内、外卡板,采用若干个切面的线定位。梁或框等平面组合件夹具,定位件间距一般为 200~500 mm,采用的是若干个"点"(实际上是一小面)定位。具有较大刚度的板件或段件在部件型架中定位,多采用 4 个工艺接头定位件,这种情况下,过定位的程度就更小了。因此,定位件的数量与形式,只能根据工件刚度和生产经验确定。

4.2.4 出架方式

工件在型架内装配完以后的出架方式是型架结构方案中的主要问题之一,对型架结构影响较大,出架方式选择得好,可以简化型架结构,出架安全,不致损伤工件,还可节省厂房面积,

简化搬运设备。对于较小的工件,出架较为简单,只要有关的定位件、夹紧件能收缩足够尺寸,就能取出工件。对于大尺寸部件,尤其是大型飞机的大部件,出架方式应该认真考虑。大尺寸部件一般有三种出架方式:型架上方出架、纵向出架、侧向出架。

(1) 型架上方出架。一般利用厂房吊车从型架上方出架,这要求厂房高度容许产品提升到型架高度之上。

(2) 纵向出架。要求一端的两立柱之间有较大的空间,型架内有吊挂导轨,这种方法要求型架的出架一端外面留有较大多余面积。

(3) 侧向出架。对质量不太大的产品,可用型架内专用吊车吊出,如图 4-2(a)所示;较重的产品可用架车从侧向下架,如图 4-2(b)所示。架车的托板伸进机翼前缘的下方,然后将机翼稍作转动,安放在架车的托板上。

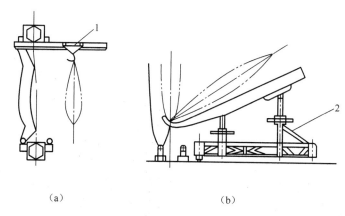

(a)　　　　　　　　　　　　(b)

图 4-2　产品侧向出架

(a)在型架上安装专用吊挂;　(b)用架车从侧向出架

1—专用吊挂;　2—产品运输架车

4.3　型架骨架的构造

装配型架由骨架、定位件、夹紧件和辅助设备等几部分组成。骨架的结构形式大体可分为框架式、组合式、分散式和整体底座式四类。

4.3.1　框架式

这种骨架是由槽钢或钢管焊成的框架,如图 4-3 所示。它多用于隔框、翼肋、大梁等平面形状的组合件、板件,以及小型立体组合件、段件(如翼尖、舱门、小尺寸的尾翼)。框架的放置方式多为竖放和转动式的,也有平放的。

转动式框架既便于操作,又可节省车间面积,但只限于尺寸不大的框架。竖放式框架可用地脚螺栓固定在专用的基础上;也可直接安放在地坪上,用混凝土固定;还可通过三点支承或四点可调(螺旋)支承,浮置于地坪上而不与地坪固定。采用三点支承,地基的变动不影响型架受力情况,但三点支承不够稳定,因此,另加两个辅助支承,如图 4-3 所示。

4.3.2 组合式

组合式骨架一般是由底座、立柱、支臂、梁等标准化元件组成的,如图 4-4 所示。

梁一般是由槽钢焊成封闭的匣形剖面。为减小焊接变形及工作量,槽钢对焊时常采用断续焊缝。梁通过螺栓固定在底座或立柱上,定位件(包括卡板)及夹紧件大都固定在梁上。立柱、底座、支臂的材料一般采用铸铁,表面加工出间距为 100 mm 的孔,以便通过螺栓互相连接。

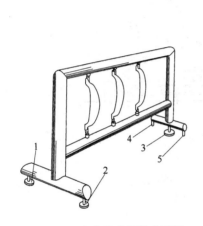

图 4-3 3点支承的框架式型架

1,2,3—主支承; 4,5—辅助支承

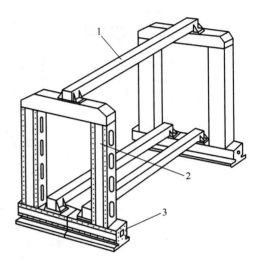

图 4-4 组合式骨架

1—梁; 2—立柱; 3—底座

组合式骨架的主要特点是规格化、标准化程度高。它类似于积木式结构,因此,设计和制造都有可能缩短周期。当机型改变时,元件大多可重复使用。但如果机型稳定生产多年,这一优越性就不显著。根据梁的布置方式的不同,组合式骨架可分为单梁、双梁、三梁和四梁式。

4.3.3 分散式

分散式骨架的特点是,型架不设整体骨架,各个定位夹紧件固定在分散的金属骨架上。这些分散的骨架以车间地基为基础,一般用槽钢或钢管焊成。分散的骨架靠车间地基连成一个整体,如图 4-5 所示。型架定位件的尺寸稳定性主要取决于车间地基和型架基础的稳固程度。

这种骨架的主要优点是:取消了整体骨架,大大节省了材料,与组合式型架相比,可节省约50%的金属;而且型架结构大大简化,比较开敞,有利于架内装配工作的进行。分散式骨架主要适用于大尺寸的装配型架,尤其是比较复杂的机身总装型架。有的大型机翼总装型架也采用这种骨架,这时翼弦面水平放置,可减少整个型架的高度。分散式骨架往往和架车、内型板配合使用,这样可更显出它的优越性。而且,还常将工作台与骨架结合在一起,这对大型飞机来说,可大大简化型架。

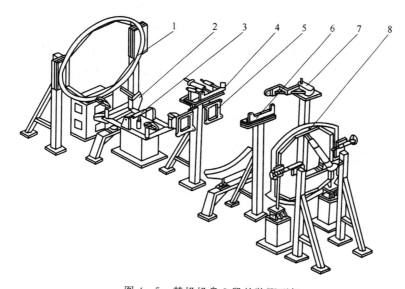

图 4 - 5　某机机身 3 段的装配型架

1—型架平板；　2—托架；　3—前起落架接头定位器；　4—上壁板定位器；　5—侧壁板定位器

6—上壁板定位器；　7—框定位器；　8—型架平板

采用分散式骨架,要求车间地基比较稳固,否则如地基发生不均匀下沉,将严重影响型架准确度。此外,地基与工件(铝合金)的膨胀系数差比整体式骨架(钢)与工件间的差值大,这也会影响型架准确度,这些是分散式骨架致命的弱点。

4.3.4　整体底座式

整体底座式骨架是指型架的骨架中有一个整体的底座,底座用多支点可调支承支撑在车间地面上,型架的其他骨架及所有的定位夹紧元件都固定在底座上,如图 4 - 6 所示。这种形式的骨架主要是可降低对地基的要求,地基如有变动,可调整各支承点,以保持底座的正确位置,从而保证型架准确度的稳定性。

底座式骨架的优点在于通过定期检查的办法可消除地基变动的影响。此外,型架是浮动的,搬移比较方便。底座材料选取铝时,与飞机部件的胀缩一致,可自由伸缩。这种形式的缺点是耗费金属多,一台大型部件装配型架需几十吨金属。整体式底座一般可用钢管、型钢或钢板焊成平面框架,如图 4 - 6 所示。它也可以采用铸造的标准块体。当型架比较大时,其底座可由几块标准块体直接拼接而成。

装配型架的刚度是保证装配型架长期稳定性、飞机装配准确度和协调互换性的重要条件之一,型架刚度不好,就难以保证产品的装配准确度和协调互换性的要求。装配型架刚度的主要影响因素有以下三方面:一是型架的总体结构形式选取不当;二是结构布局不合理;三是一些安装重要的接头定位器的部位局部刚性不足。因此,在选定型架骨架的结构后,必须对装配型架的刚度进行校核验算。

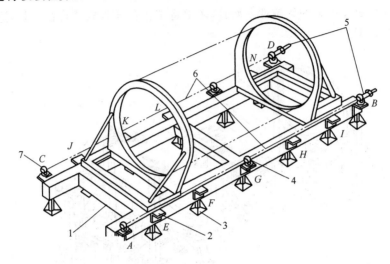

图 4-6　底座式型架

1—底座；　2—角铁；　3—可调支承；　4—光学站；　5—准直望远镜；　6—基准视线；　7—基准光学站

4.4　型架定位件和夹紧件

　　使用装配型架时,首先需要保证所定位的工件处于正确、可靠的位置,把工件夹紧在这个位置上,这就是定位件、夹紧件必须完成的任务。定位是指工件被夹紧后所占有的位置。因此,定位与夹紧虽然作用不同,但它们是密切相关的。所以在结构上常常合为一体,成为定位夹紧件。对夹紧件的要求是夹紧可靠、操作方便迅速、不损伤工件。压紧力作用的方向应保证外形或零件间贴合可靠,避免压紧力破坏定位件的正确位置。型架的各种定位件和夹紧件,可按其所定位和夹紧的工件特点分类,现分别介绍如下。

4.4.1　型材零件的定位夹紧件

　　对于带弯边的隔框、翼肋、梁的钣金零件及它们的型材缘条、直线和曲线形状的长桁等零件,采用常用的弹簧式、螺旋式、连杆式等定位夹紧件。
　　对于刚度较小,外形较复杂的零件,可采用具有连续定位的定位件(如曲线板),反之,则采用多个单独的定位件,仅定位与控制零件的局部外形。

4.4.2　外形定位件及夹紧件

　　型架外形定位件是用来确定飞机部件的气动力外形的定位件,一般可分为三类:卡板、内型板和包络式定位面板(或称包络板)。卡板和内型板仅能定位某些切面外形,包络板则可定位整个空间曲面外形。卡板及包络板一般位于部件外形的外侧,如图 4-7(a)所示。内型板一般用于定位蒙皮内形,如图 4-7(b)所示。有些板件型架,除了使用卡板之外,还使用内卡板,如图 4-7(c)所示。内卡板与内型板的区别在于后者是外形定位件,而前者对外形表面来说只是个夹紧件(但两者都能定位长桁),所以内卡板要与外卡板配合使用。位于部件下方,起支承作用的卡板一般称为托板,如图 4-7(d)所示。

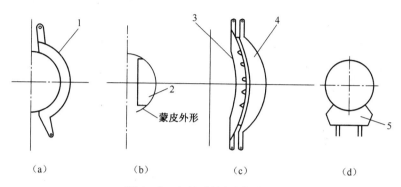

图 4-7　卡板、托板及内型板

(a)型架卡板；　(b)型架内型板；　(c)型架外卡板和内卡板；　(d)托板

1—卡板；　2—内型板；　3—内卡板；　4—外卡板；　5—托板

1. 卡板

卡板的工作表面既可以是飞机的蒙皮外形,也可以是骨架外形(蒙皮内形)。在一些以骨架为基准的装配型架上,有时要求卡板既能定位骨架外形,又能在装配蒙皮时起夹紧蒙皮的作用,从而又要求卡板带蒙皮外形。为兼顾这两方面,将卡板的工作表面加工成蒙皮外形,而在卡板表面上分布一些局部的活动垫板,垫板的工作面就是骨架零件的外形。侧面还有靠板,以确定骨架零件(如隔框或翼肋)的位置。当用卡板夹紧蒙皮时,必须把靠板退出,同时把垫板置于旁边的槽内,不致与蒙皮相碰。卡板的侧平面应在骨架零件的平面上。如果蒙皮与骨架不是用埋头铆钉而是用半圆头铆钉铆接的,则钉头要突出蒙皮外表面,为避免与卡板工作表面相碰,需在卡板与铆钉头接触处局部钻出孔来。

当卡板用于以蒙皮为基准的装配型架时,卡板的工作面为蒙皮外形。骨架零件是按蒙皮内形定位的,卡板上不再需要有骨架定位件。为了保证蒙皮能紧靠住卡板工作面,蒙皮的夹紧方式有以下几种。

(1) 当使用内外卡板时,在内卡板上有橡皮垫或螺旋式夹紧件。

(2) 当不用内卡板时,可在卡板侧面装上角片,用工艺螺栓把蒙皮夹紧,如图 4-8 所示。螺栓是通过蒙皮与桁条的一个铆钉孔拉紧的,此孔暂不铆上铆钉。

(3) 临时装上的螺旋式顶杆从蒙皮内部顶紧,如图 4-9 所示。

卡板的位置及数量,主要取决于装配件构造、铆接工作内容及工件的刚度等因素。例如,当卡板是用来定位板件时,蒙皮表面上的铆钉已经铆好,在型架上只进行补偿片与骨架零件的铆接,如图 4-8 所示,卡板在任何位置都不妨碍铆接工作的进行,图中卡板的位置就取在框平面上。但在某些板件型架上,要进行补偿片与蒙皮的铆接,这时卡板就需与铆缝错开,以免妨碍钻孔。

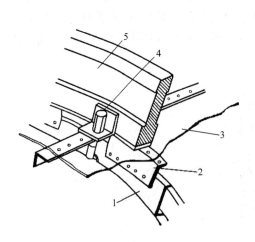

图 4-8　带蒙皮夹紧装置的卡板

1—机身隔框；　2—补偿片；　3—蒙皮；

4—工艺螺栓；　5—卡板

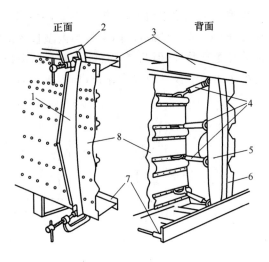

图 4-9　用螺旋式顶杆从内部顶紧蒙皮

1—卡板；　2—弓形夹；　3—翼前梁；　4—松紧螺套；

5—木柱；　6—翼肋；　7—翼后梁；　8—板件蒙皮

　　卡板的数量与所定位的工件刚度和准确度要求有关。当定位部件、段件时，因其刚度较好，不使用接头定位器时，一般可在两处设卡板。使用接头定位器后，还可适当减少卡板数量。部、段件尺寸大的，则应适当增加卡板数量，板件刚度一般较差，故卡板数量较多。

　　采用外卡板定位，由于卡板尺寸较大，质量较大，使操作不便，型架也庞大复杂。尤其是中、大型飞机的装配型架，卡板长度可达 4～5 m，这对型架的设计、制造和使用都带来许多问题。因此，外卡板的应用逐渐减少。对外形准确度要求高的翼面类部件，在要求以蒙皮外形为基准进行装配时，一般仍采用外卡板，但发展了另一种形式的卡板，即所谓"活动卡板"。它不固定在型架骨架上，而是直接固定在所装配的工件上。一般是固定在比较强的飞机骨架上，如机翼的前后梁等。图 4-10 是大型客机康维尔 880 机翼装配型架用的活动卡板。在机翼板件装配完成后，预先将卡板固定在板件上，每隔二三个肋距固定一块。通过卡板上附有的许多耳片，用工艺螺栓穿过铆钉孔与板件相连接。这种卡板的工作外形不取全部翼剖面外形，仅取耳片附近的局部与蒙皮外形接触处，以控制板件外形。板件出架时连同卡板一起吊运到架外，进行压铆，把带有卡板的板件送入段、部件装配型架。由此可见，活动卡板既可作为外形定位件，又增强了板件的工艺刚度，有利于控制铆接变形和保证气动力外形。而且，由于卡板不固定在型架上，无需开启，从而简化了型架结构。我国某运输机机翼总装型架采用了一定数量的活动卡板，效果良好。

2. 内型板

　　在机身和机翼段件、部件型架上，以及各种板件、舱门等曲面外形的装配件型架上，广泛采用内型板定位件。内型板可以对蒙皮内表面及骨架零件进行定位。图 4-11 为内型板在型架上的固定及其工作情况。蒙皮靠内型板外形面定位，在蒙皮外表面用橡皮绳将其压紧。隔框、翼肋是由内型板侧面（基准面）上的定位孔销定位并固定的。长桁等纵向骨架零件可按内型板上的缺口定位。如图 4-12 所示。

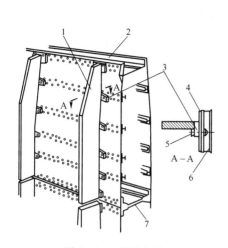

图 4 - 10　活动卡板

1—卡板；　2—机翼后梁；　3—卡板耳片；　4—蒙皮；

5—工艺螺栓；　6—桁条；　7—机翼中梁

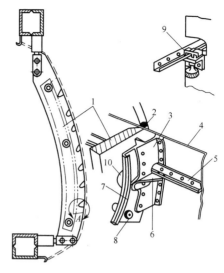

图 4 - 11　内型板的工作状态

1—内型板；　2—橡皮绳；　3—补偿片；　4—蒙皮；

5—桁条；　6—角片；　7—隔框；　8—隔框定位件；

9—桁条夹紧件；　10—开孔

　　以骨架为基准装配的部件，在板件装配时，一般只进行桁条与蒙皮的铆接，不铆隔框。这时板件装配型架的内型板可以简化，内型板可不加工出蒙皮内形，而只装有长桁的定位夹紧件，蒙皮按已定位好的长桁定位，用尼龙绳夹紧。这种板件铆好后，送到部件或段件型架，铆接隔框。这时，隔框的定位常用定位孔和定位件，而不用内型板，以使铆接通路更为开敞，型架更为简化。

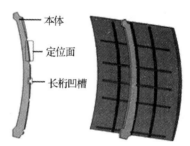

图 4 - 12　内型板

　　内型板与卡板相比，它的主要优点是型架结构简单、重量轻，定位操作和工件出架都比较方便。

3. 接头定位件与型架平板

　　为保证各部件的互换和对接接头的协调，在装配型架上要有接头定位件，用于叉耳接头的称为叉耳式接头定位件，简称接头定位件，用于围框式接头（凸缘连接接头）的则称为型架平板。

　　(1)叉耳式接头定位件。

　　叉耳式接头定位件包括固定式、折动式和导杆式三种形式。

　　叉耳接头定位件的定位面应与飞机部件上叉耳接头的配合面一致，如图 4 - 13 所示。如为多耳片叉耳接头，配合面较多，则应只选取其中精度最高的配合面进行定位，其余的则不需进行定位，如图 4 - 14 所示。

　　定位件上定位用孔、定位销钉、定位叉耳等，一般应以产品上对应的界限尺寸为其公称尺寸(对一次定位而言)，其公差一般选用间隙配合。定位件精度选用与产品同级或适当地略高。

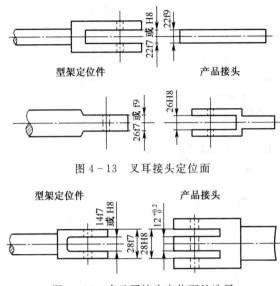

图 4 - 13　叉耳接头定位面

图 4 - 14　多叉耳接头定位面的选择

（2）型架平板。型架平板如图 4 - 15 所示，其工作面一般可用 20～25 mm 厚的钢板制成，为保证其刚度，把它连接在钢管焊成的加强框架上，钢板上有和部件的围框式接头协调的相应的对接孔。另一种型架平板是用铸铝制成的工字形剖面的框架，这种结构的刚性好、质量轻，又与工件的热膨胀一致，铸铝式型架平板对大型部件很重要。也可把平板分块，以减少平板支架所承受的弯矩。

型架平板的对接孔和基准孔按标准平板协调制造，孔内镶有淬火的钢衬套（压入或用胶泥固定）。型架平板应具有足够的刚度，平板的不平度，在 1 m 长度内不大于 0.05～0.1 mm，工作面的表面粗糙度不大于 $Ra3.2$。

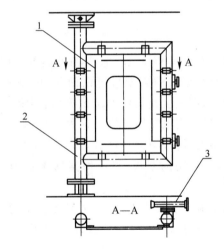

图 4 - 15　型架平板

1—型架平板；　2—加强框架；　3—定位件

考虑到两端平板关上（处于工作状态）的情况下，产品（如板件等）便于放入型架，应将一端平板同部件端面留出间隙（一般为 10 mm）并配用一套活动垫片。

型架平板在型架上的安装形式可以是固定式的、可移动的和转动式的。这取决于工件出架的方式、方向和方便程度。固定式型架平板一般是通过叉耳接头安装在型架上的，在使用过程中不需打开，但必要时也可用吊车整个取走。移动式型架平板可沿导轨滑动一定距离，其纵向位置（即移动方向定位）由产品确定，也可用刻度指示。燕尾槽式导轨适于较小的平板，装配式导轨适用于大、中型平板。转动式型架平板，大小型架都可采用。小型型架平板可用铰链式转动机构，大中型型架平板则用转轴式的转动机构。一般在产品采用纵向出架方式时，多用转动式型架平板。

4. 工艺接头

工艺接头是为了装配时定位和夹持工件的需要而加在飞机结构的较强部位上的暂时性接头。它可以突出于部件气动力表面,在飞机装配完成后,即可卸下。为了能起到其定位的作用,也为了能承受和支持板件,甚至整个大型部件的重量,工艺接头应具有一定的精度和足够的刚度和强度。

工艺接头的工作情况有以下几种。

(1) 在段件或部件装配型架中,工艺接头仅对工件起支承作用。图 4-15 所示为某强击机机身侧壁通过工艺接头安装在调整机构上。侧壁的全部重量由四个工艺接头支承,侧壁的准确位置则由两块卡板确定。装配时,转动调整机构的手轮,直到侧壁外形与卡板符合为止。

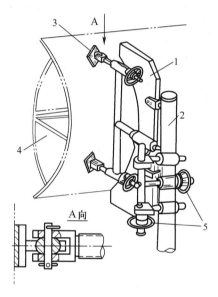

图 4-15　支承板件用的工艺接头
1—卡板；　2—支柱；　3—工艺接头；　4—侧壁；　5—调整机构

(2) 在段件或部件装配型架中,工艺接头对板件或段件既起支承作用,又起定位作用。图 4-16 所示为大型客机波音 747 机身前段装配型架,各板件及组合件、小段件全部采用了工艺接头定位和支承。这个型架的骨架是整体底座式的,由多支点支承,其材料大部分采用的是铝焊接构件。

(3) 在段件或部件的对接型架中,工艺接头起支承及定位作用。图 4-17 所示为大型客机 L-1011 机身前段与中段对接时的情况。中段通过工艺接头定位和支承在型架上,前段把工艺接头作为吊挂点。

工艺接头作为一种定位方法具有以下优点。

(1)一般板件、段件、部件都具有较大的刚度,这就有可能用少数几个小面积的"点"定位来代替卡板的"线"定位,从而使型架结构大大简化。

(2)工艺接头可以在段件装配、部件装配和部件对接等各个阶段共同使用,更好地保证定位基准不变和提高定位及协调准确度。

　　(3)工艺接头是定位孔和接头定位件相结合的进一步发展。它具有定位孔定位方法的简便,又具有接头定位的刚度及精度。它的位置选取比较灵活,一般都位于部件的外表面,选择安排在最有利的位置上,因此比用内定位的内型板、定位孔定位件等更为方便,既保证了支承刚度,又有利于内部结构的装配和部件的对接工作。

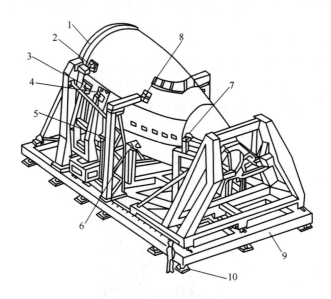

图 4 - 16　工艺接头用于段件装配

1—型架平板；　2~8—工艺接头；　9—型架底座；　10—可调支撑

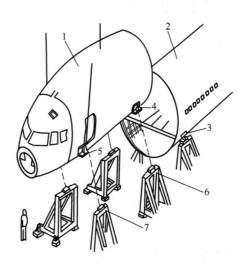

图 4 - 17　工艺接头用于(L - 1011)部件对接

1,2—机身前端和中段；　3,4,5—工艺接头；　6,7—型架上的工艺接头定位件

4.5　装配型架设计的新技术

　　飞机结构件尺寸大,刚度小,而制造精确度要求高。为保证产品制造精度和互换协调,飞机装配过程中采用了成套装配型架。为减小装配过程中结构的变形并保证准确定位,现有装配型架采用刚性结构,而且一套型架只能用于一个装配对象,因此,飞机生产准备过程中需制造大量的装配型架。由于尺寸大,结构复杂,因此,装配型架的制造周期长,成本高,而且占地面积大。传统的装配型架上要安装许多定位件,为保证定位精度,定位件的安装往往需要专用安装仪器,如电子经纬仪、激光准直仪等,工作的分散性差,安装效率低,安装周期长。

　　一般飞机生产准备周期占飞机研制周期的 1/2 以上,而装配型架的设计制造是飞机生产准备的主要内容之一。减少型架的制造时间对缩短整个飞机研制周期有重要意义。为缩短生产准备周期,人们希望飞机设计完成后,生产工装很快就能投入使用,而型架设计的依据是飞机结构数据,因而传统的型架设计往往在飞机设计完成后才开始进行。

　　航空制造业的竞争日趋激烈,人们要求飞机的承载能力更强,更高效,而交货周期却更短。为满足这些严格的要求,飞机设计师不得不寻求更先进的设计方法和工具,以提高产品质量,缩短研制周期。有限元分析方法和智能设计系统加速了产品的优化设计,使零件、组合件的设计达到了前所未有的精度。这些先进的方法和工具为型架设计方法的改进提供了技术基础。

4.5.1　飞机结构和装配型架的并行设计

　　飞机的工作环境比较恶劣,且其精度要求又越来越高。机身内部构件越来越多,结构越来越复杂,导致设计周期更长,设计更改增多,这必然影响工装的设计、制造周期。由于工装的设计依据来源于飞机产品数据,要在最终产品数据还未确定的情况下进行工装设计,因此工装的部分结构必须独立于产品数据。工装和产品并行设计的一个基本思路是改变传统的工装结构,将其划分为独立于产品数据或只需要基本数据的标准结构和依赖于最终产品数据的专用结构件两部分。装配型架的标准结构部分主要有立柱、底座、辅助支撑等,专用部分主要有用于定位桁条的刻度板、接头定位件等。专用件一般尺寸较小,设计、加工制造周期很短,并且不需专门的大型加工设备。标准结构尺寸大,结构复杂,往往需要专用大型加工设备,其设计、制造周期长。标准结构的设计不需要最终产品数据或只需一些基本数据,因此,在飞机产品设计的初期就可进行设计制造,在产品最终版本确定后,只需设计制造专用结构就可以进行装配。

4.5.2　柔性装配型架设计

　　柔性装配型架是基于产品数字量尺寸协调体系的、可重组的模块化、自动化装配工装系统,其目的是免除设计和制造各种产品(如飞机壁板、翼梁等)装配专用的传统装配型架、夹具,从而降低工装制造成本,缩短工装准备周期,减少生产用地,同时大幅度提高装配生产率。提高产品工艺装备"柔性"的方式有两种:一种是拼装型架方式,用标准化、系列化的型架元件来拼装型架;另一种是可卸定位件方式,即型架骨架基本不变,而分布于骨架上的定位器全部做成可拆卸的(见图4-18),这样,当生产任务发生变化时,只需要更换定位器即可。柔性装配型架典型的应用包括空客飞机机翼壁板柔性装配型架、水平安定面升降舵柔性装配工装、机身柔性装配工装和总装用的柔性对接工装等。

柔性设计的基本思想是在型架中采用可以快速调整的机构,以满足不同装配对象的装配要求。一般型架有数个立柱,每个立柱上有很多定位件。型架上的立柱和定位件,甚至底座都是可以调整的。柔性装配型架采用确定装配设计方法可以缩短型架的制造周期,同时采用内定位的装配方法,又可以简化型架。

图4-19所示为可调定位器的柔性装配型架,图4-20所示则为定位器可以移动调节的柔性装配型架。

图4-18 行列式结构柔性装配型架

图4-19 可调定位器的柔性装配型架

A380壁板装配采用N-2-1定位(见图4-21),其装配以骨架为基准,6个液压臂同时施加载荷会令壁板产生弯曲或扭曲,所以壁板在X、Y方向调整时两个液压臂设置为位置控制,其余4个液压臂设置为定载荷输出。液压臂Z轴进给由伺服液压装置提供,在配合点安装了力传感器,可根据操作要求半自动定位并实时输出接触力。该柔性工装应用于大型壁板零件的装配中,实现了装配过程中力-位移混合控制。

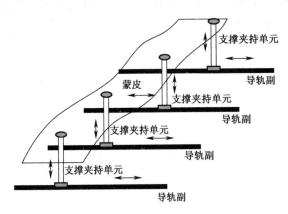

图4-20 可移动调节的柔性装配型架

图4-21 机身壁板柔性定位工装

4.5.3 内定位装配方法

内定位装配方法是以孔代替外形作为定位基准,用简单的定位孔件代替外形卡板,型架不采用或少用外形卡板或包络板,这种装配方法所用的装配型架结构比较简单,工作开敞性比较好。

采用内定位孔装配方法,装配型架结构设计与传统的型架设计相比有两大改变:一是大量采用孔定位件。在刚性好的结构上,直接利用结构孔定位或者事先在结构件上留取工艺孔。二是采用多支点可调支撑。装配型架在设计时采用多支点可调支撑的形式,以便将地基的不均匀变形对装配型架精度的影响限制在局部范围内。型架结构变得轻巧,焊接框架的截面尺寸普遍减小。另外,采用多支点可调支撑,给吊装、搬运带来很大的方便。

采用内定位装配方法时,以骨架上的工艺孔为基准装配,准确定位骨架,在刚性骨架准确定位连接后,覆盖蒙皮壁板,就可以保证外形的准确,对外形卡板的应用大量减少。

4.5.4　装配型架的数字化设计方法

利用数字化设计,可以根据产品外形和内部结构数字化模型,利用数字化预装配技术在计算机上进行产品造型和装配的全过程,使零件加工前就能进行配合检查,可以检查工件的干涉和配合不协调的情况,降低由于工程错误和返工等造成的设计更改成本。

装配型架的数字化包括型架的数字化设计、数字化制造和数字化检测。数字化设计是指在三维环境下,进行型架结构的零组件设计和数字化预装配设计(见图 4-22)。数字化制造是指应用于数字化设计的工装模型,采用数字化加工设备,对工装的关键特征型面、互换协调交点等进行加工和装配。数字化检测是指采用数字化检测设备对型架进行检测。采用数字化设计制造,产品的外形和协调互换信息用数字量代替传统的模拟量传递,保证了飞机制造外形和协调互换的要求。

4.5.5　装配型架的模块化设计方法

型架的模块化设计即工装设计的各种数据库的建立和完善,模块化设计对提高工装设计效率是一条有效的途径。包括标准件库的建立和完善,有关工艺数据的建立,工装典型结构库的开发等。另外,针对不同工装开发各种专用工装设计系统可以提高设计效率。图 4-23 所示为可重构模块化柔性装配型架。

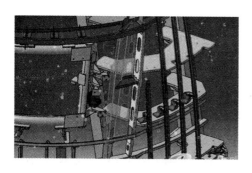

图 4-22　装配型架的数字化设计

图 4-23　可重构模块化柔性装配型架

4.5.6 数字化调姿定位系统中飞机产品的支撑方式

如果将飞机产品作为数字化调姿定位系统的一部分,那么系统包含静平台、运动支链和动平台三个组成部分。静平台一般是地面、底盘等,运动支链是三坐标定位器,动平台是飞机产品及与之固连的工装。静平台与运动支链通过螺栓连接,运动支链与动平台通过多个球铰副连接。一般而言,运动支链上设有球窝,动平台上设有球头,特殊情况也可以反过来。飞机产品上固连的工装(动平台上的工装)有三种结构形式——整体工艺托架、分散线式工艺托架、分散点式工艺接头,这三种结构形式的共同点是:工装的一侧设有飞机型面,与飞机产品连接,另一侧设有工艺球头,与运动支链的球窝连接。选用工装结构形式,需根据具体情况而定。

1. 整体工艺托架

整体工艺托架由框架、托板、压紧器(真空吸盘、拉紧带等)、工艺球头等组成。飞机产品固定在整体托架的上面、侧面或者下面,属于大面支撑,如图 4-22 所示。采用整体工艺托架支撑飞机产品的优点有:飞机产品的支撑面大,支撑应力较小,无需进行专门的力学校核,可作为飞机产品转站时的运输托架。其缺点有:整体工艺托架尺寸大,需占据大量的工作空间,有些工作需要在补制工位进行补加工,人机操作性能差,无法校正飞机产品在翻转和转运等过程中造成的小变形。

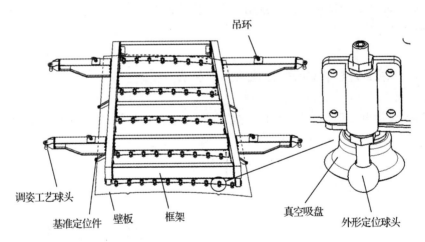

图 4-22 上壁板整体工艺托架

2. 分散点式工艺接头

分散点式工艺接头的一侧设有飞机型面,另一侧设有工艺球头。飞机产品通过螺栓群与工艺接头连接,属于多点支撑型,如图 4-23 所示。采用多个工艺接头支撑飞机产品的优点有:工艺接头遮挡飞机产品的区域小,空间可达性好,人机操作性能好,可校正飞机产品在翻转和转运等过程中造成的小变形。其缺点有:飞机产品的支撑面小,支撑应力较大,需对飞机产品、工艺接头和螺栓群进行专门的力学校核。

3. 分散线式工艺托架

分散线式工艺托架介于整体工艺托架和分散点式工艺接头之间,由托件和工艺球头组成,如图 4-24 所示,该方案平衡了上述两种工装的优缺点。

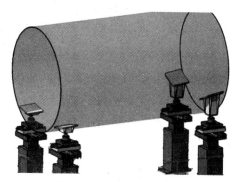

图 4-23　机身工艺接头

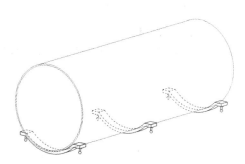

图 4-24　机身线式工艺托架

4.6　装配保型工装设计

为了提高飞机壁板装配质量和效率,近年来提出了"只装不配""多装少配"等新装配方法。在壁板装配前,借助数字化测量获取壁板实际外形、壁板实际内型(与翼肋贴合处)、翼肋实际外形(与壁板贴合处)。首先,将壁板按实测外形和理论外形进行匹配,确定壁板的装配位姿;然后,分析壁板实测内形与翼肋实测外形的匹配情况,对存在干涉或者间隙的地方,在实物壁板的内型或者实物翼肋的外形进行打磨或加垫。通过基于实测数据的预装配,以实现实际装配中的"只装不配"和"多装少配"。为了获得高精度的型面实测数据,一般需要借助保型架对产品保型。

1. 壁板保型架设计

壁板保型架一般包括整体框架、基准定位件、外表面保型件和预紧件等。整体框架是其他结构件的生根基础,要求具有足够的刚度。基准定位件用来定位壁板上的工艺耳片,确定壁板在保型架的位置。外表面保型件用来保持壁板的外形,一般设置在翼肋轴线面附近(需稍微偏离翼肋轴线面一定距离,因翼肋轴线面处需要测量壁板内外形),常见的外表面保型件有外形卡板、点阵式球头等。预紧件用来将壁板外形与外表面保型件贴实,一般就近设置在外表面保型件的两侧,对于有开口的壁板,预紧件一般都是钩紧器,对于没有开口的壁板,预紧件一般都是真空吸盘。

壁板保型架变形量与壁板外形公差、壁板保型架位姿精度相关。设壁板外形公差为 A,壁板保型架的位姿精度为 B,壁板保型架变形量需小于($A/3-B$)。

2. 翼肋保型架设计

翼盒装配时,翼肋只在前后梁处有定位和固定约束,在远离前后梁的地方容易发生变形,对于大型飞机翼肋尤其如此。在钻制壁板与翼肋的连接孔时,翼肋在制孔力作用下如果发生较大变形,制出的一排孔将不在一条直线上,导致壁板下架清洗后再次上架时,壁板孔与翼肋孔不够重合,翼盒装配就会出现质量问题。为了确保制孔和连接质量,一般需要借助保型架对翼肋进行保型。

翼肋保型架一般包括平板、平面保型件、预紧件等,如图 4 - 27。平板是其他结构件的生根基础,由高比刚度材料制造而成,一般为组合结构,易于装卸。平面保型件需尽可能在翼肋的上下缘条处与腹板贴合,以减少缘条和腹板在制孔力作用下的变形量。预紧件用来将翼肋腹板与平面保型件贴实,预紧件一般都是钩紧器。

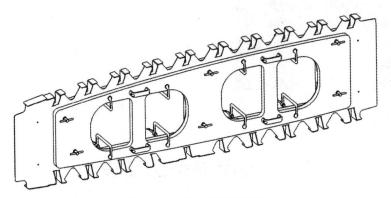

图 4 - 27　翼肋保型架结构

翼肋保型架有很多结构形式,主要的特点是质量轻、刚度大,能抑制产品在定位、制孔和连接时的变形,有时还需要便于分解和再组合,可以从已经装配好的翼盒中取出来。

翼肋保型架变形量与翼肋腹板面弦向尺寸大小、翼肋腹板平面度、以及翼肋缘条制孔力相关。翼肋腹板面弦向尺寸越大、翼肋腹板平面度越小、翼肋缘条制孔力越大时,翼肋保型架的抗弯刚度就要越大。

思 考 题 4

1. 试述飞机型架的功用和特点。
2. 装配型架骨架有哪几种形式,各适用于何种情况?
3. 型架定位件有哪些? 各有何特点?
4. 查资料检索有关型架设计方法,给出设计实例。

第5章　装配型架的安装

　　飞机制造中一个很重要的特点就是,在飞机装配时采用了许多大尺寸且结构复杂的装配型架。装配型架的制造包括型架元件(即型架骨架元件和定位夹紧件)的加工和型架的安装。对型架元件采用一般的机械加工方法就可以达到技术条件的要求,而保证各定位件在大尺寸的型架骨架上的安装准确度则是比较困难的。

　　首先,飞机装配的准确度在很大程度上取决于装配型架的准确度,而且主要是型架安装的准确度,这一点与一般机械产品制造有很大差别。在一般机械制造中,主要零件是刚度比较大的机械加工件,机器装配的准确度主要取决于零件加工的准确度和装配时少量的补充加工或调整,而不需要采用结构复杂的大型装配夹具。由于飞机结构复杂,大量采用尺寸大而刚度小的薄板、型材零件。为满足飞机的外形要求,在装配的各阶段,包括组合件装配、板件装配、段件装配和部件装配阶段,都必须采用大尺寸的、结构复杂的装配型架,以保证装配的准确度。因此,型架的准确度对保证飞机装配的准确度起决定性作用。

　　为了保证飞机装配的准确度,必然要对型架制造的准确度提出更高的要求。例如,在一台十几米长的大型装配型架上有许多卡板,各卡板安装以后,其工作面所形成的曲面外形的准确度,一般要求应比产品外形的准确度高 $3\sim5$ 倍,即公差为 0.2 mm 左右。此外,还要保证各接头定位件与这些外形卡板相对位置的准确度。因此,这就需要发展大尺寸空间位置精密测量技术。型架安装用的各种方法,就是为了解决这个技术问题而产生和发展起来的。

　　其次,每个部件在各个装配阶段,都采用了各不相同的装配型架。因此,在型架的安装中,还要保证这些型架之间的协调准确度。在飞机产量比较大的情况下,某些型架可能需要复制几台,必须保证这几台型架的一致性。还要保证装配型架和零件加工工艺装备的协调准确度。为此,就需要采用一套标准工艺装备,编制合理的工艺装备制造与协调路线。因此,型架的安装技术与保证工艺装备之间的协调方法密切相关。

　　最后,在飞机的成批生产中,所使用的装配型架和标准工艺装备的数量多,结构复杂,制造工作量很大(需要上百万个工时)。在飞机工厂需要设置专门的型架制造车间,以完成型架的制造和日常定期检修任务。如何提高型架安装效率,缩短生产准备周期,降低型架的制造费用,也是型架安装技术中需要解决的重要问题。

　　基于对上述问题的考虑,型架的安装需要依照模拟量或数字量协调原理进行,本章主要介绍具体安装方法。

5.1　用通用测量工具安装型架

　　用通用测量工具安装型架的方法是一种简单、原始的方法。对于小型装配型架(或夹具),可以使用钳工平台。在平台上划出型架的结构位置线(平面投影位置线),并利用直角尺和高度尺建立起空间坐标系。对于大尺寸型架,可以用细钢丝在型架骨架上建立纵向基准线、水平基准线和横向基准线,并以这些实际的线作为型架安装时测量用的基准线。对于带曲线外形的定位件,还要借助于样板在空间进行定位。这种方法虽然很简单,但安装时既很费时间,又很不准确。

这种方法现在只能作为辅助的方法使用。比如采用标准样件安装大型装配型架时,型架骨架的组装可以用拉线和吊线的方法进行找正。

5.2　用标准样件安装型架

用标准样件安装型架的方法,是在第二次世界大战期间,为了适应几个工厂同时大批量生产一种歼击机时,要保证厂际互换和加速型架制造,由德国发展起来的。在第二次世界大战以后,苏联在歼击机的制造中,曾广泛采用并发展了这种方法。我国在歼击机制造中,也曾主要采用这种方法。

标准样件是具有飞机部件、组合件或零件真实外形和对接接头的、尺寸准确的刚性立体样件,作为部件、组合件或零件的尺寸和形状的标准,是制造与协调有关工艺装备的依据。

安装型架用的标准样件称为安装标准样件。根据型架安装的需要,安装标准样件只具有部件、组合件各切面的外形和对接接头。

用标准样件安装型架的典型过程如下:

(1)型架骨架的装配。用标准样件安装型架时,型架的骨架要预先装配好。对焊接的骨架,在焊接以后要进行退火或自然时效处理,以便消除由于焊接产生的内应力,防止以后产生变形。

(2)标准样件在型架中的定位。用标准件安装型架时,首先要把标准样件在型架骨架上固定牢固。标准样件在型架中的定位和固定,一般是通过标高板。标高板也是以后型架检修时,标准样件在型架上的定位基准。

标高板至少应有三个。对大尺寸的标准样件,为保证其固定牢固,要用多个标高板。例如,图5-1为机翼总装配型架示意图,标准样件是通过机翼前缘上的三个标高板(或标高柱),以及翼面上的三个标高板来定位的。翼面上的三个标高板则通过转接标高梁固定在型架骨架上(待型架安装好以后,转接标高梁要从型架上取下)。

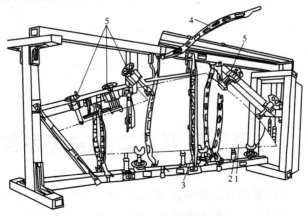

图5-1　机翼总装配型架示意图

1—标准样件；　2—前缘标高板；　3—转接标高板；　4—卡板；　5—接头定位器

对于大尺寸的标准样件,因标准样件本身很笨重,容易变形,若直接用标准样件安装标高板,既不方便,又不准确。因此,型架上的标高板可用轻便、刚性好的标高架来安装。标高架是装有一组标高板的空间构架,这种构架结构比较简单,刚度较大,如图 5-2 所示。标高架上各标高板的位置,与相应的标准样件上的标高板完全一致。用标高架安装型架上的标高板,可以使标高板安装得更加准确。

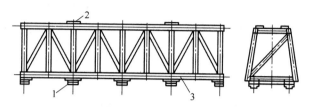

图 5-2　标高架示意图
1—标高板；　2—水平板；　3—焊接构架

(3)型架卡板的安装。在安装标准样件上,凡是有型架卡板的隔框或翼肋切面处,都带有该切面的实际外形。因此,卡板的安装比较方便、准确、迅速。

型架卡板安装好后,在型架卡板的基准面上需划出各种结构轴线,如水平基准线、对称轴线、长桁轴线和大梁轴线等,以便在卡板上安装相应的小型定位件或在装配时使用。为此,在标准样件的曲线板基准面上,也应划上这些结构轴线。卡板上的结构轴线则按标准样件曲线板上的轴线复划。

型架上的接头定位件,直接按标准样件上相应的接头进行安装。用标准样件安装型架时,对一些非主要的定位件,也可以借助样板进行安装,这样,可以简化标准样件结构,节省标准样件的加工。

用标准样件装配型架,可以加快型架的安装,保证型架之间的协调,并解决几个工厂同时生产一种飞机时各部件之间的互换问题,并便于型架的定期检修。但这种方法也有它的缺点:标准样件的制造工作量大、费用高,制造周期又长;标准样件的尺寸越大,刚性就越难保证,容易变形,影响型架安装的准确性。此外,标准样件的尺寸大而笨重,使用和运输都不方便。

随着飞机整体结构的比重不断增加,用光学仪器安装型架方法的逐渐掌握,计算机辅助制造技术的应用,这种方法要被其他方法所代替。然而,对于部件上结构和形状比较复杂的部位,小尺寸的局部标准样件还会继续使用。

5.3　用型架装配机安装型架

型架装配机是一种精密的空间三坐标机械定位、测量设备。它主要用来安装型架骨架上的固定内型板、外卡板的悬挂叉耳和接头定位器,如图 5-3 所示。

型架装配机是准确确定空间任一点坐标位置的设备(配有一套间距量规),它实质上是一台带有纵、横、竖三组互相垂直的标尺所构成的空间坐标架。国内常用的型架装配机,其标尺上每相邻两孔的中心距均为(200±0.01) mm。

由于型架装配机上的三组标尺,都只有间距为(200±0.01) mm 的孔,而型架骨架上固定外形定位件的叉耳和接头定位件的位置尺寸,又不可能是 200 mm 的整数倍数,所以还需要有一套固定变距板和一种万能变距板。固定变距板如图 5-4 所示,其中 K 的值为 0,1,2,3,…,10,共 11 块。通过在三组标尺上的(200±0.01) mm 孔中配合使用这套固定变距板,可以精确确定尺寸为整数的空间任意坐标点。万能变距板如图 5-5 所示,它与三组标尺配合使用时,通过其上的千分尺可以精确确定尺寸为任意小数的空间坐标点。此外,在型架装配机的附件中还有一套普通金具(固定转接板)和一套万能金具(万能转接板)。它们也可通过固定变距板或万能变距板固定在横标尺的任意位置上,直接定位叉耳和接头定位器。普通金具只能用于定位安装不带角度的叉、耳和接头定位器;带角度(包括空间角度)的叉、耳和接头定位器,则要用万能金具安装。

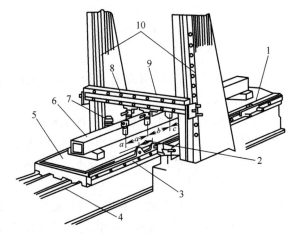

图 5-3 型架装配机

1—固定金具; 2—固定变距板; 3—纵坐标尺; 4—滑轨; 5—工作台; 6—型架梁;

7—叉形接头; 8—固定金具; 9—横坐标尺; 10—垂直坐标尺

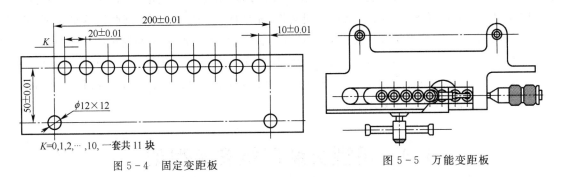

$K=0,1,2,…,10$,一套共 11 块

图 5-4 固定变距板

图 5-5 万能变距板

型架元件的组合安装,主要使用安装杆或安装平板(见图 5-6),并借助光学仪器——精密水准仪和精密经纬仪等或其他方法,精确地测量调整型架梁之间(上、下梁或多梁式骨架)的相对位置,如图 5-7 所示。

为了保证装配型架上飞机部件对接接头定位件的协调安装,对叉耳式接头一般利用成对量规(卡具)作为安装依据。

对于围框式接头(凸缘多孔连接),则以标准平板作为各有关型架上安装该接头定位件(型架平板)的依据。

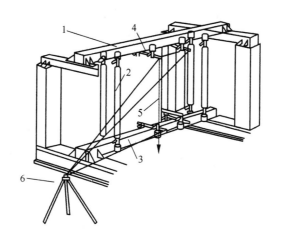

图 5-6 用安装杆和经纬仪调整型架梁之间的位置

1—上梁； 2—安装杆； 3—下梁； 4—测量尺； 5—吊线； 6—经纬仪

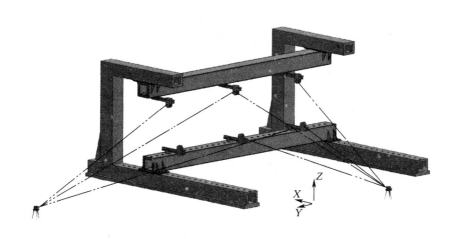

图 5-7 用精密水准仪和精密经纬仪调整型架

　　用型架装配机安装型架,不需要制造大尺寸的标准样件,只对协调要求高或形状复杂的部位,采用局部标准样件,但这种方法也有它的缺点:型架装配机是一种机械式定位装置,受温度变化、刚度等的影响,安装的准确度受到限制,大型装配型架的检修比较困难。此外,因型架装配机的尺寸不宜过大,所以就不可能将大型的装配机的装配型架整个安装在型架装配机中。因此,型架必须设计成组合式的,只能将型架的梁安装在型架装配机上。

5.4　用光学仪器安装型架

　　为了解决上述几种型架安装方法中存在的问题,在 20 世纪 50 年代初,一种以光学仪器的视线为基准线的型架安装方法得以发展,该方法以光学视线作为基准线来安装型架,十分准确,而且,型架的尺寸和结构形式不受限制,这种方法后来成为安装型架的主要方法。

用光学仪器建立的光学视线作为安装型架的基准线,其优点是明显的。它克服了用一般机械方法建立空间测量基准所带来的许多缺点,例如,因大型机械设备的制造精度不高、刚度不足而产生自重挠度,因温度变化而产生变形等。此外,因光学仪器比较精巧,可直接安装在型架的骨架上;型架的安装和检修比较方便,使用比较灵活。多配备一些光学仪器可以平行安装多台型架,缩短了生产准备周期。

用光学仪器安装型架时,主要是以光学仪器建立的光学视线作为安装型架的基准。在型架上确定各定位件的空间位置时,必须控制定位件的 6 个自由度。用光学仪器安装型架时,控制型架定位件 6 个自由度的基本方法,如图 5-8 所示。

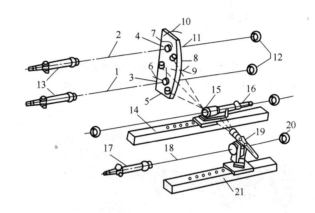

图 5-8　用光学仪器和工具轴安装型架

1—基准视线;　2—辅助视线;　3,4—目标;　5—垂直位移;　6—横向位移;　7—绕纵轴转动;　8—纵向位移;
9—绕竖轴转动;　10—绕横轴转动;　11—侧面目标;　12—球体目标;　13—准直望远镜;　14—工具轴;
15—零距直角头;　16,17—准直望远镜;　18—辅助视线;　19—坐标经纬仪;　20—球体目标;　21—工具轴

如图 5-8 所示,在型架的一端安装一台准直望远镜,在另一端安装一个目标,使准直望远镜对准目标中心,就可以建立一条光学视线。用第一条光学视线 1 可以控制定位件的 2 个自由度,即垂直位移 5 和横向位移 6。用第二条光学视线 2 可增加 1 个自由度的控制,即绕第一条光学视线的转动 7。

定位件沿光学视线的纵向位置,可以用平行于光学视线的工具轴(即坐标尺)确定,也可以用其他长度测量工具如长杆千分尺或精密带尺确定。

其余 2 个自由度,即绕竖轴和横水平轴的转动,可以用在工具轴上安装的坐标经纬仪或带光学直角头的准直望远镜扫描的与光学视线相垂直的平面来控制。还可以通过在定位件上安装光学视线的目标处安装反射镜,并保证反射镜面与定位件的基准面平行,用建立光学视线的准直望远镜进行自动反射或自准直测量,测量反射镜面(即定位件的基准面)与光学视线的垂直度,这样也能实现对这 2 个转动自由度的控制。

用光学仪器安装不同于型架装配机或标准样件,不能解决型架定位件安装时的支承问题。因此,还需要配备便于定位的夹持和调整装置。此外,观察光学仪器和调整定位件需要两个人配合进行,若难以配合好,则既影响工作效率,又影响安装准确度。

5.5　用激光准直仪器安装型架

为了克服使用光学仪器时操作效率低和大距离测量精度低的缺点,20 世纪 60 年代,在型架安装中开始用激光光束代替光学视线。

用激光光束作为安装型架的基准线有许多优点。由于激光是有色的可见光,便于操作寻找目标和观测,因此,用激光光束作为基准线,既具有拉钢丝的直观性,又具有光学视线的准确性。激光光束还具有良好的方向性,发散度比较小,在型架安装所需的距离范围内,光束的直径基本不变,因此,对大距离的测量比较准确。激光光束还可以为光敏目标所接收,光束和目标之间不同心度的偏差可以用电压表指示出来,从而可避免人为的观测误差。若将光束和目标中心偏差的电参数输送给自动控制系统,则可实现自动定位。用激光光束进行定位和安装时,观测和调整可由一个人进行,可提高工作效率,节省人力。由于上述原因,激光准直仪很快在型架安装中得到了应用。

用激光自动准直的型架安装机是一种半自动化的空间坐标定位设备,如图 5-9 所示。

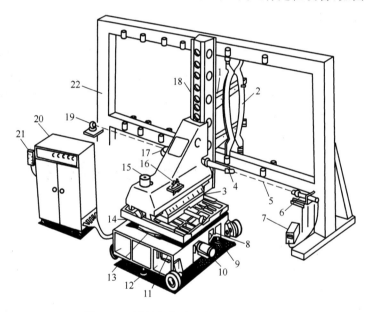

图 5-9　用激光自动准直的型架安装机

1—横标尺;　2—型架卡板;　3—横向拖板;　4—前目标;　5—激光光束;　6—激光准直仪;　7—电源箱;
8—千斤顶Ⅰ拖动电机;　9—千斤顶Ⅰ;　10—转盘拖动电机;　11—千斤顶Ⅱ拖动电机;　12—千斤顶Ⅱ;
13—转盘;　14—纵向拖板;　15—横向拖动电机;　16—电子水准仪;　17—后目标;　18—立柱;
19—球体目标;　20—电气控制箱;　21—手动控制盒;　22—型架

在型架安装机台面的三角支臂上,安装有一个平面坐标架,即在三角支臂立柱 18 上安装有竖直坐标尺,在竖直坐标尺上又定位安装一组横坐标尺 1,从而组成一个平面坐标系。

在三角支臂上还安装有前、后两个激光目标 4 和 17。在前目标 4 的中心有一个小孔,使中心一部分激光通过此孔射向后目标 17。前、后两个激光目标中心的连线准确地垂直于自竖直和横坐标尺组成的平面坐标系,这样就构成了一个空间直角坐标系。

型架安装机是用激光准直仪发出的激光光束 5 进行自动准直的。通过前、后 2 个激光目标可以控制安装机的 4 个自由度:即垂直位移和横向位移以及沿激光光束方向的水平转动和竖直转动。通过电子水准仪 16 可以控制安装机绕激光光束的转动。将这 5 个自由度的控制信号输送到 1 套伺服系统,分别控制 3 个升降千斤顶拖动电机、转盘拖动电机和横向拖板拖动电机,即可以实现安装机 5 个自由度的自动控制。

安装机沿激光光束方向的准确位置,可按长杆千分尺或工具轴手工定位。

用自动准直的型架安装机安装型架的过程:

(1) 光学站的建立。在型架的一侧,按型架图纸的要求建立两个光学站,一个站放激光准直仪,另一个站放激光目标,沿型架纵向建立起一根水平的激光光束。

(2) 将安装机移到型架骨架旁的工作位置,即移到安装第一个定位件所要求的位置。

(3) 安装机的初定位。按电钮,安装机由 3 个千斤顶顶起,使 4 个轮子离地,使安装机上的激光目标达到激光光束的高度为止。按电钮,使横向拖板移动,使转盘转动,使安装机上的两个激光目标都能接收到激光光束的照射时为止。

(4)安装机的自动准直。靠自动控制系统实现安装机的自动准直。按长杆千分尺或工具轴用手动控制,将安装机沿纵向调到准确位置。

(5)在横坐标尺上定位型架元件,并将其固定在型架骨架上(一般用快干水泥固定)。

(6)将安装机移到下一个工作位置,重复以上操作。

然而,在一般车间环境下,由于温度和气流的影响,各处空气密度是变化且不均匀的,会使激光光束的中心产生偏移,影响准直的准确度。另外,激光自动准直的型架安装机较重,导致地坪变形而引起型架的变形,从而影响型架安装的准确度。

5.6　用 CAT 技术安装型架

在激光准直仪应用的基础上,随着计算机技术的飞速发展,产生了把二者结合起来应用的计算机辅助经纬仪(Computer Aided Theodolite,CAT)测量技术。CAT 测量技术使光学仪器的定位不再依赖于工具轴和光学站,它使型架的安装更加方便、直观,可省去大量的计算工作。并且这种光学安装系统实现了与产品数字模型相结合,产品工艺装备可直接由传输到 CAT 系统中的数据直接制造出来。这一数据集就是实质上的标准工艺装备,而不再需要模拟量形式的标准工艺装备。CAT 技术使工作效率和安装质量得到了大幅度的提高。在我国为波音公司制造波音 737 - 700 尾段时所使用的型架,就是用这种方法安装的。

5.6.1　CAT 系统的组成和特点

1. CAT 系统的组成

以 ManCAT 系统为例,CAT 系统由电子经纬仪、计算机、通道接口、标尺、观测目标、经纬仪脚架、目标适配器和打印机组成。

（1）电子经纬仪。用于获取观测数据,它可提供水平和垂直两个方向上的角度精确数据。可用 2 台或多台电子经纬仪的光学视线构成测量系统,如图 5-10 所示。电子经纬仪是一种高精度测量仪,具有动态测角、全自动读数、电信号传递和误差自动补偿等功能,它的角度分辨率是 0.1″,角度测量精度小于 0.5″,被测目标的坐标位置精度达 0.025 mm。

（2）计算机。用于控制测量过程、存储和处理观测数据。

（3）通道接口。用于连接计算机与电子经纬仪,以构成完整的测量系统。它可方便地实现测量过程的控制和数据的通信。

（4）标尺。标尺用来确定测量系统尺度的绝对基准或系统的比例。标尺的材质最好与被测对象的主体材质一致或近似,以避免测量过程中环境因素的影响。

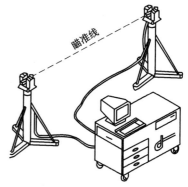

图 5-10　建立光学视线

（5）观测目标。在测量系统中,作为电子经纬仪光学视线前方的交汇目标。

（6）经纬仪脚架。用于支撑电子经纬仪,保证经纬仪在工作过程中具有良好的稳定性,以便整个测量过程中的参考系保持不变。

（7）打印机。用于输出测量结果。

此外,还有与 CAT 测量系统相配套的软件系统。

2. CAT 系统的特点

CAT 测量系统与一般测量技术相比有下述特点。

（1）非接触式测量。由于在测量过程中与被测物体无直接接触,这样既避免了因接触而引起的物体变形,又扩大了测量范围。

（2）实时显示结果。测量过程的所有数据采集与分析均采用数字信号进行传递,速度快而准确。由于计算机中设计了各种计算程序(包括坐标变换功能),因此可在现场实时测量并进行结果分析。

（3）精度高。因为电子经纬仪本身精度高,并有补偿系统,所以在中短距离(几米到几十米)测量范围内,其测量精度可达到 0.05 mm。其精度与激光跟踪仪相近,特别适宜飞机制造中的型架安装工作。

（4）积木式结构。系统可在现场方便地拆卸,对场地无特殊要求,对其测量目标和范围可根据实际工作需要进行组合。所使用的电子经纬仪可多达 8 台甚至 10 余台。

（5）坐标系变换方便。飞机装配型架是一个复杂的机械装置,由于飞机产品设计时使用多个坐标系统,因此在实际安装时将涉及坐标系转换问题。CAT 系统中有坐标系变换功能,因此,在实际安装型架时十分方便、快捷。

5.6.2　CAT 系统的建立

飞机装配型架的规模、复杂程度及功能差异很大,在型架安装以前,首先要考虑型架装配和安装的一系列问题。其中最重要的是它的坐标系统的建立,即怎样保证飞机产品的设计坐标系统能体现在装配型架上。而型架上的实际坐标系是通过一系列基准点来实现的,CAT 系统通过测量这些基准点以及进行一些计算工作来建立飞机产品坐标体系并实现其变换。因此,针对每 1 台型架的安装工作要详细规划如何建立它的测量体系。

1. 电子经纬仪的设站

电子经纬仪的设站是测量工作的第一步,也是最关键的一步。站位选择得好,不仅可以避免许多重复性工作,节省测量时间,提高工作效率,而且能够提高测量精度。

在电子经纬仪设站时应考虑下列因素:

(1)电子经纬仪测量角的范围。电子经纬仪测量角的范围如图 5-11 所示。考虑到测量精度,一般测量角应在 $50°\sim130°$ 之间,角的顶点位于由几个圆弧段组成的闭合区域内。

(2)几台电子经纬仪的测量包线能包容整个工艺装备。因为两台电子经纬仪的测量最大距离是 12.19 m,以及它们测量角范围受限制,所以,当两台电子经纬仪不够用时(见图 5-12),可使用 3 台电子经纬仪,如图 5-13 所示。若 3 台还不够,则可用更多台电子经纬仪,有时可多达 10 余台联合使用。总之,要保证被测量工艺装备在多台经纬仪的联合测量允许视线范围内,同时,尽量使所有的仪器能进行精确的互瞄。

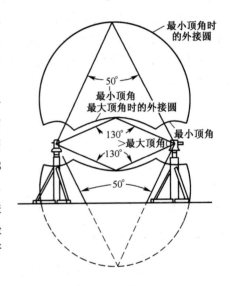

图 5-11 测量角的范围

(3)一次设站后应尽可能完成全部测量工作。在一次设站后,最好能观测到所有测量点,即观测视线能包容整个工艺装备,如图 5-14 所示。但有时并不容易实现,因为工艺装备被包容在电子经纬仪的视线的测量包线内不等于电子经纬仪能扫描到所有测量点。

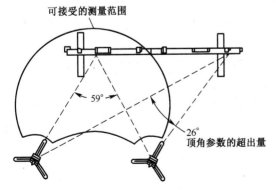

图 5-12 2 台经纬仪情况

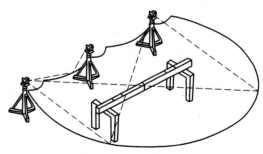

图 5-13 3 台经纬仪情况

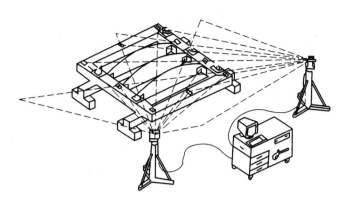

图 5-14　视线包容工艺装备

（4）电子经纬仪的高度。一般将电子经纬仪的高度设置在所有测量点的中间高度,尽量减少仪器的垂直俯仰角度。

（5）CAT 系统的工作环境。电子经纬仪站位处的地基要稳定,保证仪器不受阳光直接照射,测量范围内的空气应无强烈流动,尽量避免光线折射率的变化。

2. 仪器的调整

电子经纬仪的站位设置好后,要按以下步骤对其进行调整:

（1）要对它们进行精确整平。整平的目的有两个:一是将水平和垂直度盘归零,使仪器处于水平和垂直的准确工作位置上;二是使测量水平角与垂直时的投影基准保持一致,以形成 CAT 测量系统的基础坐标系统,如图 5-15 所示。整平的目的是保证测量的真实性,以减少测量误差。

（2）运行系统的误差补偿程序（如 SET MODE 指令）对仪器的水平角和垂直角的测量值进行补偿,以得到精确的测量结果。

（3）为了便于今后检查仪器的状态,需要在一个稳定的位置（如墙壁）上安放水平方向的零点目标,即将其设为水平角度的零点。

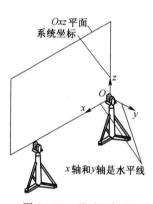

图 5-15　基础坐标系

3. 经纬仪定向

经纬仪的定向由两部分组成,即相对定向和绝对定向。

相对定向即确定仪器间的相对位置,由仪器间的相对互瞄来实现。对于任何 1 台仪器都必须进行 3 次以上的精确互瞄,也可以通过测量共同的基准点来实现互瞄,一般至少需要测量 3 个共同点。

绝对定向的过程就是对标尺进行测量的过程,即具体精确尺寸的测量过程。该测量过程应满足下列要求:

（1）标尺的摆放位置应遍及测量包线范围内各站位上的经纬仪视线所能扫描到的所有标尺,如图 5-16 所示。

（2）对于被测工艺装备,应摆放足够数量的标尺。

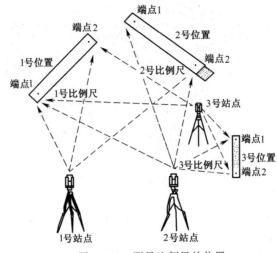

图 5-16　测量比例尺的位置

4. 系统精度的检查

整个测量系统设定后,必须检查系统的精度是否符合要求。系统精度应满足以下主要指标:

（1）电子经纬仪测量角。所有测量角应在 $50°\sim130°$ 范围内;

（2）瞄准误差。所有点和互瞄时的瞄准误差应小于 $0.0008°$;

（3）标尺误差。用于系统定向后的系统测量标尺,其长度与计量时标定长度的差应小于 $0.05\ mm$。

5. 系统解算误差的分析和处理

在测量过程中,测量误差是不可避免的。测量误差大致可分为两种:粗大误差和系统误差。粗大误差是测量错误、记录错误以及仪器故障产生的误差。这些误差一般通过认真检查和分析是可以及时发现的。系统误差是指仪器误差、标尺误差、瞄准误差,以及设站方式给测量带来的误差等,这些误差很难避免。在系统进行解算以后,若无法通过合格性检查,就必须进行误差分析。

首先要排除系统是否有粗大误差,这是因为系统解算的过程是误差平均的过程,只要有一个粗大误差,就会破坏系统的精度。粗大误差主要考虑以下方面:测量点号错、瞄错或超差,标尺点号错、瞄错或超差,互瞄错或超差。

在排除粗大误差后,如果系统仍不合格,就要考虑系统误差对精度的影响。系统误差主要考虑以下几方面:仪器的精度、仪器的设站、工作场地空气流动状况及其温度梯度的影响。

5.6.3　CAT 系统工作原理

CAT 系统工作的基本原理是利用电子经纬仪的光学视线在空间的前方进行交汇形成测量角。现以两台经纬仪为例来说明光学视线在空间的交汇原理,如图 5-17 所示。

图 5-17 中有 2 台经纬仪设站于 A,B 两处。它们的高度不同,其高度差为 h。A,B 两

点间水平距离为 d。其测量坐标系统以 A 点为原点，A，B 两点连线在水平方向的投影为 Z 轴，过 A 点铅垂向为 Z 轴，以右手法则确定 Y 轴。通过 A，B 两处的经纬仪互瞄，以及分别对目标 P 观测，得到的观测值通过三角运算，不难计算出被观测点 P 的坐标值（若 d 值已知）。

在测量过程中，两台经纬仪的互瞄以及对被测量点 P 的观测过程称为相对定向，因为此时仅起定向作用，实际测量点 P 的值尚求不出来（这是因为 A，B 两台经纬仪之间的水平距离 d 尚未测量出来）。此处 A，B 两点间的水平距离 d 称为基线，确定基线长度 d 的过程称为绝对定向。

绝对定向的过程如图 5-18 所示。图中 A，B 点分别放置 2 台经纬仪，标尺长为 L，基线长为 d。经过相对定向（即 A，B 处两台经纬仪互瞄），以及 A，B 处两经纬仪分别对标尺的两端点 P_1 和 P_2 进行观测，测得角度值。此时标尺长度 L 是已知值。这样通过三角运算可得到基线的长度 d。

由此可知 CAT 系统的工作原理，即当经纬仪互瞄对准后，通过观测已知长度的标准标尺的两端点，求得两台经纬仪之间的基线长度 d 值。在此基础上，通过经纬仪再去观测被测量点，则可求得此测量点的实际坐标值。由此也可得知标尺的部分作用。

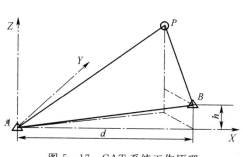

图 5-17　CAT 系统工作原理

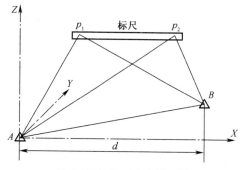

图 5-18　绝对定向原理图

由 CAT 系统的工作原理可知，空间点的三维坐标测量值与经纬仪的观测值（角度）和基线长度 d 有联系，而 d 值与标尺又相关。因此，CAT 系统对空间点的测量精度与其他测量设备不同，其空间被测点的测量精度不是固定的，而是变化的，即与仪器的设站、标尺的摆放、标尺的长度以及被测物体的位置等因素有关。

因此，为了保证测量的准确度，技术人员一方面要对系统的工作原理有较深刻的理解，在建立 CAT 系统过程中，确保仪器的设站、标尺的摆放、观察的角度等合理可靠；另一方面应制定较详细的实际操作规程，包括仪器的保管、定检以及参数设定等工作。

5.6.4　型架的安装

型架安装可分为两个步骤：一是在框架上建立机身坐标系的增强参考坐标系统，二是安装各定位器。

1. 建立机身坐标系的增强参考坐标系统

增强参考坐标系统是指框架上用于建立一定数量的已知机身坐标系 X，Y，Z 坐标值的工具球点,这些点大体均匀分布在框架上。它们既是系统建立时的共同点,又是型架的辅助基准点。它们的存在使得测量可以快速而准确地在型架的所有范围内进行。

建立机身坐标系的增强参考坐标系必须先将坐标系转换至机身坐标系。这是在测量框架上各基准工具球点后,由 CAT 软件中的坐标系转换功能实现的。坐标系转换的方法主要有以下几种。

(1)比例:变换系统的比例尺。

(2)平移:移动坐标系的原点。

(3)旋转:旋转 X,Y,Z 轴的方向。

(4)轴对准:通过空间不共线的 3 个点,按照 3-2-1 原则(见图 5-19)形成新的坐标系。

(5)最小平方转换:通过空间不共线的 3 个或 3 个以上的点,拟合形成新的坐标系。

以上方法各有特点,既可单独使用,也可联合使用。需要根据框架的特点来决定如何选用。

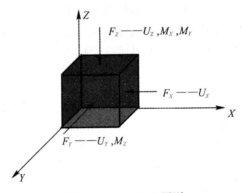

图 5-19 3-2-1 原则

2. 零件、组合件的定位安装

零件、组合件的定位安装均按照 3-2-1 原则,用归零方法进行安装。归零方法是指将坐标系转换至零件理论位置后,再将零件归位的安装方法。

5.7 激光跟踪测量系统

激光跟踪测量系统的基本工作原理是:由激光干涉仪发射出的测量光束,经过分光镜到达跟踪转镜之后,由跟踪转镜反射到目标镜中心,由目标镜中心入射的光线按原光路返回,到达分光镜后一部分激光束被反射到光电位置检测器,另一部分光束进入干涉系统与参考光束汇合进行位移测量。进入光电检测器的光束用于实现对目标镜的跟踪,平衡状态时位置检测器输出信号为零,此时控制系统没有信号输出;当目标靶镜运动时,返回光束发生平移,在位置检测器上产生偏差信号。该信号输入跟踪控制系统,驱动电机带动转镜围绕反射基点旋转,从而改变进入目标靶镜的光束方向,使偏差信号减小,实现对目标靶镜的跟踪。

激光跟踪仪对空间目标的坐标测量是通过测量出水平角、垂直角和斜距,然后按球坐标或极坐标测量原理就可以得到空间点的三维坐标 X,Y,Z 来。如图 5-20 所示,在球坐标测量系统中,设跟踪器的旋转中心为 O 点,被测靶镜的中心为 P 点。用两个角度编码器分别测量出 P 点的垂直方位角 β 和水平方位角 α,用激光干涉仪测量 O 点到 P 点的距离 S,则 P 点坐标 (X,Y,Z) 很容易由 β,α 和 S 计算得出,公式为

$$\begin{cases} X = S\sin\alpha\cos\beta \\ Y = S\cos\alpha\cos\beta \\ Z = S\sin\beta \end{cases}$$

通过空间齐次坐标变换,可将 P 点的坐标转换到用户自定义的坐标系中。图 5-21 为用激光跟踪定位测量系统安装型架过程。

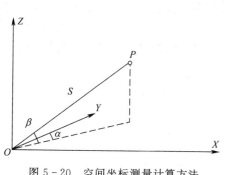

图 5-20 空间坐标测量计算方法

图 5-21 用激光跟踪定位测量系统安装型架

5.8 IGPS 测量系统

室内 GPS(IGPS)系统属于坐标测量技术,通常应用于大尺寸几何量计量中。其原理跟 GPS 一样,利用三角测量原理建立坐标系,不同的是 IGPS 采用红外激光代替了卫星信号,它利用发射器发出红外信号,众多接收器能够独立计算它们的当前位置,发射器通常又被称为基站。IGPS 为大尺寸精密测量以及定位提供了全新的思路。

5.8.1 系统构成

(1) 发射器:IGPS 系统含有两个或两个以上计量型发射器,用于高精度的计量应用。在工作范围内,每个传感器(接收器)在任何时候都应至少与两个发射器直接交换信息,因此,发射器的数量应与工作场合相适应。应确保测量目标在测量全过程中可至少接收 4~5 个激光发射器测量点布置。

(2) 传感器(3D 智能靶镜):由于 IGPS 系统能够同时连续地读取多个传感器的坐标值,故 IGPS 支持各种不同结构的传感器。通常,要把传感器安装在工具、零件、组件或者大型构件上。一旦安装好后,保证同时与两个发射器在线通信,那么这些传感器将自动把精确的三维坐标值传送给用户。

(3) 手持探头:IGPS 系统在工作区域内可以同时支持无数量限制的传感器。为了手工测量方便,该系统还配备了多自由度的手持工具和测头。

（4）系统软件：软件为 WORKSPACE。每套 IGPS 系统都配有基于位置服务器和手持式无线客户软件，这种软件可以实现 IGPS 系统的所有功能，包括计量软件包。

（5）接收器电路：IGPS 系统要求每个传感器连接到一个放大器和信号处理接收器电路模块上。该模块接收来自激光发射器的激光信号，并把它们实时转换成可用于三角法数学计算的三维坐标值。这些接收器电路模块封装在一个集线盒中。

5.8.2　工作原理

激光发射器（基站）产生两个激光平面在工作区域旋转，每个发射器有特定的旋转频率，转速通常约为 3 000 r/min。根据接收器所能接收到的激光，它能对水平角及垂直角进行测量。通过几个不同发射器的组合，可以计算测量点的三维坐标。测量一个点所需要的最少发射器是 2 个，发射器越多，测量越精确。图 5-22 所示为利用 IGPS 测量技术进行飞机装配定位。

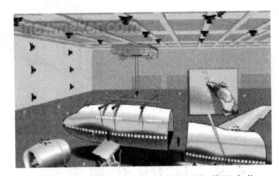

图 5-22　利用 IGPS 测量系统进行装配定位

测量点布置原则：选取被测产品表面上测量设备目视可达的目标点，其设置基础稳固可靠，可代表被测产品的位姿。根据被测产品特征点（测量目标）的分布位置特点，制订合适的测量计划。

基准点的布局原则：统一测量场中各测量目标的相互关系以及各测量目标与坐标系统的绝对关系，为后续数控定位、调姿提供基础数据。构建测量场坐标系统时应与产品坐标系、数字化装配系统坐标系以及其他相应工装坐标系的基准相互协调统一。因此，以全机坐标系构建数字化测量场坐标系统，将激光跟踪仪和 IGPS 两种测量系统的基准点均按此统一构建。

IGPS 相较激光跟踪仪，在大空间的多点、快速、实时连续测量以及无需转站测量等方面具有优势。

思 考 题 5

1. 飞机装配型架安装方法有哪些？各种安装方法的特点有哪些？
2. CAT 测量系统的组成及其特点是什么？
3. 检索激光准直仪装配型架的应用实例。

第6章 飞机装配机械连接技术

6.1 概 述

在飞机装配中,应用着各种不同的连接方法,其中应用较多的是铆接、胶接、点焊和螺栓连接。飞机机体连接方法的选用主要取决于各部件的结构及其构件所用的材料。例如,铝合金薄壁结构的飞机,大量采用铆接,约占全机总连接量的80%。铝合金夹层结构的飞机部件,主要采用胶接,在有的飞机上胶接夹层结构占全机表面的70%左右。有些蒙皮桁条式薄壁结构的部件,也有以点焊为主的,机体上的焊点数已达30万个左右。当飞机部件采用以整体壁板和整体构件为主的结构时,铆接就大大减少,而螺栓连接明显增多。飞机结构中的重要承力部位,尤其是各部件之间的可卸连接,主要采用螺栓连接。对于复合材料结构,用得最多的是铆接和胶铆连接。在直升机机体上广泛应用胶接和胶螺连接。随着航空材料和飞机结构的发展更新,在飞机制造中一些新的连接方法如电子束焊、扩散连接等也已有所应用。

然而,机械连接作为一种传统的连接方法,是任何其他连接方法无法代替的。机械连接之所以是飞机的主要装配手段,其主要原因是:①机械连接强度、耐腐蚀和成本方面的优点;②机械连接使用的工具比较简单;③对工件不要求进行预处理;④适于在不开敞部位施工;⑤检验直观、省工,出现故障容易排除;⑥由于机械连接技术的不断发展,机械连接基本上能够满足现代飞机对疲劳性能的要求。

机械连接技术是一项系统工程,它包括有紧固件的基础标准,紧固件的设计、制造和试验标准,紧固件的安装技术规范,安装用工具、设备、测试等多方面的内容。

随着现代飞机制造中整体结构、钛合金结构和复合材料结构应用的逐渐扩大,对机械连接质量的要求也在不断提高,机械连接技术发生了很大的变化。具体表现在下述几方面。

(1) 连接件越来越多地采用钛合金材料。据国外资料分析,现代飞机采用钛合金紧固件,又采用干涉配合技术,可使结构质量减轻4%。采用钛合金连接件对飞机的减重效果,远远超出连接件制造成本的增加。如F-15全机凸头紧固件(螺栓等)73%为钛合金,而低合金钢只占10%左右。钛合金紧固件的应用在美国发展最快,已形成标准化系列。

(2) 连接件和孔的配合采用干涉配合技术越来越多。因为干涉配合连接能提高飞机结构的疲劳性能、密封性和减轻结构质量。国外在无头铆钉、冠头铆钉和高锁螺栓、环槽钉、锥形螺栓上都采用干涉配合连接。

(3) 铆钉的发展趋势是从普通埋头铆钉向冠头铆钉发展,从有头铆钉向无头铆钉发展,同时还发展单面抽钉。无头铆钉沿其全长均匀膨胀,可使接头疲劳寿命提高数倍。

(4) 越来越多地采用永久性紧固件。永久性紧固件主要有环槽钉、高锁螺栓和锥形螺栓。它们的设计与标准螺栓有很大变化,具有质量轻、体积小、疲劳性能高、密封性好、安装简单的特点,但结构复杂,成本高。

(5) 采用自动钻铆。由成组压铆向自动钻铆发展,是装配连接技术发展的必然趋势。因为自动钻铆机能完成干涉配合铆接,能适应无头铆钉、冠头铆钉、钛铆钉、高锁螺栓和环槽钉等永久性紧固件的安装。而且自动钻铆机的生产效率较高,铆接质量稳定。

(6) 采用电磁铆接技术。电磁铆接应用冲击大电流技术获得瞬时冲击载荷作用于铆钉,铆钉在应力波作用下遵照金属材料的动力学特性成形,它可实现难成形材料、大直径、厚夹层的铆钉连接结构的长寿命、高可靠性连接。

6.2 连接结构的疲劳寿命

在飞机的全部故障总数中,机体损伤的故障数量一般占 12%~30%,由于机载成品系统在发生故障后能用新的成品去代替,因此飞机机体的寿命就决定了飞机的总寿命。疲劳破坏是飞机机体丧失工作能力的基本原因。所谓疲劳,就是在交变应力作用下,材料损伤逐步积累的过程,导致损伤性质变化,从而形成裂纹并发展到破坏。疲劳破坏是一种在长时间受力状态下所产生的破坏,这种破坏具有特别的危险性,它发生在远小于静载荷破坏的应力条件下。结构的抗疲劳性决定着该结构的寿命,它是主要的耐久特性,因此也是主要的可靠性特性。从影响机体寿命的角度看,飞机结构上每一个连接孔都是一个潜在的疲劳源。在所有的疲劳破坏中,多达 75%~80%的疲劳破坏都发生在机体结构的连接部位上,因此,了解影响铆接和螺栓连接寿命的主要因素就变得十分重要。

飞机结构故障统计结果表明,薄壁结构疲劳裂纹及紧固件松动、脱落故障占 20%~30%。飞机在飞行、起飞和降落阶段,薄壁结构受力状态复杂,要承受交变载荷和振动载荷的作用,容易出现多发性的疲劳问题。

飞机结构设计思想由 20 世纪 50 年代的静强度设计,60 年代的"安全寿命"设计,发展到"损伤容限及耐久性设计"。现代飞机的抗疲劳性能已大幅度提高,飞机寿命由原来数千小时上升到数万小时。

紧固件连接孔是飞机疲劳破坏的薄弱环节。结构的疲劳破坏多数由于表面(包括孔壁)产生疲劳裂纹,使整个结构破坏。因此,必须采取工艺措施,推迟孔壁初始裂纹的出现和延缓裂纹扩展的速度。这些措施就称为抗疲劳强化工艺技术。

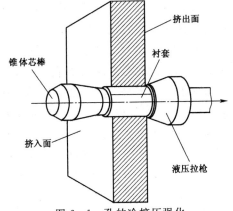

图 6-1 孔的冷挤压强化

(图中标注:挤出面、衬套、锥体芯棒、挤入面、液压拉枪)

提高疲劳寿命的工艺技术有渗碳、渗氮、干涉配合、喷丸强化、孔的冷挤压强化、压合衬套等。渗碳和渗氮属于零件制造表面处理技术。采用干涉配合铆接或干涉配合螺接,使孔壁形成一塑性变形层。喷丸强化是用钢珠丸、钢丝切割丸、玻璃丸打击结构的表面和孔壁(小孔不宜使用),使表面形成一残余压应力层。残余应力层的厚度和应力值取决于喷丸的工艺参数及零件热处理状态。孔的冷挤压强化是用干涉芯棒对孔进行胀形,其作用与喷丸相似,在孔壁产生一残余压应力层,挤压方式如图 6-1 所示。压合衬套是用压入法或冷冻法在孔内安装干涉衬套,使孔壁产生一塑性变形层。此法多用于孔边距较小的工件或对返修孔强化。

提高疲劳寿命的机理分析。结构孔经喷丸强化或冷挤压强化后,孔附近的残余应力分布如图 6-2 所示。当未强化的结构孔在间隙配合条件下,承载正弦交变应力时,由于孔边应力集中,孔壁应力变化如图 6-3(a)所示。经过喷丸强化或冷挤压强化后,由于存在残余应力,外载荷最大拉应力 σ_0 改变了。孔壁处实际最大拉应力 σ_{max} 远远小于 σ_0,但此时并未改变外载荷的幅值(A_0 不变),图 6-3(c)表示其变化情况。由于 $\sigma_{max} \leqslant \sigma_0$,结构受力状态改善,疲劳寿命增加。因为孔壁附近的压应力层可以推迟孔内初始裂纹的产生,并在裂纹出现后减缓裂纹扩展速度。

从图 6-3(b)可见,干涉配合虽使最大拉应力略有增加($\sigma_{max} > \sigma_0$),但它主要是减小了应力幅值($A < A_0$),改善了结构受力状态,形成了"支撑效应"。这种塑性变形层可以推迟裂纹的产生和减缓扩展速度,从而大大提高了连接结构的疲劳寿命。

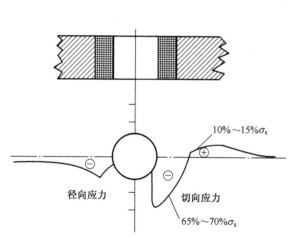

图 6-2 喷丸、挤压强化后孔的应力分布
(σ_s 为材料屈服强度)

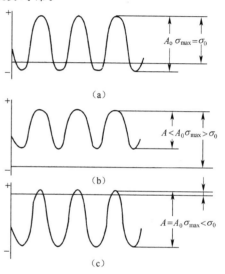

图 6-3 强化前后孔壁应力变化
(a)未强化的间隙配合; (b)经干涉配合或压合衬套;
(c)经喷丸或冷挤压强化

6.3 制 孔 技 术

6.3.1 钻孔及锪窝

1. 连接孔的制作要求

(1) 由于飞机结构上的成千上万个连接孔是在各连接零件组装在一起时,也就是在叠层状态下制出的,因此,当叠层件贴合不紧密时,每钻透一层板件,都会在板与板之间产生毛刺,这不仅会造成应力集中,还会妨碍零件的紧密贴合,从而降低连接零件之间的摩擦力。当刀具

每次钻出、钻入时，还会造成断屑。由于切屑的运动方向改变，切屑可能填充在板件之间，从而进一步妨碍叠层贴紧。当受到交变载荷时，便会加快磨损腐蚀的发展。为了避免切屑落入板件之间和减少毛刺，必须保证施加在叠层上的压力大于轴向钻削力，使得夹紧力完全消除连接零件之间的间隙，以确保零件贴合。

（2）试验表明，紧固件孔沿外载荷作用方向倾斜 2°，疲劳寿命会降低 47%，倾斜 5°，疲劳寿命可能降低 95%。所以对长寿命连接孔的制作，对孔的不垂直度要求不大于 90±0.5°。虽然对于刚性较低的飞机结构而言，要保证这么高的垂直度是有相当大的难度的，但在工艺上必须尽量采取措施满足要求。

（3）制孔中，孔壁轴向划痕是促使紧固孔疲劳性能降低的主要因素之一。这是因为轴向划痕引发的裂纹比螺旋形纹路、擦伤等有更快的扩展速率。具有高速旋转退刀功能的钻孔装置可以从根本上消除轴向划痕的产生，由此带来改进钻孔的寿命增益大约比普通钻孔提高 40%。

一般铆钉孔不需要铰孔，但是直径大于 6 mm，夹层厚度大于 15 mm 的铆钉孔，则需要铰孔。对于直径为 5 mm 的钉孔，虽然不用铰孔，但为了保证质量，常常先钻初孔，然后扩孔。当钻孔难于保证质量和钻孔效率很低时，例如在薄不锈钢零件上制孔，可采用冲孔。但对敏感性高的材料，如 TC4 不允许采用冲孔方法。在飞机装配中冲孔这种方法也很少使用，因孔常有裂纹、毛刺等缺陷。

（4）为保证飞机结构的耐久性要求，制孔中要使孔周的残余拉应力为最小，为此要选择合适的制孔工艺及工艺规范。

影响孔质量的因素主要有工件材料、钻头转速、进刀量、刀具的锋利程度等。

2. 钉孔位置的确定

钉孔的位置，一般是指边距、排距（或称行距）、孔距，这些在图纸上均有规定、允差一般是 ±1.0 mm。确定钉孔位置的方法有：

（1）按划线钻孔。这种方法虽然准确度低、效率低，但是简易可行，适用于新机试制。

（2）按导孔钻孔。即在相连接的一个零件上，按铆钉位置，预先制出较小的孔。导孔通常是制在孔的边距较小，材料较硬或较厚的零件上，在零件制造阶段就制出，装配定位后，钉孔按导孔钻出。如图 6-4 所示，蒙皮和长桁的铆钉孔，是按长桁上的导孔钻出的。这种方法的工作效率较高，常用于成批生产。

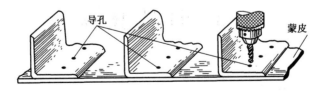

图 6-4 按导孔钻孔

（3）按钻模钻孔。为了保证孔的位置准确，使带孔的零件或组合件能够互换，而采用按钻模钻孔的方法。例如，某油箱底板上的检查口盖，每个口盖上有数十个托板螺帽，底板上有相应的螺钉孔，为了保证各口盖互换，其底板和口盖上的孔均按钻模钻出，如图 6-5 所示。

按钻模钻孔不仅能保证孔的位置准确，而且钻模上的导套有导向作用，还能保证孔的垂直度。

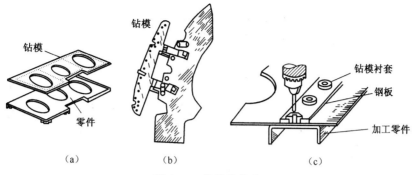

图 6-5 按钻模钻孔

3. 锪窝

铆接埋头铆钉时,钻孔后要去锪窝。

高速飞机上蒙皮与骨架之间的连接,主要用埋头铆钉。埋头窝的深度应严加控制,为了保证连接强度,埋头窝的深度只能取负公差,铆接后只允许铆钉头高出蒙皮表面,公差为 +0.1 mm,如图 6-6(a)所示。

如果埋头窝过深,如图 6-6(b)所示,蒙皮受力后,会使铆钉松动,降低连接强度。此外,埋头窝的轴线应该垂直于工件表面,以保证铆接后表面平整。现代高速飞机要求钉头不能突出壁板表面,埋头紧固件顶头凸出量公差为 0～-0.05 mm。

制埋头窝一般用锪窝,但当蒙皮厚度小于 0.8 mm 时,则应采用冲窝。根据蒙皮和骨架的厚度确定制窝方法,见表 6-1。

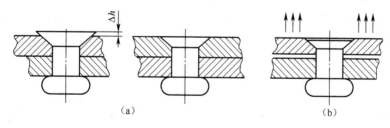

图 6-6 埋头铆接

(a)正确的埋头铆接; (b)深埋头窝的受力情况

表 6-1 蒙皮和骨架的厚度确定制窝方法

蒙皮厚度/mm	骨架厚度/mm	制窝方法	简 图
≤0.8	≤0.8	蒙皮骨架均压窝	
	>0.8	蒙皮压窝、骨架锪窝	
>0.8	不限	蒙皮锪窝	

压窝工艺过程:钻初孔→去除孔边毛刺→阳模准销插入工件孔中→阳模、阴模压紧工件→压窝→将初孔扩至铆钉孔最后尺寸,如图 6－7 所示。

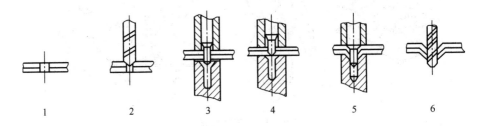

图 6－7 压窝工艺过程

锪窝有专用的锪窝钻,手工操作时,为了保证埋头窝深度公差,应采用能限制窝深的锪窝钻套。此外,还可采用复合钻,使钻孔锪窝一次完成,生产效率高。复合钻可以装在限制器上或直接夹在风钻上使用,也可装在自动钻铆机上使用。

6.3.2 制孔工具设备

1. 普通风钻

风钻的优点是:重量轻,尺寸小,可以手动控制,进气阀门可调节进气量,以调节转速,超载时会自行停转。常用的风钻,其钻孔直径为 2～6 mm,转速为 4 000～20 000 r/min。

弯头风钻与普通风钻的主体结构部分基本相同,不同之处是弯头风钻将普通风钻的钻夹头换成了带弹性夹头的弯头结构。

弯头是弯头风钻的特殊结构,它可适应各种狭窄部位钻孔之需。根据钻孔部位的要求不同,弯头角度也不相同,主要有 30°,45°,90°等,如图 6－8 所示。

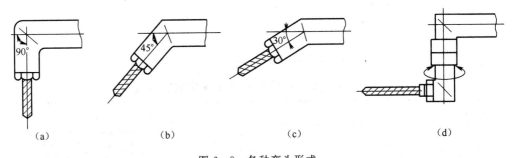

(a)　　　　　(b)　　　　　(c)　　　　　(d)

图 6－8 各种弯头形式

2. 制窝工具

铆钉窝锪钻带有 1：20 锥度的尾杆装在锪窝限制器中。在风钻上使用时则夹持尾杆的圆柱段。导柱有两种形式:柱形导柱用于一般部位;球形短导柱可用于斜面锪窝。单一式锪窝钻结构形式如图 6－9 所示。

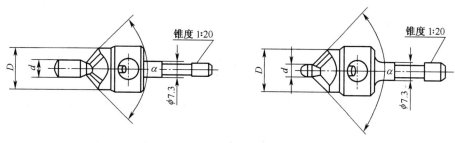

图 6-9　单一式锪窝钻的结构形式

锪窝限动器的结构形式如图 6-10 所示。锪窝限动器与锪窝钻配合使用,主要用来控制锪窝的深度。锪窝深度的调节是通过限动器的齿状部分的螺纹来进行的。

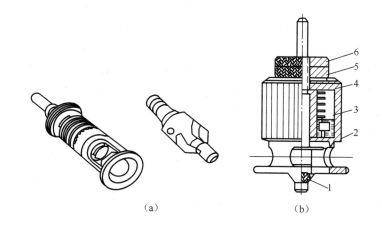

（a）　　　　　　　　　　　　　（b）

图 6-10　带限制器的锪窝钻

(a)外形图;　(b)构造图

1—带有导销的锪窝钻头;　2—壳体;　3—弹簧;　4—止推滚珠轴承;　5—限动螺母;　6—保险螺母

复合锪钻能一次完成钻孔和锪窝两道工序,生产效率高。孔与窝的同心度好,其结构如图 6-11 所示。

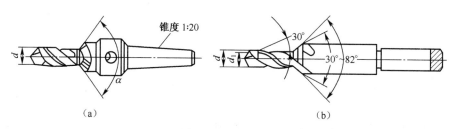

（a）　　　　　　　　　　　　　（b）

图 6-11　复合锪钻

(a)沉头铆钉锪钻;　(b)无头铆钉锪钻

6.3.3 孔强化

孔强化是对经过最终热处理构件上的孔进行孔周局部强化处理,产生弹塑性变形的工艺过程,是提高连接部位疲劳寿命的工艺方法。局部强化处理,既可用冷挤压进行,也可用滚柱滚压、激光轰击、喷丸强化等方法进行。从工程角度看,冷挤压操作简便、增寿效果好,是孔强化最有效的方法。

孔的冷挤压强化包括孔壁冷挤压强化、孔角与沉头窝的强化、孔周压印等。

1. 孔壁冷挤压强化

孔壁冷挤压强化是孔强化的主要内容,它是用一大端直径稍大于孔径的芯棒在充分润滑的条件下强行通过孔来进行的。芯棒通过孔后,使孔胀大并在孔周产生一强化层,疲劳寿命显著提高。

(1)孔壁冷挤压形式。按孔壁冷挤压强化所用工具不同,冷挤压有芯棒直接挤压和加套(开缝衬套)挤压两种。芯棒直接挤压是用拉枪或铆枪使芯棒通过孔,芯棒大端直接与孔壁接触。加套挤压芯棒不与孔壁直接接触,而通过开缝衬套冷挤孔壁(见图 6-12)。

与芯棒直接挤压相比,加套挤压具有以下优点:

1)可单面操作,不受开敞性限制。

2)由于有衬套,冷挤时材料轴向(厚度方向)流动小,孔壁不会被擦伤。

3)开缝衬套内壁有固态润滑膜,冷挤压时无须加润滑剂。

4)冷挤后孔出口凸台高度远较芯棒直接挤压的低,装配质量高。

5)疲劳寿命高。

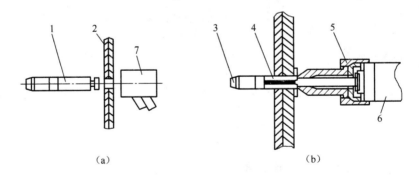

图 6-12　孔壁冷挤压形式

(a)芯棒直接挤压;　(b)加套挤压

1,3—芯棒;　2,7—工件;　4—开缝衬套;　5—枪端组件;　6—拉拔油缸;　7—拉枪

为了具体说明芯棒直接挤压和加套挤压两种方法效果的差异,表 6-2 给出了两组宽为 25 mm、厚为 3.8 mm、初孔直径为 5.32 mm 的 LY12CZ 板材双孔(孔距 90 mm)试件采用相同冷挤压工艺参数进行芯棒直接挤压和加套挤压后,在 Instron1253 试验机上试验($\sigma_{max}=$ 165 MPa,$R=0.06$,$f=20$ Hz)所得的结果。表中,$h_入$ 和 $h_出$ 是冷挤压后在孔的入口和出口

产生的凸台高度(见图 6-13),它对装配质量有显著影响。

表 6-2　直接挤压与加套挤压试验结果比较

挤压方法	孔边凸台高度/mm		疲劳寿命/千周
	$h_入$	$h_出$	
芯棒直接挤压	0.068	0.232	177
加套挤压	0.061	0.085	214

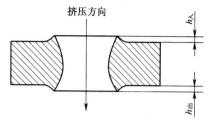

图 6-13　冷挤压产生的孔边凸台

(2)孔挤压增寿机理。孔壁冷挤压强化后,孔壁周围的应力及组织、孔壁表面质量均发生很大变化,从宏观和微观两方面提高了孔的抗疲劳性能。

1)残余压应力影响。芯棒挤入需强化的初孔后,紧靠孔壁一定深度的金属层产生塑性变形,而与该层紧邻的更深层材料产生弹性变形。当芯棒挤出时,弹性变形要恢复,对塑性变形层反向加载,在孔壁一定深度范围内产生残余压应力,形成了一层强化层(见图 6-2)。

当孔周承受恒定的拉伸外载荷时,与切向残余应力叠加,使合成的应力水平显著下降,从而提高了连接孔的承载能力。

当孔周承受交变外载时,与切向残余压应力叠加,交变载荷最大,应力值显著降低,从而提高了孔的抗疲劳性能。

强化层的厚度及强化层中残余压应力大小与挤压量(或称胀孔量)有关,图 6-14 给出了干涉配合和冷挤压孔周切向应力场。由图 6-14 可以看出,在干涉量与挤压量相同时,冷挤压能产生比干涉配合高得多的残余压应力,干涉配合的干涉量必须足够大才能在孔周产生负的切向应力,而冷挤压量很小即可产生残余压应力。

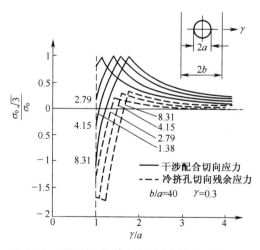

图 6-14　干涉配合和冷挤压孔周的切向应力场

由图 6-14 还可看出,对不同挤压量,残余压应力层的厚度不同。在此层之外,残余应力即为正值,因此边距必须足够大。

2)孔壁表面质量改善的影响。未冷挤压前的初孔表面是经钻、铰加工形成的,由一系列高度不同的波峰、波谷组成,粗糙度较大。挤压后,这些波峰、波谷被碾平,减少了微裂纹源,改善了孔的抗疲劳性能。

3）微观结构变化的影响。冷挤压后,孔壁表层金属发生塑性变形,组织结构变化,主要是位错密度升高,微观残余压应力增加,可阻碍金属晶体滑移,使孔的抗疲劳和抗腐蚀能力提高。

在以上所述的三个增寿机理中,第一个是主要的。

2. 孔角与沉头窝强化

（1）孔角的强化。经钻铰加工而成的孔,孔边尖角（以下简称"孔角"）存在较大的应力集中,影响连接寿命。孔冷挤压后,孔角会产生凸台,凸台内有大量毛刺,应力集中更为严重,是疲劳破坏的疲劳源。孔角强化对提高疲劳寿命是非常重要的。

孔角强化有两种方法:一是孔边倒角,二是在孔边倒角的基础上再进行圆弧压印。对于一般工艺孔及连接孔,采用孔边倒角即可,只有那些对寿命有特殊要求的孔才需采用圆弧压印的方法。

圆弧压印是沿着孔、沉头窝或开口的边缘进行冷加工,以获得半径为 0.75 mm 的高光洁度圆弧表面,从而产生残余压应力,改善疲劳性能。孔边倒角虽能减缓应力集中,但由于无残余压应力,疲劳性能的改善不如圆弧压印。另外,圆弧压印不仅可用于圆孔,而且可用于非圆形的槽口。

圆弧压印的程序为:

1）将孔倒角（0.25±0.05) mm×45°±5°;

2）涂润滑剂;

3）圆弧压印,零件厚度大于 2.3 mm 时,用图 6-15 所示的圆弧压印模压印,零件厚度小于 2.3 mm 时,则只在零件单侧进行压印。压印既可在推压设备上进行,也可用拉枪完成。压印量通常用压力来控制;

4）若有需要,最终还需铰孔,以便安装紧固件或衬套。

（2）沉头窝的强化。沉头窝由窝壁及窝底组成,窝壁指 100°的锥面,窝底指窝壁与直壁的交界部位（尖角）。前面介绍加套挤压法挤压沉头孔时,是直壁与窝壁同时冷挤压,窝并未强化。而沉头窝的强化主要是窝底的强化。

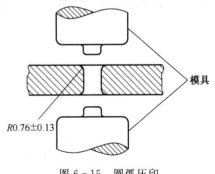

R0.76±0.13

模具

图 6-15　圆弧压印

窝底的强化,可以采用窝底倒角或挤压的办法进行,前者寿命约提高 10%,后者可提高 40%,但后者工艺较复杂。

窝底的强化工艺包括:

1）窝底倒角。100°沉头窝窝底为 50°的尖角,应力集中较大,用 60°钻头倒成 0.25×30°的倒角后（见图 6-16）,应力集中缓解,疲劳性能改善。倒角后应去毛刺。

2）窝底挤压。窝底挤压应用专用工具进行,图 6-17 所示为挤压头,头部锥角比沉头窝锥角小 0.5°～1°。挤压前先在窝底和挤压头上涂润滑剂,挤压时通过载荷大小来控制挤压量。

3. 孔周压印

前文介绍的挤压强化方法,只适用于圆柱形钉孔,下面将要介绍的孔周表面平底压印和圆环压印强化法,不仅适用于圆柱形孔,而且适用于非圆形孔。这两种压印强化的机理与工艺程序相同,仅模具有差异。下面将简要介绍平底压印法。

压印强化因类似于硬币的图案而得名。平底压印是沿着构件厚度大于 4.77 mm 的孔或开口的边缘压印出高度光洁的曲率为 0.76 mm 的圆弧,同时在孔或开口两侧压印出深度为 $0.025 \sim 0.43$ mm(取决于材料厚度)的平底浅坑。图 6-18 为圆孔平底压印后的外观,图 6-19 为开口平底压印后的外观。

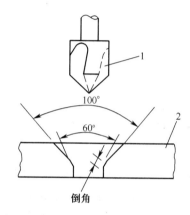

图 6-16　窝底强化

1—钻头或销棒;　2—工件

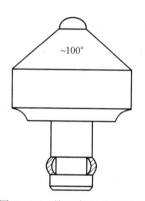

图 6-17　挤压窝底的挤压头

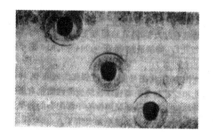

图 6-18　圆孔平底压印后的外观

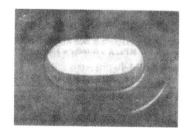

图 6-19　开口平底压印后的外观

平底压印应在最终热处理和校正后在室温下进行。压印的大致程序为:

1)检查平底压印区域的剪刀差、波纹、刮刀印等缺陷,其深度不得超过 0.025 mm;

2)用 5 倍以上的放大镜检查压印模具是否有损坏现象。模具表面应无脏物、钻屑、裂口或其他损坏现象;

3)去除孔或开口边缘的毛刺;

4)涂润滑剂;

5)利用模具(见图 6-20 和图 6-21)在专用设备上进行压印;

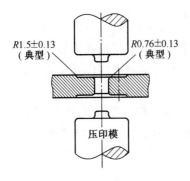

图 6-20　圆孔平底压印　　　　　　　　　图 6-21　平口平底压印模

6)检查压印深度和有无伤痕；

7)如有必要,对孔进行精加工。

6.4　铆　接　技　术

铆接是近代飞机结构中应用最广泛的连接方法。从 20 世纪 30 年代飞机机体采用铝合金薄壁结构以来,直到现在,它仍然是飞机结构的主要连接方法。其原因在于它比较能适应飞机结构及其装配工作的要求,主要表现在:操作工艺容易掌握,铆接质量便于检查,所产生的故障比较容易排除,因此铆接强度比较稳定可靠;铆接所用工具设备机动灵活,能适应比较复杂和不够开敞的结构;它又能应用于各种不同材料之间的连接。这些正是其他连接方法目前还难以做到的。

但是,铆接方法无论在结构上或在生产上都存在一些缺点:在结构上它既削弱了强度又增加了质量,而且铆缝的疲劳性能低;铆接变形比较大;蒙皮表面不够平滑;铆缝前密封性又差。在生产上劳动强度大,钻铆工作的生产率低;劳动条件差等。这些缺点,正推动着铆接工艺的发展。由于铆接工具设备不断改进,新的铆接方法不断采用,使铆接结构的疲劳寿命和密封性能都有了显著提高。此外,铆接工作量大,需要不断提高铆接的机械化、自动化程度,以提高铆接质量,改善劳动条件,提高劳动生产率。为此发展了各种形式的自动铆接设备。

由于飞机机体各部位结构的要求不同,因此飞机装配中需采用各种不同的铆钉和铆接方法。现就各种铆钉的铆接工艺过程和工艺方法简要分述如下。

6.4.1　普通铆接

普通铆接是指最常用的凸头或埋头铆钉铆接,其铆接过程是制铆钉孔、制埋头窝(对埋头铆钉而言)、放铆钉、铆接,如图 6-22 所示。

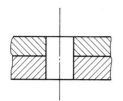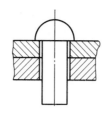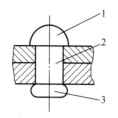

图 6-22 铆接典型工序

1—钉头； 2—钉杆； 3—墩头

铆接过程是把钉杆镦粗，并在钉杆的一端形成镦头。镦头尺寸在国标规定的范围内时，铆缝的强度最大，同时选用的钉杆长度最短。当镦头直径 D 过大或过小，超出 $D=(1.5\pm0.1)d_{杆}$ 时，铆缝质量就较差，强度降低。铆钉长度的选择和镦头尺寸要求见表 6-3。

表 6-3 铆钉长度的选择和镦头尺寸要求

铆钉直径 d/mm	铆钉长度 L/mm	镦头直径 D/mm	镦头高度 h/mm	简 图
2～3	$1.4d+S$	$(1.5\pm0.1)\times d$	0.4d	
3.5～4.0	$1.3d+S$			
5～6	$1.2d+S$	$(1.45\pm0.1)\times d$		

铆接方法根据作用力的不同，可分为锤铆和压铆。锤铆是利用气动铆枪以冲击载荷进行铆接，按锤击铆钉的部位不同，又区分为正铆和反铆，如图 6-23 所示。正铆是铆枪在钉杆一面直接锤击钉杆，而用较重的顶铁顶住铆钉头；反铆恰相反，铆枪在钉头一面锤击而顶铁顶住钉杆。正铆法的主要优点是工件表面质量好，引起工件的变形较小；它的缺点是要求顶铁重，工人劳动强度大，而且铆枪要进入工件结构内，要求开敞可达。反铆法的显著优点是顶铁轻巧，质量一般为正铆用顶铁的 1/4，操作灵活方便，受工件结构限制较少，而且部分锤击力能促使工件紧贴消除间隙；但反铆易使工件变形，甚至造成钉头附近局部下陷。在飞机生产中广泛采用反铆法，而对于工件表面平滑度要求高的部位，应尽可能采用正铆法。

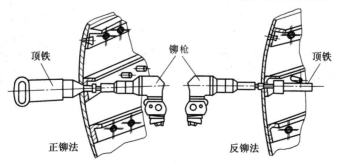

图 6-23 正铆法和反铆法

铆枪是用于锤铆的工具,体积小,质量轻,使用机动灵活,但是噪声太大,长期使用铆枪易患职业病,为此,设计了打击频率低,冲击能量大的铆枪。顶铁在铆接时起顶撞作用,其形状、尺寸和质量取决于工件构造、铆钉材料、铆钉直径以及所采用的铆接方法。顶铁应有足够的质量,如果质量不够,致使铆钉欠铆或出现裂纹。估算顶铁质量的经验公式为

$$\omega_{反} \geqslant 0.5d \, (kg)$$

式中　　$\omega_{反}$——反铆时的顶铁质量(kg);

　　　　d——铆钉直径(mm)。

$$\omega_{正} \geqslant 2d \, (kg)$$

用铆枪进行铆接,虽然能达到一定的要求,但还存在以下问题。

(1)铆接质量不稳定。铆接质量在很大程度上取决于工人的技术水平,容易产生孔径超差、铆钉孔错位、埋头窝过深、铆钉头未贴紧零件、镦头偏斜、夹层有间隙等缺陷,这些缺陷都将降低铆接强度。

(2)铆接变形大。用铆枪进行铆接,铆钉杆镦粗不均匀,靠近镦头部分镦粗较大,而靠近钉头部分镦粗很小,铆接后钉杆呈圆锥形,因此会使工件产生翘曲变形。

(3)劳动强度大,噪声大,振动大,劳动条件差,在铆接大直径的铆钉时更为突出。

(4)劳动生产率低。

因此,应尽量用压铆代替锤铆。

压铆是利用压铆机的静压力使铆钉杆胀粗并形成镦头。压铆时无噪声和振动,钉杆镦粗比较均匀,工件的铆接变形较小,连接强度比锤铆高2%~3%,铆接质量稳定,生产率高。因此生产上应尽可能多用压铆,要求提高压铆率。但能否采用压铆,主要取决于工件结构的开敞性,压铆率已作为评价铆接结构工艺性的重要性指标之一。

现用的压铆机,按其使用特点有图6-24所示的手提式压铆机和图6-25所示的固定式压铆机。

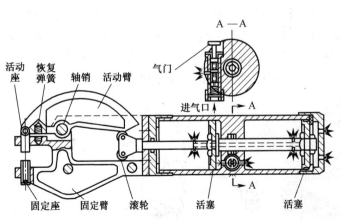

图6-24　拉式手提式压铆机结构原理图

图6-25　固定式压铆机

6.4.2　密封铆接

飞机在高空中飞行,气压随飞行高度增加而降低,为了使座舱内有一定的气压,保证乘坐人员有舒适的乘坐环境,舱体就必须密封。由于飞机经常处于高温、严寒、雨淋、日晒恶劣环境中飞行,密封要求比较高。

现代飞机的机身和机翼的一部分结构形成整体油箱。要求整体油箱不漏油,在高温或低温下以及各种载荷的情况下,都要保证不漏油。

基于上述要求,密封铆接结构应能够承受一定的内外压差,例如,对气密座舱可能达到0.8 MPa,对于密封材料要求能承受从$-70℃$至$+100℃$(对高温密封达$+300℃$)的温度变化,且在各种气体、燃油、氧气中能保持稳定,密封结构不仅能承受静载荷,还能承受振动载荷。总之,在强度、密封、质量、寿命等方面都有严格的要求。

普通铆接不能密封,其泄漏途径如图 6-26 所示,一是沿铆钉(或螺钉)与钉孔之间的缝隙泄漏,二是沿零件之间的缝隙泄漏。密封铆接的作用就是消除这些缝隙以堵住泄漏。

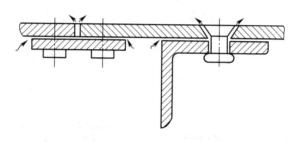

图 6-26　铆缝泄漏途径

1. 密封形式

(1) 缝内密封。缝内密封是在零件之间的贴合面上以及钉孔处涂以密封胶、腻子或敷上胶膜,如图6-27 所示。缝内密封既能消除通过铆钉孔的泄漏,又能消除通过零件间的泄漏,因此是一种可靠的密封方式。各零件在涂胶前要进行预装配制出钉孔,然后分解去毛刺,用汽油丙酮清洗和涂胶,再重新装配并对准孔,最后铆接或螺接。因此,缝内密封工序烦琐,工作量比普通铆接约大 3 倍。

密封胶有一定的活性期,超过这个时间,胶就失去黏性,影响密封性能,因此涂胶以后必须在规定时间内铆完。缝内也可以用密封胶膜,其突出的优点是涂敷方便、干净,改善了劳动条件。

(2) 缝外密封。铆接以后,在铆缝外涂以密封胶,称为缝外密封,如图 6-28 所示。因为缝外密封是在结构装配和连接好以后进行的,所以工序比缝内密封少,多数的情况是与缝内密封同时采用,以确保结构的密封性。涂胶时先洗净铆缝处,刷第一遍稀胶,使胶液渗透到夹缝中,然后再在铆缝及铆钉上刷第二遍稠胶,最后用刮铲刮掉气泡。

(3) 表面密封。表面密封是在缝内、缝外密封之后,再涂一层密封胶,用于整体油箱,以确保结构的密封性能。图 6-29 所示为同时采用 3 种密封形式的示意图。

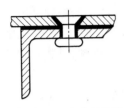

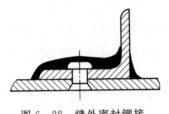

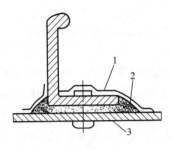

图 6-27　缝内密封铆接　　　图 6-28　缝外密封铆接　　　图 6-29　典型密封形式

1—表面密封；　2—缝外密封；　3—缝内密封

（4）紧固件自身密封。凡具有干涉配合的铆钉和螺栓，以及图 6-30 所示的 4 种铆钉，铆接后都具有自身密封性能。图 6-30 中（a）为镦埋头铆钉，从密封性能上看，镦埋头铆钉铆接后，在埋头部分铆钉和孔形成紧配合，从而取得良好的密封性。图 6-30 中（b）为全冠头铆钉，图 6-30（c）为半冠头铆钉，常用于气密座舱。图中（d）是在冠头铆钉的基础上发展起来的，称为 BRILES 铆钉，埋头的锥度较小，其凸出部分有倒角，高度较小，顶部是平面，便于手铆。

图 6-30 中（b）（c）（d）三种密封铆钉结构，与普通铆钉相比较，有以下特点：①钉杆端面带圆角；②铆钉头上表面带圆弧凸面或锥形凸面。这两点共同的作用是在铆接时减少铆钉与铆卡和顶把的接触面积，使作用力集中在钉杆的中心线附近，有利于钉杆的镦粗，起到自身密封作用。

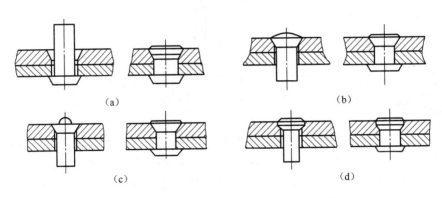

图 6-30　密封铆钉

（a）镦埋头铆钉；　（b）全冠头铆钉；　（c）半冠头铆钉；　（d）BRILES 铆钉

其他还有锥形钉杆的铆钉及铆钉上附加铝套或橡胶圈的密封方法（见图 6-31）等。

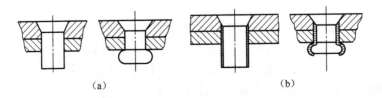

图 6-31　橡胶圈和铝套密封

2.密封材料

对密封胶的要求,第一是对金属要有很好的黏合力,在结构受力和产生变形的情况下也能保证可靠地密封;第二是耐老化性能,要求和飞机有同样的使用寿命;第三是在汽油、煤油中,在低温、高温下密封胶仍能保持良好的密封性能;第四是密封胶要有良好的工艺性能,不能有毒性。除此,还须满足下述要求。

(1)密封胶配好后的工艺期限要宽。其工艺期限分为:

活性期——又称涂敷期限。活性期是密封胶配好后到涂敷所允许的最长时间。超过此期限密封剂失去流动性,不允许再使用。

施工期——又称装配期限,从活性期终了时算起,到装配完成所允许的最长时间。在此期限内,密封胶保持必要的塑性,以保证配合面良好的密封。施工期一般为活性期的 2~4 倍。

初始硫化期——密封胶达到起码的硬度,可以作充压试验,达到这个状态所需要的时间,称为初始硫化期。

上述三种期限,可通过密封胶内促进剂的加入量来调节。例如,活性期可在 0.5~16 h 之间,这无疑对于施工是有利的。在修理时,希望活性期短;在大面积密封铆接时,希望活性期长。用于缝外密封的,活性期为 0.5~4 h;用于缝内密封的,为 4~16 h。

(2)密封胶在缝外填胶、铆钉头堆胶时,要有良好的堆砌性能。在垂直面或斜面上涂胶时不会流淌。

(3)有较长的储存期,至少半年以上,在这期限内,很容易混炼,不必使用炼胶机。

密封铆接中使用的密封胶,主要是聚硫橡胶。我国从 20 世纪 50 年代中期开始研制密封胶,最早研制出 XM - 15 胶,后发展为 XM - 16,XM - 18,XM - 22,XM - 23,XM - 28,XM - 33,XM - 40,XM - 44,DB - XM - 1 等数种。整体油箱的密封剂常用 XM - 15 和 XM - 22;油的铆缝密封则用 XM - 40;当整体油渗漏需快速修补时,则可用新型包装自行混合注射的密封剂 DB - XM - 1。使用胶膜的优点是涂敷方便、干净,胶层均匀。在密封材料中,还有密封腻子,用不干性腻子注射在铆缝附近的预制沟槽中,用来堵住铆缝的泄漏。

3.密封试验

密封试验极为重要,要求密封的结构部位或单独的装配单元,装配后必须经过严格试验。密封试验有气密试验和油密试验。

气密试验是向密封容器内充以压缩空气,观察在一定时间内的压力降。例如,气密座舱,先增压至规定压力值,再关闭气源,10 min 内压力下降小于 5%,则为合格。

油密试验是在整体油箱内装 80% 的燃油,充以一定的压缩空气,在连接件与结构间的缝隙处涂上试剂,在各种状态下停放一段时间,观察有无燃油渗漏。上述试验合格后,油箱不充压,模拟各种状态,再停放 14~21 h,如不渗油即算合格。

6.4.3　干涉配合铆接

干涉配合铆接是指通过铆接工艺过程,使沿整个夹层厚度内的钉孔乃至沉头窝均能与钉杆间获得一定的干涉量的铆接方法。干涉配合铆接与其他连接,如螺栓、销钉类紧固件的干涉配合连接不同,后者在安装前钉杆大于孔径,需用机械或冷冻法安装,而干涉配合铆接用的钉杆在施铆前与钉孔之间的配合是有间隙的,两者之间的干涉量是在施铆过程中形成的。

1.干涉配合

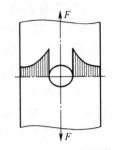

图 6 - 32　紧固件孔附近的应力集中

干涉配合是指连接后钉杆和钉孔之间为紧配合。它是一种连接强化技术,能显著提高结构的疲劳寿命,并获得良好的密封性。目前,干涉配合铆接和干涉配合螺接已广泛应用于飞机结构中。

采用紧固件连接的构件承载时,孔附近会产生很大的应力集中,如图 6-32 所示。这种情况对结构的疲劳寿命有不利影响。如果采用干涉配合连接,则在交变载荷作用下,在钉和孔的接触面产生了较大的摩擦力,摩擦力承担了一部分外载荷;此外,干涉配合在孔边缘处产生预应力,也会使孔边缘处切向拉应力的变化幅度显著降低。因此,推迟了初始裂纹的萌生,降低了裂纹的扩展速度,疲劳寿命也会随之大幅度提高。松配合与干涉配合的应力水平和疲劳寿命对比情况见表 6-4。

表 6 - 4　松孔配合与干涉配合的应力水平和疲劳寿命对比情况

连接方法	松孔配合	干涉配合
受外载荷后的应力水平	482MPa $\sigma_m=241MPa$ $\sigma_a=241MPa$	241MPa $\sigma_m=361.5MPa$ $\sigma_a=120.5MPa$
疲劳寿命	11 000 N	60 000 N

干涉量大小,对于疲劳寿命有很大影响,干涉量过大或过小都不利。最佳的干涉量应满足:①使应力的变化幅度减少到最小,同时减小平均应力;②由于干涉量产生的预应力,不会引起结构变形;③预应力小于产生应力腐蚀的临界值;④干涉量大于孔切削刀痕的深度。

实践证明,对于铝合金的无头铆钉铆接,其干涉量取 1.5～3.0 为宜。

2. 干涉量的计算方法

干涉配合铆接的干涉量是铆接后由于铆钉杆镦粗而使铆钉孔胀大的量。干涉量的评定指标有绝对干涉量和相对干涉量。

绝对干涉量为

$$I = d_i - d$$

式中　I——绝对干涉量(mm);

d_i——铆接后的铆钉直径(mm);

d——铆接前的铆钉孔直径(mm)。

为了便于对不同直径铆钉的干涉量进行比较,通常使用相对干涉量为

$$\Delta = \frac{d_i - d}{d} \times 100\%$$

式中　Δ——相对干涉量(mm);

　　　d_i——铆接后的铆钉直径(mm);

　　　d——铆接前的铆钉孔直径(mm)。

3.干涉量的测量技术

由于干涉配合铆接的干涉量是铆接后形成的,受工艺过程的影响,钉杆直径的镦粗量沿杆分布不均匀,不易保持圆度。因此,规定对试件解剖测量铆钉杆某些位置的干涉量,如图6-33所示。试件解剖方法通常有两种:横切法和纵切法。

(1)横切法:用铣刀按图6-33逐层铣切并打磨光,将试件浸泡在10%～15%浓度的氢氧化钠水溶液中,历时10～15 min,用水冲洗;再在5%～10%浓度硝酸水溶液中浸泡3～5 min,用水冲洗并擦净。用工具显微镜测得每层互相垂直两个方向的直径,然后取平均值 d_λ,并计算各层的干涉量。

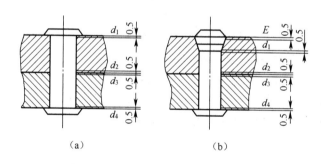

图 6-33　干涉配合铆接干涉量的测量部位图
(a) 沉墩头型;　(b) 平锥墩头形

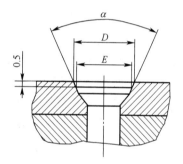

图 6-34　沉镦头窝测量层的直径

锪窝层干涉量的测量,需求出测量层处的铆前窝直径,按公式计算干涉量,如图6-34所示,即

$$E = D - \tan\frac{\alpha}{2}$$

式中　E——沉镦头窝测量层铆前直径(mm);

　　　D——沉镦头窝直径(mm);

　　　α——沉镦头窝角度(°)。

(2)纵切法:沿孔轴线将板切开,取出铆钉直接测量钉直径。采用该方法时铆钉取出后有回弹,不如横切法准确,但测量方便。

4. 干涉配合铆接的类型

干涉配合铆接按所用的铆钉分为普通铆钉干涉配合铆接、冠头铆钉干涉配合铆接和无头铆钉干涉配合铆接。

（1）普通铆钉干涉配合铆接。干涉配合铆接是在铆接过程中，用控制各工艺参数的办法，铆接后使铆钉杆和孔获得预定的干涉量，从而达到提高构件疲劳寿命和密封的目的。传统的铆接方法，不管是压铆、正铆和反铆，都只能在局部位置获得干涉量。一般在镦头附近，干涉量可达3%左右，但在夹层中间和埋头窝附近，干涉量很小，或有间隙，如图6-35所示。上面提到的工艺参数包括钉孔直径、埋头窝尺寸和精度要求、钉杆外伸量、铆模形状、镦头直径、高度和形状、机床设备型号及功率等。

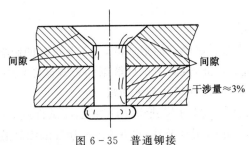

图 6-35　普通铆接

（2）冠头铆钉干涉配合铆接。冠头铆钉是由普通沉头铆钉发展而成的，它是在沉头铆钉头部平面上有一冠头突起。施铆时，冠头部分的金属几乎全部被压入沉头窝和孔中，引起铆钉两面变形，在钉头和镦头区都形成干涉，所以疲劳寿命有较大的提高。根据冠状参数不同，又分为半冠、全冠、凹冠，俄罗斯的冠头铆钉称为"带补偿头铆钉"，它将头部改为锥形突起。所有各种冠头铆钉均有凸起的形状和参数间的差别（见图6-36），其中全冠比半冠形成的干涉量大，凹冠铆钉因为头部有个平顶面，铆接时不会打偏，所以这种铆钉的工艺性较好。冠头铆钉适用于叠层厚度较小的气密舱壁板和组合件。施铆时采用反铆法，锪窝直径是确保沉头窝部位干涉量的最重要参数，可通过专用的锪窝量规加以控制，施铆后无须进行钉头铣平工序。

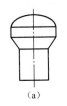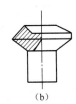

(a)　　　　　(b)　　　　　(c)　　　　　(d)　　　　　(e)

图 6-36　各种冠头钢钉

(a)BACR15DG；　(b) ms4218/ms4219(抗拉)；　(c) NAS1097；
(d) S4579428/S4579459(抗拉)；　(e) LS15840

冠头铆钉相对普通铆钉可以改善铆接结构的性能，主要有下述原因。

1）铆枪的铆卡与冠头铆钉钉头面的接触和钉杆端与顶把之间的接触，基本上呈等面积接触，铆接时铆枪的作用力与顶把的反作用力呈直线，且作用力和反作用力近似相等。这有利于冠头部分多余材料向窝内流动，促使沉头窝部分膨胀，并改善钉杆在孔和沉头窝交接处的充满程度，形成较大的干涉量。

2）因为铆钉冠头部分高出零件沉头窝表面，使得铆卡和零件表面分离，铆接时铆卡不会冲击到零件表面，所以可明显地改善铆后结构的平整度。

3）冠头铆钉铆后不需铣平，从而排除了由于铣平造成损伤蒙皮的可能性。

（3）无头铆钉干涉配合铆接。

无头铆钉铆接是将没有铆钉头的实心圆杆作为铆钉。铆钉在压铆过程中镦粗,同时在两端形成钉头和镦头。对于埋头铆钉,再将凸出外表面的部分铣平,如图6-37(a)所示,有的无头铆钉铆成凸头,如图6-37(b)所示。

无头铆钉的埋头窝制成82°和30°两个锥度,锥度比90°埋头窝要小,如图6-38所示,其尺寸大小见表6-5。图中 H 为板件在埋头窝一边的材料厚度,其最小值为0.6D,大于埋头窝深度 h(0.4D)。

埋头窝采用这种形状有两个原因:①既保证铆钉具有一定的连接强度,埋头窝的锥度又要尽量小,这样易于填满埋头窝,保证密封性能和干涉配合均匀;②可以减少压铆力,否则压铆力太大,铆钉容易出现裂纹,且易引起工件变形。

图6-39是120°和60°的双锥度埋头窝,也是用于无头铆钉铆接,从图中看出,在埋头窝中填充的金属重量要得多,相应压铆力要大。

采用无头铆钉铆接的优点:铆接后沿顶杆全长可形成均匀的干涉配合,并能够可靠地保证铆钉自身的密封性。

无头铆钉铆接后所获得的干涉量的大小和均匀程度,与以下工艺参数有关:

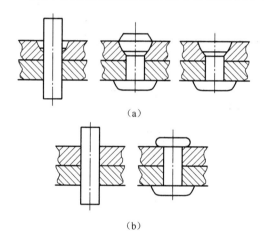

图6-37 无头铆钉铆接

（a)铆成埋头； （b)铆成凸头

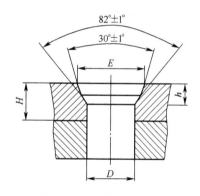

图6-38 双锥度埋头窝

表6-5 无头铆钉埋头窝尺寸 单位:mm

埋头窝尺寸	铆钉直径		
	$4.0^{+0.05}$	$5.0^{+0.05}$	$6.0^{+0.05}$
$D^{+0.078}$	4.08	5.08	6.08
$E\pm0.1$	5.6	7.0	8.4
$h\pm0.1$	1.6	2.0	2.4
$R\pm0.1$	1.0	1.3	1.3

1) 铆接前钉与孔的间隙和埋头窝深度。这两者都影响压铆时填充金属的多少,从而影响

到干涉量的大小。钉和孔间隙范围,取决于无头铆钉和钉孔的公差,要求比普通铆接严,规定孔径公差为 $4^{+0.15}_{+0.08}$ mm,铆钉直径为正公差 $+0.05$ mm,因此钉杆与孔的间隙为 $0.03\sim0.15$ mm。试验证明,当间隙超过 0.25 mm 时,就不易形成干涉配合,间隙过小,铆接时安装铆钉困难。

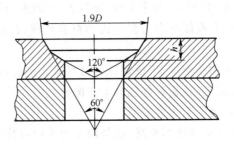

图 6-39　双锥度埋头窝

虽然埋头窝的形状是由钻锪刀具决定的,但是埋头窝深度 h 值(见图 6-38)则和钻锪头行程有关。若埋头深度增大,在同样钉杆长度的前提下,干涉量就减小。

2)铆接前铆钉的外伸量。它取决于铆钉的长度,它对于形成的干涉量影响较大。理想的外伸量,将其折合成体积,应略大于图 6-40 中所示凸出部分 1、埋头窝 2、间隙 3 以及镦头 4 四部分体积的总和,图中所示 H_1,H_2 值如果太小,则不足以形成所要求的钉头和镦头,同时得不到预期的干涉量。增大外伸量,会使干涉量变大。

3)铆模形状。干涉配合的铆接,不宜用平铆模。用凹铆模可以限制钉杆材料横向流动。凹铆模边上的法向分力,可以强迫钉杆材料向钉孔内流动,有利于形成较均匀的干涉配合。铆模底部直径越接近于铆钉直径,效果也越明显。

影响干涉量的还有压铆力、压铆时铆模的闭合高度(即铆接后铆钉上表面和镦头下表面之间形成的高度 H)如图 6-40 所示。调整 H 值,可以得到不同的干涉量。

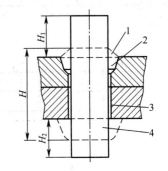

图 6-40　无头铆钉铆接时的外伸量
1—凸头部分；　2—埋头窝；
3—间隙；　4—镦头

另外,干涉配合的无头铆钉铆接,要求钉孔表面粗糙度低于普通铆接,规定为 $Ra3.20$,孔壁容许的划伤深度为 0.04 mm,在接近零件表面处,不允许有划伤,这些划伤虽然不影响干涉量,但裂痕会降低疲劳寿命和气密性能。

6.4.4　特种铆接

为适应机体结构比较封闭的特点,当铆接部位只有一面开敞可达时,就采用较多的各种单面铆接的铆钉。在承受很大剪力的构件上,采用高抗剪铆钉和环槽铆钉替代许多抗剪螺栓和钢铆钉。对这些单面铆钉、高抗剪铆钉和环槽铆钉,还有钛合金铆钉的铆接,就称它们为特种铆钉的铆接。现就它们的一些特点进行分述。

1. 单面铆接

为适应飞机结构内部连接的需要,通常使用能单面施铆的单面铆钉。如在机翼、尾翼前缘蒙皮和进气道蒙皮等处(见图 6-41)以及复合材料结构的连接。

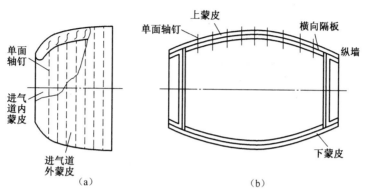

图 6-41　单面铆接的常用部位-进气道内蒙皮铆接
(a)进气道内蒙皮铆接； (b)上翼面铆接

单面铆接时的噪声小,可一人操作,用于排除故障或返修,能简化施工,提高质量。单面连接件分铆接型和螺接型两大类。图 6-42 给出了 5 种单面抽芯铆钉,即图 6-42(a)的自锁式抽钉,图 6-42(b)的拉通式抽钉,图 6-42(c)的机械锁紧芯杆鼓包型抽钉,图 6-42(d)的机械锁紧芯杆拉丝型抽钉和图 6-42(e)的 Cherry max 抽钉和 Cherry maxA 抽钉。图 6-43 示出了各种单面螺钉。

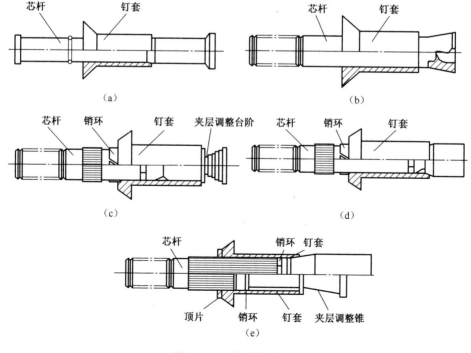

图 6-42　单面抽芯铆钉

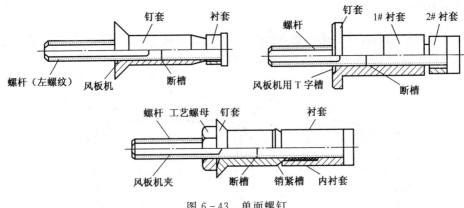

图 6-43 单面螺钉

以机械锁紧芯杆拉丝型抽钉为例,说明它的铆接过程,其工作过程如图 6-44 所示,包括以下几步。

(1) 铆接前,将抽钉放入孔内,此时结构夹层间有间隙。

(2) 用拉枪将芯杆拉入钉套内(一动),形成镦头并夹紧夹层消除间隙,开始拉丝和填充孔。

(3) 完成拉丝及填充孔,待断槽与钉套平顶处齐平时,拉枪自动转位压环(二动),压环完成。

(4) 拉枪继续拉,芯杆从断槽处拉断。

(5) 用风动铣切器(对埋头钉)铣去凸起处。

从上述安装过程中可以看到,拉丝成形,孔填充满,镦头附近有干涉量;有自动夹紧铆接夹层消除间隙能力,芯杆是机械锁紧的,耐振动和耐疲劳,拉枪动作复杂,需要"双动"才能完成拉铆。

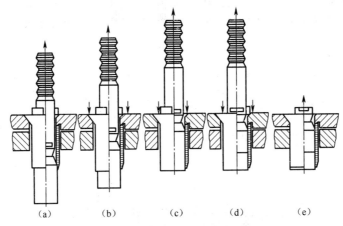

图 6-44 拉丝型抽芯铆钉铆接工艺过程

(a)放钉; (b)将芯杆放入钉套; (c)继续抽拉芯杆,开始压入锁环; (d)压入锁环;
(e)芯杆被拉断,完成拉铆

鼓包型抽芯铆钉铆接工艺过程如图 6-45 所示。

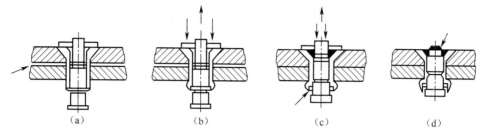

图 6 - 45　鼓包型抽芯铆钉铆接工艺过程

(a)放入铆钉；　(b)将芯杆拉入钉套；　(c)继续拉芯杆剪切环被剪切；　(d)压入锁环,形成镦头

（1）将铆钉塞入拉铆枪的拉头内,拉头端面应与钉套上的垫圈相贴合,拉头内的卡爪将铆钉夹住(注意此时的铆钉不可从拉头内退出,若要退出,必须分解拉头)。将铆钉放入孔内,使拉铆枪垂直于结构件表面并压紧,以消除结构件之间的间隙。

（2）将芯杆拉入钉套,扣动扳机,拉头顶住垫圈,继续向上抽拉芯杆,芯杆上剪切环被剪切并留在镦头内,开始压入锁环。

（3）锁环填满芯杆凹槽,形成镦头,在拉铆枪的拉铆力达到一定值后,芯杆在断槽处断裂,被拉断的残尾杆从拉铆枪中自动弹出。

单面螺钉如图 6 - 46 所示,它具有强度高和操作方便等优点,其操作过程为:

（1）将单面螺钉插入孔中,用铆接工具的夹头夹住螺钉,同时把螺母压紧。

（2）铆接工具中的旋转夹头做逆时针转动,螺丝杆向上运动,迫使变形环沿螺母尾锥面向上滑动并开始胀大旋转头继续旋转,变形环开始压紧工件表面,消除夹层间隙,夹紧工件。

（3）螺丝在预定的扭矩下被扭断,修平多余部分,涂上防腐剂。

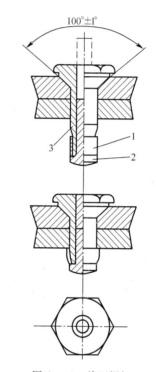

图 6 - 46　单面螺钉

1—变形环；　2—螺丝；　3—带内螺纹的钉套

2. 环槽铆钉铆接

环槽铆钉,又称虎克(HUCK)钉,由带环槽的钉杆与钉套两部分组成,铆成后的环槽铆钉如图 6 - 47 所示。在铆接环槽钉时,不是镦粗钉杆,而是用拉枪将钉套的一部分材料挤到钉杆的环槽内,形成紧固件,起到螺母的作用,可以一人安装,但它不属于单面铆接。

环槽钉分为抗拉型和抗剪型,图 6 - 48(a)所示为抗拉型,即与钉套铆接的环槽部分较长,钉头较大,可以承受较大的拉力；图 6 - 48(b)所示是抗剪型,钉头是扁平的,环槽较少。

根据铆接成形方式不同,又分为拉铆型和镦铆型两种。拉铆型用拉枪拉铆,使钉套在铆模作用下收缩变形,并把部分材料挤到环槽中去,最后把钉杆在拉断槽处拉断,图 6 - 49 所示为拉铆过程。

　　拉铆型环槽铆钉的拉枪与抽芯铆钉的单动拉枪结构相似。

　　镦铆型的环槽钉没有尾杆，可利用铆枪、铆模锤铆，或在自动铆接机上压铆，如图 6 - 50 所示。

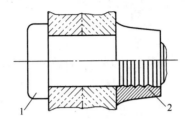

图 6 - 47　环槽铆钉

1—钉体；　2—钉套

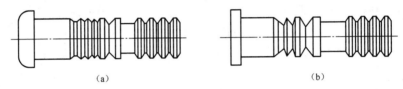

图 6 - 48　环槽铆钉类型

(a)抗拉型环槽铆钉；　(b)抗剪型环槽铆钉

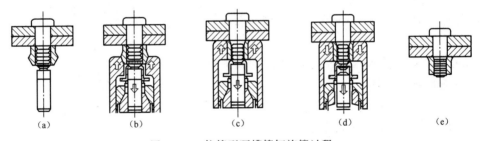

图 6 - 49　拉铆型环槽铆钉施铆过程

(a)安放铆钉和钉套；　(b)对准拉枪；　(c)拉铆成形；　(d)拉断尾杆、退出拉铆枪；　(e)铆完

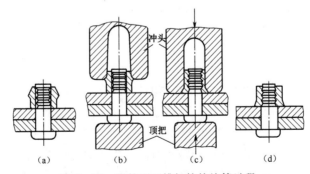

图 6 - 50　镦铆型环槽钉铆接施铆过程

(a)放钉和钉套；　(b)冲头和顶把对准铆钉；　(c)形成镦头；　(d)完成铆接

环槽铆钉可以代替螺栓,与相同规格的螺栓相比较,其拉脱力高于螺栓。例如,直径为 5 mm,材料为 30CrMnSi 的抗拉型环槽钉,其拉脱力为 13 000 N,而相同材料和直径的螺钉螺母之间的拉脱力为 10 400 N。

由于环槽铆钉的环槽较螺栓螺纹的应力集中小,加上钉杆和钉套材料适当的匹配,夹层的夹紧力大(可达到钉杆抗剪强度的 60%),铆接质量稳定,不受操作人员的技术水平影响,这对于抗疲劳是有利的。

铆接镦铆型环槽铆钉应优先选用压铆机压铆,其次用铆枪进行铆接。其操作过程为:

(1) 放入铆钉套上钉套。如为干涉配合,则用榔头或铆枪将铆钉打入孔中。

(2) 用顶把顶紧铆钉头,将冲头模腔套在钉套上。

(3) 启动铆枪,借冲头的锤击力将套环材料挤入铆钉镦头端的环槽内,并靠冲头的特定窝型将套环成形为要求的形状,以形成牢固的镦头。

(4) 完成铆接,并按要求进行防腐处理。

3. 钛合金铆接

钛合金材料的强度高于铝合金 20%,并具有良好的热强度、断裂韧性和耐腐蚀性。尽管它的冷加工性差,材料价格和加工费都比铝合金高得多,但在飞机结构上的应用仍有所增加,钛合金铆钉的应用也较多。由于钛合金的硬度高、塑性差,其铆接的难点在于:钉杆镦粗量小,不易填满钉孔和形成镦头,而且还易产生裂纹。因此,钛合金铆钉的冷铆效果差,一般也不宜采用锤铆法,而要求采用加热压铆。钛合金在一定温度范围内塑性良好,例如,TB2 钛合金在 700℃ 以上塑性好,容易形成镦头。钛合金铆钉的铆接可以在点焊机(电阻焊)上进行,由电极与铆钉之间的接触电阻产生所需的热量,在压力作用下形成镦头。或者也可采用热铆加热方式,如图 6-51 所示。

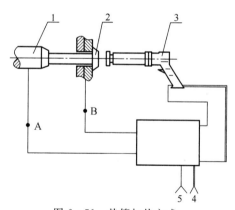

图 6-51　热铆加热方式

1—顶铁；　2—铆钉；　3—铆枪；　4—气源；　5—电源

6.4.5　电磁铆接技术

电磁铆接技术是基于塑性动力学-应力波理论的,因此也被称为应力波铆接。电磁铆接的机理是以冲击大电流瞬间释放强大的电能,经过电磁转换,产生强大的磁场力,以应力波形式加载于铆钉,使其成形。

图 6-52 表示力学试验按应变率 ε 进行分类,其中特征时间是指在相应的 ε 下产生 1% 应变所需的时间尺度。动力学试验结果表明,固体材料具有以下主要动力特性。

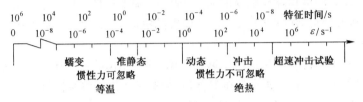

图 6-52　力学试验按应变率 ε 进行分类

(1) 屈服极限有明显的提高。动力学试验中可观察到,许多金属材料在快速加载条件下,屈服极限有明显提高,而屈服的出现有明显的滞后,如图 6-53 所示。

(2) 瞬时应力随应变率提高而提高,在同一应变值下,动态应力要比静态应力高。

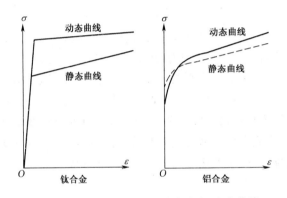

图 6-53　金属材料的静、动态应力-应变曲线

上述特性称为应变率效应。固体材料对应变率的敏感性与材料的种类有关。

普通铆接(压铆或锤铆)时,应变率为 $10^{-2} \sim 10^{-1}/s$ 量级,基本上仍属于准静态加载,惯性力可以忽略,铆钉塑性成形过程仍遵照静态力学-塑性力学理论。电磁铆接的应变率达到 $10^2 \sim 10^3/s$ 量级,属于冲击加载,铆钉塑性成形过程遵照塑性动力学理论,磁场力产生的应力波在铆钉体内传播、反射,钉杆材料瞬时发生塑性变形,沿铆钉轴向均匀地变粗,填满钉孔并形成镦头。

电磁铆接可以应用于各种材料铆钉的铆接成形,可以实现比较理想的、均匀的干涉配合,形成长寿命、高可靠性的连接。电磁铆接可以有效地对铆钛合金、不锈钢之类的强度高、屈强比高、对应变率敏感的难成形材料铆钉,形成良好的连接。对于大直径铆钉或厚夹层结构,应用电磁铆接也可以形成良好的干涉配合铆接。

除了对难成形材料、大直径铆钉或厚夹层结构铆接具有优越特性外,电磁铆接效率高,连续噪声低,能量利用率高,也是普通锤铆难以比拟的。

电磁铆接工作过程是由高压脉冲电源对铆接器线圈放电,在线圈中产生冲击大电流,并形成一个强脉冲磁场,进而在次级线圈中感应产生涡电流。涡流磁场与原脉冲磁场方向相反,两个磁场的相互作用产生强大的机械力,使应力波调节器的输入端获得一个高强度、历时短的应力波脉冲,此应力波最后作用于铆钉而使其成形。

铆接设备原理如图 6 - 54 所示。首先 220 V 交流电经升压变压器 F 升压，经整流器 D 整流后对电容器 C 充电，将电能 W_e 储存在电容器中。此时有

$$W_e = \frac{1}{2}CU_0^2$$

铆接时，开关 K 导通，电容器对铆枪线圈 C_1 放电，电能转换为磁场能 W_m，有

$$W_m = \frac{1}{2}Li^2$$

线圈 C_2 感应产生反向磁场，使应力波调节器 T 的输入端获得应力波为

$$\sigma(t) = \frac{\mu_0 \omega M n^2}{\sqrt{R^2 + (\omega L)^2}} i_0^2 e^{-2\beta t} \sin^2 \omega t$$

以上各式中：

C——电容量；

U_0——充电电压；

L——放电回路总电感量；

i——放电电流，$i = \dfrac{U_0}{\omega L} e^{-\beta t} \sin \omega t \approx U_0 \sqrt{\dfrac{C}{L}} e^{-\beta t} \sin \omega t$，幅值为 i_0；

μ_0——真空磁导率；

ω——回路振荡频率，$\omega = \sqrt{\dfrac{1}{LC} - \dfrac{R^2}{4L^2}} \approx \sqrt{\dfrac{1}{LC}}$；

M——互感；

n——铆枪线圈匝数；

R——放电回路电阻；

β——衰减系数，$\beta = \dfrac{R}{2L}$。

从以上各式可以看出，通过改变电容量 C 和充电电压 U_0，可以调整应力波的强度 σ。

应力波调节器为一个变幅杆，大端为输入端，小端为输出端，其作用为调制应力波波形。调制后输出至铆钉的应力波的幅值被放大，持续时间被延长，以使铆钉成形。

应力波铆接的顶铁质量不必太重，理论上只需提供一个反射面。安装干涉螺栓时，螺栓端头无反射面，在应力波作用下，螺栓伸长并按泊松比直径变细，则可装入比螺栓直径小的孔内，形成干涉配合。用同样方法也可拆卸干涉螺栓而不擦伤孔壁。电磁铆接常用于难成形材料、大直径、厚夹层的铆钉连接结构。

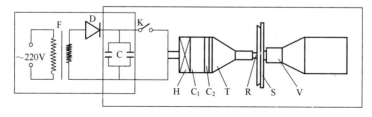

图 6 - 54　电磁铆接设备原理图

F—升压变压器；　D—整流器；　C—电容器；　K—开关；　H—缓冲器；　C_1—铆枪线圈；

C_2—次级线圈；　T—应力波调节器；　R—铆钉；　S—试件；　V—顶铁

6.5　螺　栓　连　接

螺栓连接是飞机结构主要连接形式之一。它具有强度高、可靠性好、安装方便、易于拆卸等特点,所以螺栓连接技术发展迅速,应用范围更加广泛。螺栓连接主要应用于飞机主要承力结构部位的连接。飞机大部件对接(如机翼与机身对接)的连接多采用高强度的重要螺栓。采用超高强度合金钢和钛合金制作螺栓可以减轻结构质量,同样采用干涉配合,提高连接结构的疲劳强度。

6.5.1　高锁螺栓连接

高锁螺栓是一种快速安装的螺栓,它具有强度高、质量轻(与普通螺栓相比,可以减轻39%)、安装方便等优点,可控制夹紧力,提高疲劳寿命。图6-55所示是我国制定的3种高锁螺栓标准,其中(a)为普通形式,(b)为带有密封环的,可保证密封,(c)中的钉杆有微量凸起部分,使孔表面压光强化,以产生预应力。

高锁螺栓、螺母的安装过程如图6-56所示。

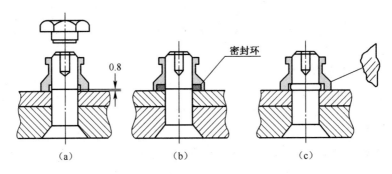

图6-55　离锁螺栓

(a)普通高锁螺栓;　(b)密封高锁螺栓;　(c)带挤压头的高锁螺栓

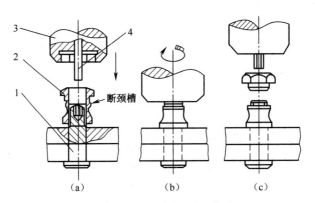

图6-56　高锁螺栓、螺母安装过程

(a)准备安装;　(b)进行安装;　(c)扭断上螺母,完成安装

1—高锁螺栓;　2—高锁螺母;　3—内六方套筒;　4—六角棒

6.5.2　锥形螺栓连接

用锥形螺栓的主要目的是使螺栓和孔之间形成均匀的干涉配合,以提高结构的疲劳寿命。

锥形螺栓由螺钉、螺栓、垫圈三部分组成,如图 6 - 57 所示。螺钉头有埋头和凸头两种。螺栓的锥度为 1/48。

按规定,孔和钉杆有 0.08 mm 的过盈量,沿钉杆全长具有均匀的干涉量。与其他干涉配合的连接件相比较,锥形螺栓所形成的干涉量最均匀,因而疲劳寿命最高。

虽然锥形螺栓在每架飞机上使用数量不多,但均为重要受力部位,不足之处是成本高。

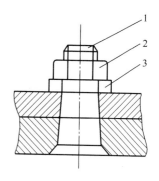

图 6 - 57　锥形螺栓
1—螺钉；　2—螺栓；　3—垫圈

6.5.3　抗疲劳螺栓

对于关键部位的螺栓,如机身机翼连接螺栓,必须考虑螺栓本身的抗疲劳性能。抗疲劳螺栓制造采用滚制方法,螺杆在热处理后滚压加工"MJ"螺纹、螺栓头与杆连接的圆角处要进行滚压强化。这些都与普通螺栓制造要求不同,用切削加工螺纹,材料纤维被切断,疲劳寿命降低,而在热处理后滚压螺纹,材料不被切断,而且在螺纹表面形成了一层残余应力层,提高了抗疲劳性。"MJ"螺纹是指公制大圆弧底径的螺纹,它与普通螺纹的区别如图 6 - 58 所示。图 6 - 59 所示是"MJ"螺纹的收尾要求。

在图 6 - 59 中,x 为完整螺纹最后一个牙底到零件光滑圆柱面起点间的距离。"MJ"螺纹收尾,要求不完整螺纹沟槽深度逐渐减小,平滑过渡到光杆部分。"MJ"螺纹组织晶粒流线要求如图 6 - 60 所示,晶粒流线应沿螺纹外廓连续排列,在牙底半径处具有最大密度。

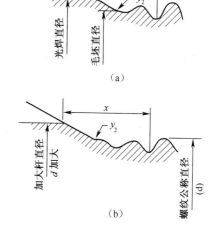

（a）

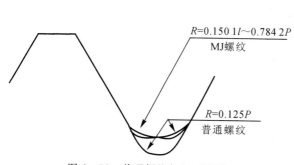

图 6 - 58　普通螺纹与"MJ"螺纹

（b）

图 6 - 59　"MJ"螺纹收尾要求
（a）螺纹收尾；（b）加大杆螺纹收尾

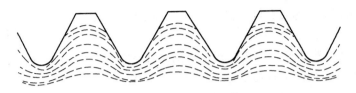

图 6-60 "MJ"螺纹晶粒流线要求

在螺栓头与杆相交处,应力梯度很大,是疲劳裂纹最易产生的部位之一,需要采用滚压强化以形成圆弧。

抗疲劳螺栓的安装一般都使用较大的预紧力,预紧力是通过定力扳手或采用预定载荷垫圈(Pre Load Indicating,PLI)来保证的。

6.5.4 连接接头的疲劳分析

干涉配合螺栓连接即过盈配合螺栓连接,在国外军机及民机上都得到了广泛的应用,在飞机上应用的主要部位有机身大梁、接头、机翼壁板对缝大梁等主要受力构件。它不但能保证钉杆和孔壁间的密封,而且能改善油箱区部位的密封性,减少密封胶的用量,同时能提高结构的疲劳寿命。根据螺栓特点不同,分为直杆螺栓干涉配合连接、锥杆螺栓干涉配合连接和衬套螺栓干涉配合连接。

为研究并推广干涉螺接,本书通过数值计算,分析了干涉螺接孔边应力,图 6-61 为无外载条件下干涉配合孔边应力分布计算结果。在无外载条件下,7075 铝合金板上安装不同干涉量的螺栓孔边应力分布如图 6-62 所示,孔周沿 x 轴方向的应力分布,其中 σ_r 为径向应力,σ_θ 为切向应力。图 6-63 示出了在 2219 T851 铝合金板上安装不同干涉量的螺栓在无载、加载及卸载条件下,孔周沿 x 轴方向切向应力的分布情况。

试验应力分析的方法很多,如 X 光、云纹、光弹、应变片和激光散斑等。它们各具特点,适用于不同的测量对象和测量环境。在现阶段,直接从试验中得到应力分布的技术还没有达到实用的要求,首先要从试验获得应变分布,然后用弹塑性理论计算相应的应力分布。

在干涉配合无载条件下,由应力测量和计算可知:

(1) 在孔边材料屈服之前,即在弹性变形阶段,孔边切向拉应力随干涉量的增加而增大,孔边材料达到屈服时,孔边切向拉应力最大。

(2) 在孔边材料进入塑性以后,孔边切向拉应力随干涉量的增加而减少;最大切向拉应力的位置随干涉量的增加由孔边移向试件边缘。

在干涉配合加载条件下,由应力测量和计算可知:

(1) 孔边切向拉应力随干涉量的增加而减小。

(2) 最大拉应力数值的位置随干涉量的增加从孔边移向试件边缘。

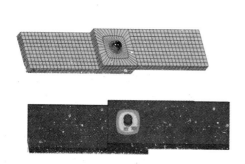

图 6-61　无外载条件下干涉
配合孔边应力分布

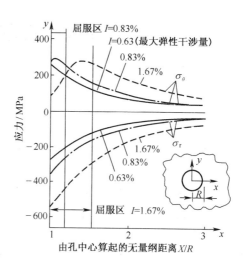

图 6-62　无外载 7075 干涉
配合螺接板上的应力分布

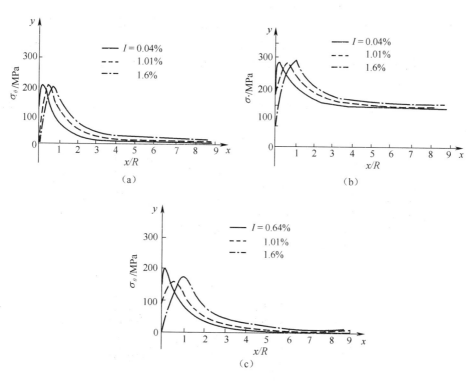

图 6-63　2219 T851 板孔边切向应力分布

(a)无外载荷干涉配合；　(b)干涉配合加 124 MPa 外载荷；　(c)卸去载荷后

6.6 自动钻铆技术

6.6.1 概述

飞机铆接装配的工作量占整机制造工作量的 20% 以上,而且大部分都是靠手工劳动完成的,因此,铆接装配的劳动条件很差,安装质量极不稳定。飞机结构连接部位又恰恰是结构的重要传力部位,据统计,飞机机体疲劳失效事故 70% 起因于结构连接部位,其中 80% 的疲劳裂纹发生于连接孔处。现代飞机的安全使用寿命要求日益增长,特别是干线飞机对疲劳寿命要求已达 5 万飞行小时以上,这就迫使人们重视飞机铆接装配质量,并寻求解决途径。国外早在 20 世纪 50 年代就开发出自动钻铆系统,自动钻铆系统是由钻铆机、托架系统、各种附件与相应的软件组成的,这个系统能完成飞机组合件紧固件孔的坐标定位、钻孔(锪窝)、涂密封胶、测量工件夹层厚度、自动选铆钉、铆接和铣切钉头(仅对无头铆钉)等工序。生产应用证明,采用自动钻铆机后能比手工铆接至少提高效率 7 倍以上,并能节约安装成本,改善劳动条件,更重要的还是确保安装质量,以大大减少人为因素造成的缺陷。现在普遍认为,采用自动钻铆技术已成为改善飞机疲劳性能的主要工艺措施之一。

自动铆接是工件在铆接机上,自动完成包括夹紧工件、钻孔、锪窝、送钉、压铆、铣平钉头(指无头铆钉)、松开夹紧件等一系列工序,铆接完一个铆钉后自动定位至下一个铆钉位置。

随着自动铆接技术的不断发展,其应用范围日益扩大,如果按铆钉类别来分类,可分为以下几类。

(1) 无头铆钉的自动铆接,铆接后成为埋头铆钉或凸头铆钉,无头铆钉自动铆接过程如图 6-64 所示。

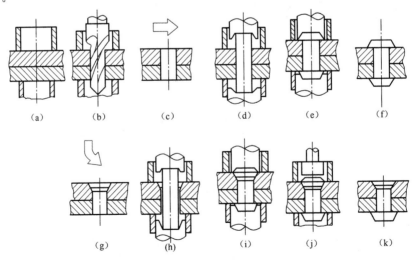

图 6-64 无头铆钉自动铆接过程

(a)夹紧; (b)钻孔; (c)不锪窝; (d)(h)放铆钉; (e)(i)压铆; (f)铆成凸头铆钉;
(g)锪窝; (j)铣平; (k)铆成埋头铆钉

（2）有头铆钉的自动铆接，埋头铆钉自动铆接过程如图 6-65 所示，当铆接凸头铆钉时，不需要锪窝。

（3）特种铆钉自动铆接，图 6-66 所示是镦铆型的环槽铆钉的自动铆接过程。其中钻孔、锪窝与一般自动铆接相同，但是在送进铆钉以后，必须送进钉套，然后镦铆。

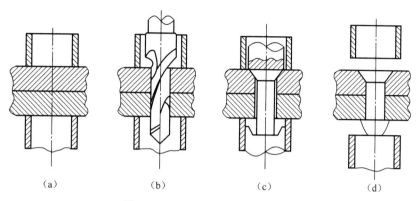

（a）　　　　　　　（b）　　　　　　　（c）　　　　　　　（d）

图 6-65　埋头铆钉自动铆接过程

（a）夹紧工件；　（b）钻孔、锪窝；　（c）放铆钉、压铆；　（d）松开夹紧件

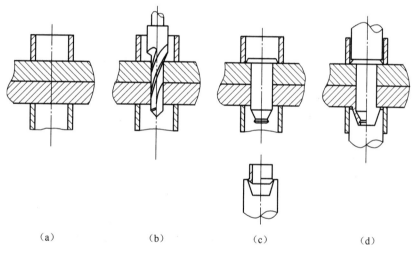

（a）　　　　　　　（b）　　　　　　　（c）　　　　　　　（d）

图 6-66　环槽铆钉自动铆接过程

（a）压紧；　（b）钻孔；　（c）放铆钉及送钉；　（d）镦铆

6.6.2　自动钻铆机

自动钻铆机是一种高效的自动化设备，它通过预先编制好的程序，全部由微机控制，它能连续完成夹紧、钻孔、锪窝、喷涂密封剂、放钉、铆接、铣平等工序。制孔精度在 0.005 mm 以内，窝的深度公差也可控制在 0.025 mm 以内。铆钉镦头高度保持一致，不受人为因素影响，因此能确保铆接质量。

自动钻铆机根据铆接产品大小，主要有以下两种形式。

（1）弓臂式，又分固定式和可移动式。对于中小型壁板及组合件，一般适合用固定的弓臂式自动钻铆机和移动式的托架装置,如图 6-67 所示,这种形式的钻铆机应用最为广泛。对于尺寸较大的壁板,特别是长度较大的壁板,为了简化大尺寸调平托架装置和节省车间面积,采用自动钻铆机在地面轨道上移动,而托架装置为固定的,如图 6-68 所示。

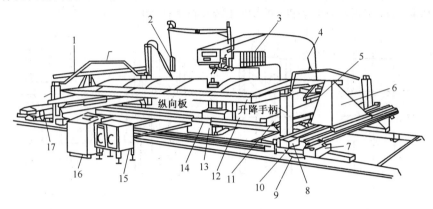

图 6-67　固定弓臂式自动钻铆机

1—横向定位板；　2—操纵盒；　3—快速定位的 8 个盒的铆钉箱；　4—定位指示器；　5—小车；　6—支座；
7—横向压力调节器和针底；　8—横向孔带指令；　9—横向运动气动马达；　10—升降气动马达；　11—曲线导轨；
12—板件托架；　13—纵向驱动气动马达；　14—纵向驱动尺条；　15—纵向孔带指令；　16—控制箱；　17—指示灯

(2)龙门式,这种结构形式的优点是龙门架刚性好,与弓臂型相比,可以显著减小铆接机的变形量。它适用于宽度很大的壁板,如图 6-69 所示。

图 6-68　移动弓臂式自动钻铆机

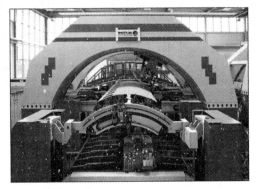

图 6-69　龙门式自动钻铆机

6.6.3　自动定位调平托架

在自动铆接机上铆接的工件,大部分是大尺寸带曲度的板件,图 6-70 所示的机翼板件,翼肋外形的切线和弦平面有夹角 α,每个翼肋上各点的夹角是变化的;长桁外形的切线和弦平面的夹角为 β,β 角也是变化的。

在自动铆接时,如果自动铆接机固定不动,则应将板件安装在能够自动定位和调平的铆接托架上,托架应能实现板件在空间三个坐标(X,Y,Z)的自动定位,以及 2 个转角(α,β)的自动调平,如图 6-71 所示。

　　随着自动铆接机的不断发展,自动定位调平托架也在不断地改进和完善。从最初的靠模式半自动定位调平托架,发展到五坐标的自动定位调平托架。

　　图 6-72 所示是一种弓臂式自动铆接机的自动调平托架,适合铆接单曲度的机翼、尾翼板件。托架包括固定板件的框架 1,框架支撑在两端面的小车 9 上。为了铆接带曲面的板件,小车 9 支撑在外形靠模板 2 上,两端的靠模板还可以做垂直升降运动。托架两端的纵向架车 6 可以沿纵向导轨 7 运动。在架车上有横向导轨,支座 8 可沿导轨横向运动。两端两个支座的横向运动是互相独立的,以铆接长桁不相平行的板件。

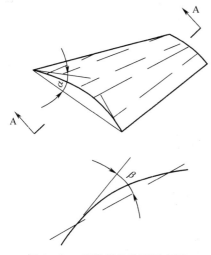

图 6-70　机翼板件外形示意图

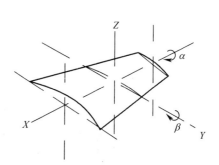

图 6-71　铆接时板件在空间五坐标定位

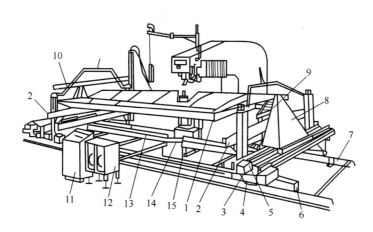

图 6-72　弓臂式铆接机自动定位调平托架

1—框架；　2—外形靠模板；　3—升降运动马达；　4—横向运动马达；　5—横向孔带指令输入；
6—纵向架车；　7—纵向导轨；　8—支座；　9—小车；　10—横向定位板；　11—指控箱；
12—纵向孔带指令输入；　13—纵向定位板；　14—纵向拖动齿条；　15—纵向拖动马达

　　板件上纵向铆缝的铆钉间距和横向铆缝之间的距离,可用孔带控制。孔带上的孔与板件上的铆钉位置相对应。通常是纵向步进次数比横向的要多,所以控制纵向步进的孔带为主孔带。托架两端支座的横向运动各用一个孔带控制。

对飞机结构中的大型工件,如机翼壁板、机身壁板、发动机进气道等,很难采用人工定位和半自动定位系统,这就需要采用定位与钻铆相结合的全自动托架系统,以便自动地将工件精确地定位在铆接所要求的高度和位置上。

图6-73所示为一种五坐标数控的全自动托架系统。这种托架系统提供的五坐标为"X""Y""Z""A""B"。其中"X"和"Y"坐标的运动由钻铆机提供。"Z"和"B"坐标的运动则由托架的两端的两个固定在地坪上焊接立柱构架内的伺服发动机驱动,提供"Z"向垂直运动,而"Z_1""Z_2"间的差距提供了"B"的旋转,"A"向旋转则由装在"Z"向构架的直接伺服驱动提供。安装在钻铆机上工作头部位的传感器组成的闭环伺服系统控制"Z""A"和"B"的驱动,确保工件调平,可在托架系统运动范围内使工件的任意点与工作头轴线保持垂直。

全自动调平托架系统主要采用计算机数控(Computerized Numerical Control,CNC),还有边距跟踪装置、垂直传感器和坐标计算等辅助设施,采用全自动调平托架系统既可以保证铆钉间距精度,又可提高制造水平。

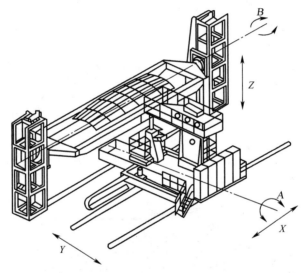

图6-73 一种5坐标数控的全自动托架系统

思 考 题 6

1. 试从铆接工艺过程说明影响铆接质量的因素。

2. 基于干涉配合铆接的特点,分析铆接干涉量对疲劳寿命的影响,保证铆接干涉量的措施有哪些?

3. 试述保证铆缝密封的各种方法及其工艺特点。

第7章　复合材料的机械连接

7.1　复合材料基础

7.1.1　概述

复合材料是由两种或两种以上的原材料,通过各种工艺方法组合成的新材料。它既可以保持原材料的某些特点,又具有原材料所不具备的新特征,并可根据需要进行设计。与单一均质材料相比,它具有较多的优越性。先进的复合材料的发展与应用,推动了航空与航天飞行器结构的更新与改进。

从飞行器结构中使用的复合材料来看,主要是纤维增强复合材料。在20世纪40年代末,美国研制成功玻璃纤维增强塑料,用于制造飞机雷达天线罩和直升机旋翼等,这是早期的复合材料。随着硼纤维、碳纤维等高质量纤维的成功研制,美国首先在F-4歼击机方向舵上采用硼纤维/环氧树脂复合材料。到了20世纪70年代中期,这种先进的复合材料已应用于受力较大的次承力构件,如硼纤维/环氧树脂的襟翼壁板,碳纤维/环氧树脂的水平安定面壁板等,之后逐步扩大到受力较大的构件,如L-1011飞机的碳纤维/环氧树脂机身大梁,翼面壁板等。目前,美国在军用机上采用的纤维增强复合材料有碳/环氧、硼/环氧、凯芙拉(Kevlar)-49/环氧及混杂纤维增强复合材料等,减重效果比较明显,见表7-1,且使飞机性能有较大提升。

表 7-1　美国军用机应用复合材料情况

飞　机	构　件	复合材料	减重/8%
C-5A 运输机	前缘缝翼	硼纤维/环氧树脂	21
F-4 战斗机	水平安定面	碳纤维/环氧树脂	30
F-111 战斗机	水平安定面	硼纤维/环氧树脂	20.4
F-15 战斗机	垂直安定面	硼纤维/环氧树脂	22
	方向舵	碳纤维/环氧树脂	25
	减速板	碳纤维/环氧树脂	33
F-18 战斗机	前机身及机翼蒙皮	碳纤维/环氧树脂	除前机身外,重 453.6 kg
L-1011 运输机	机身大梁、垂直安定面、方向舵	碳或 Kevlar-49/环氧树脂	总重 1 134 kg

复合材料与一般材料相比,具有以下特点。

(1)比强度与比模量高。比强度与比模量是指材料的强度或模量与密度的比值。对于质量要求严格的飞行器结构,比强度与比模量高的材料是比较理想的,它能够改善结构的气动弹性和提高使用寿命。目前公认20世纪90年代战斗机的主要特性将体现在高机动性上,设计时通常采用细长机身,中等后掠角和中等展弦比的薄机翼。这种结构在最大使用载荷作用下,翼尖挠度比较大,只有碳纤维及混杂纤维等复合材料结构才能满足此使用要求,复合材料的出现才使前掠翼飞机研制成为可能。碳/环氧树脂基复合材料的比强度为钢的4.8~7.2倍,比模量为钢的3.1~4.2倍。

(2)破损安全性能与疲劳性能好。高强度金属材料对裂纹非常敏感,而复合材料由于纤维与基体界面起着阻止裂纹的扩展作用,因此具有较高的损伤安全性。此外复合材料的疲劳强度高,疲劳应变能力强,约为钢的2.5倍,铝的3.3倍。

(3)高温性能好。常用的航空铝合金,当工作温度达400℃时,其弹性模量大幅度下降并趋于零,强度也显著下降。而碳(硼)增强的铝基复合材料,工作温度达400℃时其强度与模量基本上保持不变,从而提高了金属材料的高温性能。

(4)工艺性好。复合材料结构件制造工艺简单,适合整体成形。凡能用模具制造的复合材料结构件,可采用一次或二次成形,大大地减少了零件、紧固件和接头的数量,并可节省原材料和工时。根据资料介绍,用复合材料结构件代替铆接件零件数目可以减少1/3,减重效果见表7-1。

目前,纤维增强复合材料仍存在下列问题:断裂伸长小,抗冲击性差,横向强度和层间剪切强度低,以及树脂的吸湿性对结构性能的影响等。此外,复合材料构件制造过程中手工劳动多,质量不稳定,成本也比较高,这些问题在一定程度上阻碍了复合材料的进一步推广与应用。

7.1.2 无纬布制造

无纬布(带)为半成品,它是先将增强纤维预浸树脂后,制成按一个方向排列的织品。顾名思义,无纬布是一种只有径向而无纬向的织品,纤维之间的联系是靠树脂黏结在一起的。近来有人试图将碳纤维像玻璃纤维一样制成玻璃布。但是,由于碳纤维性脆,会产生断丝与起毛,制成机制布有一定困难。为了解决这一问题,正试用玻璃纤维与碳纤维混织。由于玻璃纤维弹性模数低,只能作纬向纤维用,且仍以碳纤维做径向纤维,这样可以制成较满意的混杂织品,目前国内外市场上仍以无纬布(带)作为主要的半成品。

1. 无纬布(带)排制工艺

无纬布排制工艺过程,可用下面的方框图表示其流程,如图7-1所示。

(1)胶液配制。首先把环氧树脂加热到100℃左右,软化后加入适量的丙酮进行稀释,得到密度为0.93 g/cm³的胶液。为了防止胶液在常温下固化,常在胶液中放入一定比例的半潜在性固化剂。

(2)装纸。在排布之前,先在排布机的滚轮上包一层硅油纸作底层,防止无纬布与滚轮黏结。硅油纸需紧裹滚轮且无皱折,否则会影响无纬布的表面质量。

(3)装纤维丝。装丝之前应先称质量,然后将碳纤维丝筒安装在支架上,并调节纤维的张力到适宜为止。纤维的张力直接影响到无纬布的质量,调节时一定要注意。

(4)排布。在排布过程中,纤维丝在一定张力作用下通过胶液槽后,一方面在排布机的滚筒上进行缠绕,同时又沿横向做同步运动,其工作过程可参照国产排布机工作原理图(见图7-2)。在排布过程中要注意观察排布的质量,如纤维排列的紧密程度,表面有无夹杂、毛丝等,发现问题应该及时处理。

（5）停机切取无纬布。完成一张无纬布排布过程。

（6）称纤维质量。每制取一张无纬布后对余下的纤维筒再称一次质量,根据两次称重可确定每张无纬布中的纤维含量和树脂与纤维的含量比。

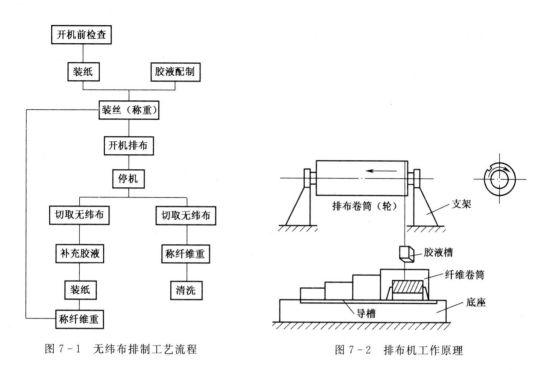

图 7-1 无纬布排制工艺流程   图 7-2 排布机工作原理

2. 影响无纬布质量的因素

无纬布的质量主要取决于纤维的质量和含胶量两个因素。

1）纤维的质量直接影响无纬布的质量,如纤维中有断丝、疙瘩、复丝直径不均匀等会使无纬布厚度不均匀和表面质量下降。

2）无纬布的含胶量直接影响复合材料构件的含胶量,如无纬布中的含胶量高于规定值,固化时溢出胶液增多;如排气不充分,会产生空隙并影响纤维方向;如含胶量低于规定值,若仍按正常工艺规范加压,固化后含胶量也将降低,由于树脂不能充分浸润纤维,层间不能很好黏合,直接影响层间剪切强度。影响无纬布含胶量的因素较多,如纤维丝的供应状态,纤维浸胶时间,胶液的密度和纤维张紧力大小,等等。实践证明,无纬布的含胶量在 40% 左右质量较好。

7.1.3 复合材料结构件的成形工艺

复合材料结构件根据选用的纤维和半成品形式的不同,而采用不同的成形工艺方法。常用的成形方法有层压成形法、金属模压法、缠绕成形法、热膨胀成形等。

1. 层压成形法

复合材料与金属材料不同,它通常是用多层坯料根据设计要求铺叠而成的。每个铺层如纤维方向可以是不同的,一般多选用与纤维夹角呈 $0°$,$\pm45°$,$90°$,也可根据受力大小和方向来选择纤维排列方向。叠层厚度由结构尺寸来确定,每层坯料根据下料样板切割成需要的平面形状,然后根据铺层角度要求铺在成形模上,选用合适的固化工艺参数(温度、压力、时间)固化成形,如图 7-3 所示。固化后,由于树脂溢出和层间压实,叠层厚度减少 $15\%\sim20\%$,在设计时应考虑厚度变化对强度的影响。

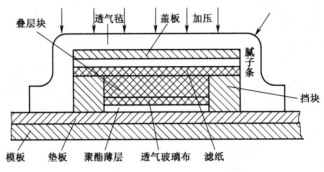

图 7-3　复合材料结构件固化装置

典型工艺过程如下。

(1) 下料:沿着无纬布纤维方向,修 $0°$ 线作为基准,然后按下料样板下料。

(2) 铺层:铺叠坯料时必须按照铺层设计要求来进行,目前采用的铺层方案有两种,对偶数层采用对称铺层方案,对奇数层采用对中性层镜面对称铺层方案,如下列铺层设计:

铺层设计	层　　数			总层数
A$[\mp45°/\pm45°/0°_4/\mp45°/0°_3/90°/0°_2]_s$	18	12	2	32
B$[\mp45°/\pm45°/0°_4/\mp45°/0°_2/90°/0°_2/\overline{0}]_s$	17	12	2	31
C$[\mp45°/\pm45°/0°_2/\mp45°/90°/0°_3]_s$	10	12	2	24

在上述铺层设计中,$\overline{0}$ 表示中性层。

在铺设过程中千万不能铺错,否则会由于铺层不对称,固化后或使用过程受力时产生附加应力,使零件发生翘曲变形。在铺层时,纤维角度应严格控制,如纤维角度偏移超过规定值时,固化后也会引起附加变形。为了保证铺层质量和层数,国外已采用自动铺叠机,它可以保证铺层质量并提高生产效率。

(3) 固化:用热压罐固化法。

热压罐是一个密封室,室内温度是利用电阻丝通电加热来控制温度,室内温度应尽可能保持均匀,需要的压力由压缩空气来提供。

复合材料结构件在热压罐中固化时,需采取相应的措施使胶液中的挥发物和固化时产生的气体能顺利排出,以免形成气泡与空隙,多余的胶必须使其溢出,以控制工件的含胶量。叠层与模具和其他辅助材料固化后要能分开,便于工件自模具中取出,图 7-3 所示为复合材料结构件固化时的固化装置,以保证固化过程顺利进行。

模具的结构形式与材料的选择是一个难题,采用整体式或构架式模具均需考虑传热过程对模具的影响。选用模具材料则需要考虑工件与模具热膨胀系数的差别,由于金属材料与复合材料的热膨胀系数差别较大,会使工件变形或产生裂纹,国内正在试制一种膨胀系数接近复合材料的模具,已经取得了一定效果。

根据复合材料结构件对表面质量的要求,可采用两种不同的固化模,如图 7 - 4 所示。通常,凸模用于要求内表面光滑的板件,凹模用于外表面要求光滑的板件。

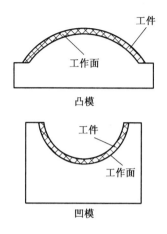

图 7 - 4　固化时采用的模具形式

固化工艺参数(温度、压力、时间)的确定。

1)压力:加压时需要的压力除由热压罐提供外,还可用抽真空法和增压腔法来实现。剩余压力越高,则工件壁厚处的材料越致密和均匀。当然,只有热压罐(液压罐)可提供较大的压力,最高可达 15 MPa,但投资较大,产生压力的方法如图 7 - 5 所示。

2)温度:根据选用的树脂类型不同,确定不同的固化温度。固化温度要严格控制,如固化温度低,不仅周期长,且固化不完全,生产效率也低。固化温度高虽然可以缩短固化周期,但是会引起叠层板内热应力和变形增大。

图 7 - 6 为典型固化曲线,是根据树脂要求采取分阶段加温,加热到一定温度后开始加压。然后,再升高到固化温度并保持一定时间,以后以一定的速率冷却,在温度降低到某定值后方可卸掉压力。

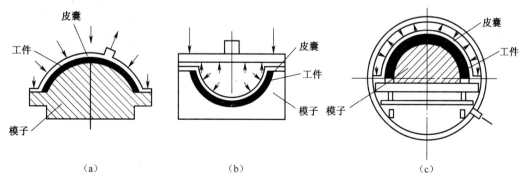

图 7 - 5　产生压力的方法
(a)抽真空法;　(b)增压腔法;　(c)热压罐法(液压罐法)

升温与降温的速率均应控制,否则将影响复合材料工件的质量。如升温速率快,树脂固化反应加快,会出现温度不均匀和缩孔现象;升温速率慢,周期长,效率低。因此,在生产中应根据需要来确定适当的升温速率,如空气的升温速率为 $3\sim5℃/min$,工件的升温速率为 $1\sim2.5℃/min$。

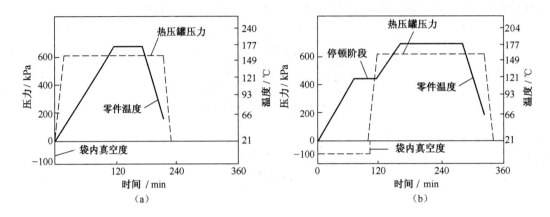

图 7-6　典型固化曲线
(a)简单固化程序；　(b) 复杂固化程序

加压时加压的时间必须与升温过程相适应,如加压时间过早,树脂流失过多,工件含胶量将降低,导致强度下降;如加压时间滞后,树脂大部分已固化,此时加压已不能使树脂和纤维压成致密的整体,内部疏松,且会出现局部树脂过多的现象。加压时采用的压力大小和工件厚度有关系,如厚度 $t=2\,mm$ 时,所需压力为 5 MPa。但当 t 增加时,压力也相应增加,一般最大为 7 MPa。热压罐固化法适用于尺寸较大的单双曲度壁板。

2. 金属模压法

如工件尺寸较小,形状也较简单的单曲度板件,可直接放入金属模具中,加热、加压,经过一定时间后成形。此法受压力机工作台轮廓尺寸和压力机额定功率的限制,同时需要一套加温装置,在加压的同时进行加温。用此法能获得尺寸精确、表面光滑、组织均匀和机械强度较高的制品。

为了获得优质的半成品,可在压力下浸渍树脂,此法是在模具内铺放干净的布(带)、编织物或带状增强材料。然后,在压力下浸渍树脂,用真空法在模具内加压,用此法可以加快浸渍速度和保证工件厚度符合要求。

设计固化模具时,凸凹模之间的间隙应等于工件的壁厚(包括公差值)。树脂在压力作用下,流入凸、凹模之间的真空腔,经树脂浸渍之后直接加热加压进行固化,如图 7-7 所示。

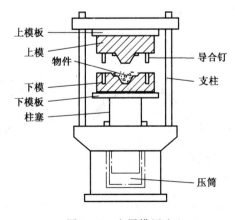

图 7-7　金属模压法

3. 缠绕成形法

缠绕成形法只适用于环形结构件,如各种压力容器、管形件等。此法是用机械控制将浸透胶液的连续纤维束,在缠绕机上按预定的排列规律缠绕到各种形式的芯模上,达到设计厚度后加热固化,脱去芯模可以得到复合材料制品,如图7-8所示。

图7-9所示为用缠绕法制造型材的例子。它的制造过程如下:先用缠绕法制成盒形件,然后从中间切开后再把槽形型材背靠背黏合起来。形成工字形型材,为了增加型材的刚度,可在中间加入蜂窝夹芯。

(1)缠绕法工艺流程。缠绕工艺一般分为干法和湿法两种。干法缠绕(预浸法)是将纤维浸胶后于一定温度下烘干,去除溶剂使胶液凝固形成含胶纤维。使用时,先将含胶纤维加热软化或直接缠绕在芯模上。湿法缠绕工艺是将纤维浸胶后直接缠在加热的芯模上,中间不需要烘干工序。干法缠绕与湿法缠绕相比较,质量较稳定,工艺过程易控制,缠绕设备较清洁,并且可以高速缠绕,但它对胶有较高的要求。

(2)缠绕成形时应注意的问题。

1)芯模材料的选择。芯模工作时应能承受缠绕成形时的张力,树脂固化时的高温,并保持不变形。固化后芯模能顺利取出,并容易清洗干净,芯模加工容易,成本低,且可以多次使用。常用的芯模有石膏芯模、易溶于水的砂芯模、低熔点的金属模等。

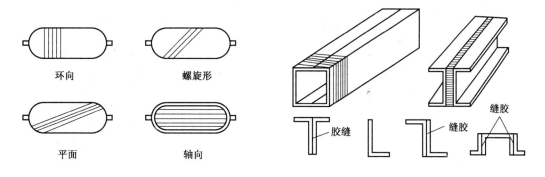

图7-8 缠绕法示意图   图7-9 缠绕法制造型材

2)缠绕张力。缠绕张力是在缠绕时对纤维施加的张紧力。纤维张力的大小,各束纤维张力的均匀性,以及各缠绕层纤维张力的变化,均会影响工件的质量。纤维张紧力太小,工件强度将降低。张力过大,纤维磨损加大,含胶量下降,也将使工件强度降低。纤维张力为1~9 kg/16根,每根均匀受力时强度最好。

在缠绕过程中应控制纤维张力逐层递减,因外层纤维在张力作用下对内层纤维有压缩作用,导致内层纤维松弛,会出现内松外紧现象,使工件的强度与疲劳强度均下降。为了解决这一问题,缠绕时张力逐层递减,由于内层张力大于外层,缠绕完毕后外层张力对内层张力产生的削弱作用,使所有各层逐渐形成相同的初应力和应变,从而可使工件工作时所有的纤维层均能同时受力,并保证工件强度。

(3)缠绕机。纤维缠绕成形的主要设备是缠绕机,缠绕机一般是由芯模机构与绕丝头机构两大部件组成的。按其控制方式分为机械式、数控式和计算机控制三种。机械式结构简单，传动可靠，维修方便，是目前使用最广泛的一种，适用大量生产定型产品，数控和计算机控制的新型缠绕机功能齐全，控制精确，能获得形状复杂、质量较高的产品。

4. 热膨胀成形

热膨胀成形工艺方法系利用装在刚性（金属）模具内的橡胶块受热膨胀产生的压力进行成形。由于橡胶可以根据需要切割和成形，它适合于成形碳/环氧复合材料的形状复杂的结构件，工件成形时只需要加温，而不需要利用昂贵的热压罐。所用的模具简单，成本低，改型也比较容易，如图7-10所示。

为了更好地控制热膨胀成形时的压力，改进了热膨胀成形工艺。它与前者不同之处在于，每块橡胶模块内均制有充气腔，用管路与外部相通，由外界供给并调整所需的压力，以保证树脂凝固前各方向的压力分布均匀，此法称为充压腔热膨胀成形。它需要较为复杂的模具，此法特别适用于结构复杂的工件成形。图7-11所示为充压橡胶热膨胀成形装置示意图，成形的工件与图7-10所示相似，但其成形压力可比前者控制准确。每个橡胶芯模的内腔通过集气管与氮气瓶等外界压力源相连，利用氮气充压。

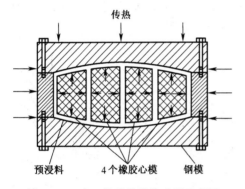

图7-10 实心橡胶热膨胀成形示意图

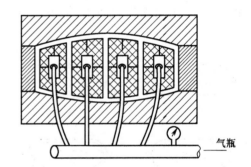

图7-11 充压橡胶热膨胀成形示意图

7.2 复合材料的制孔技术

7.2.1 复合材料制孔特点

复合材料是一种新型结构材料，采用传统钻削金属的方法制孔，存在以下问题：

（1）刀具磨损严重，耐用度低。用高速钢麻花钻钻削碳纤维复合材料时，每个钻头钻削3～4个孔，钻头就必须重新刃磨。

（2）孔加工质量差。

钻碳纤维复合材料时，孔的主要缺陷有：① 孔形不圆；② 孔的尺寸收缩；③ 孔的出口处劈裂或撕裂；④ 孔壁周围材料发生分层。

钻凯芙拉复合材料时,纤维不容易被切断,尤其是在入口和出口处,孔的主要缺陷有:①在孔的入口处,纤维不能沿孔边被切断,产生很大的一圈纤维毛边;② 孔的内壁纤维弹出、起毛、孔形不圆;③ 孔的出口处材料撕裂,纤维不断;④ 孔壁周围材料发生分层。

可见,材料分层和劈裂是复合材料孔加工质量的主要问题。

7.2.2　复合材料制孔工艺

1. 制孔刀具

（1）刀具材料。碳纤维硬度较高,为 HRC53～65,而高速钢钻头常温硬度仅为 HRC62～65,两者极为接近,因而用高速钢刀具加工碳纤维复合材料时,材料中的纤维硬质点使刀具表面产生严重的磨料磨损。为此,必须采用高硬度刀具材料,如硬质合金和金刚石等,或者在钻头表面镀耐磨镀层。

1) 硬质合金 。在国产硬质合金中,目前材质为 Y330 的 $\phi3～\phi8$ mm 的整体式麻花钻、锪窝钻、铰刀,已可满足碳纤维复合材料制孔要求,如图 7 - 12～图 7 - 14 所示。

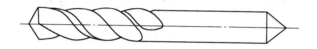

图 7 - 12　硬质合金麻花钻

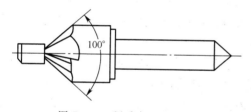

图 7 - 13　硬质合金锪窝钻

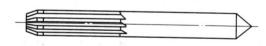

图 7 - 14　硬质合金铰刀

2) 人造金刚石 。硬质合金刀具虽能满足碳纤维复合材料制孔要求,但在实际生产中也存在一些问题:①加工大孔时,若仍用大直径硬质合金钻头,不仅成本高,且钻削时的轴向力会随钻头直径加大而急剧增大,易引起碳纤维复合材料分层。②硬质合金锪窝钻在台钻上至多锪 190 个窝后即磨钝,且不能重新修磨,故使用寿命较短。加之这种整体式硬质合金锪窝钻制造工艺复杂,目前尚不能进行工业化生产,所以成本高,经济效益低。

随后研制开发的人造金刚石套料钻(见图 7 - 15)和锪窝钻弥补了上述不足。这种金刚石刀具的基体是用经调质的 45 号钢或工具钢制成的,其切削部分用电镀法均匀镀上一层人造金刚石。金刚石粒度可根据加工需要进行选择,一般说来,加工件表面粗糙度和精度要求不高的可选粗粒度的金刚石刀具。粗粒度刀具切削轻快,工作效率高,刀具寿命长。如果加工件有精度和表面粗糙度要求,应选用较细粒度的金刚石刀具。这种用电镀法将两种材料组合在一起的刀具,具有内韧外刚的特点,不仅耐用度高,而且克服了整体式硬质合金刀具的脆性,可满足实际装配条件下的使用要求。这类刀具的实际成本低于硬质合金刀具,很有发展潜力,在国内外越来越受重视。

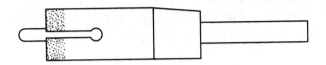

图 7-15　人造金刚石套料钻

3）聚晶金刚石(Poly Crystalline Diamond，PCD)。聚晶金刚石(PCD)钻头是目前在高速下切削碳纤复合材料最理想的刀具。PCD 材料很硬，但同时也很脆，因此做成整体式钻头是不适宜的。通常是将聚晶金刚石刀片钎焊在硬质合金钻头的钻尖上，或是用粉末冶金方法烧结在钻尖上。图 7-16 所示为我国研制的银片式直槽聚晶金刚石钻头。

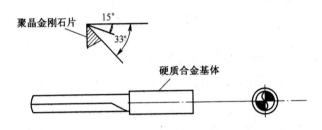

图 7-16　银片式直槽聚晶金刚石钻头

（2）钻尖几何参数。提高刀具寿命，除选用高硬度耐磨材料外，钻尖几何参数及钻型选择也是一个重要方面。研究结果表明，对常用的麻花钻(见图 7-12)，如顶角(2ϕ)在 $100°\sim120°$之间、后角在 $15°\sim25°$ 之间、螺旋角在 $25°\sim30°$ 之间、钻芯厚度在 $0.9\sim1.3$ mm 之间(对直径 4.85 mm 钻头)，进给轴向力较小，钻头耐用度较高。

为解决用整体式硬质合金麻花钻在复合材料上钻孔必须加衬垫的问题，改进钻头形状是可行的途径。图 7-17 为双刃扁钻，用台钻或自动进给钻钻孔，可不加衬垫。图 7-18 所示是由双刃扁钻改进而成的四直槽钻铰复合钻，只要进给不要太快，不加衬垫，就可获得满意的质量。

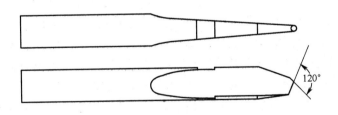

图 7-17　双刃扁钻

2. 制孔工艺

复合材料制孔指钻孔、铰孔及锪窝 3 个加工工序。由于不同纤维增强的复合材料性能差异较大，相应的制孔工艺也不尽相同。

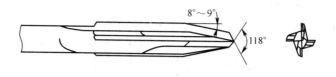

图 7-18　四直槽钻铰复合钻

（1）钻削工艺。对碳纤维复合材料，当孔径在 8 mm 以下时，通常使用整体式硬质合金麻花钻钻孔，孔的出口面必须加衬垫，一般选用低进给（0.02～0.06 mm/r）和较大转速（1 400～2 400 r/min）为好。当孔径大于 8 mm 时，先用硬质合金钻头钻一小孔，然后用图 7-15 所示的电镀金刚石套料钻制出大孔。

对凯芙拉纤维复合材料，由于该纤维具有良好的韧性，且基体树脂的黏性较差，加工碳纤维复合材料的刀具和工艺方法完全不适用于凯芙拉纤维复合材料。凯芙拉纤维复合材料钻孔钻头，应以能否迅速切断孔周凯芙拉纤维来衡量其优劣。图 7-19 所示是适于钻削这种复合材料的 Y330 硬质合金三尖两刃钻头，具有两个锋利外刃尖和一个起定心作用的中心尖。为获得两个关键的外尖，主刃磨成了圆弧形，钻孔时中心尖先切入复合材料定位中心，然后依靠两锋利的外刃尖在复合材料上划圆进行切削，并迅速沿孔边切断凯芙拉纤维，从而得到无毛边的孔。对于大孔（如孔径在 12 mm 以上的孔），先用三尖两刃钻头钻一小孔，然后用图 7-20 所示的双刃定心钻可钻出无毛边的大孔。为防出口面分层，第一次钻先不钻通，约钻入一半后将钻退出，然后再从背面钻通另一半，这样可不用加衬垫支撑。用三尖两刃钻钻小孔，速度以 110 m/min 左右为最佳，钻大孔孔径为 12～20 mm，速度以 25～90 m/min 为宜，进给量以较小为好。

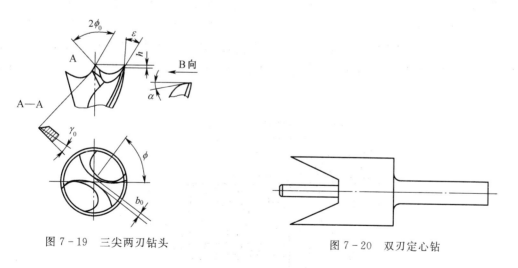

图 7-19　三尖两刃钻头　　　　　　　　图 7-20　双刃定心钻

对于由凯芙拉纤维与碳纤维组成的混杂复合材料，由于这两种纤维的加工特性不一样，将其混杂制成构件后，孔加工的难度更大。现以混杂复合材料面板（外表层为凯芙拉纤维、内层为碳纤维）、Nomax 蜂窝芯子的夹层结构为例，来说明其钻孔工艺。

1）对小孔，可直接用三尖两刃硬质合金一次钻出，转速可用 2 440～4 100 r/min。

2)对大孔,先用三尖钻钻小孔(孔径比双刃定心钻的导柱大 0.1 mm),然后用双刃定心钻将表层凯芙拉纤维切断,再换上同样直径的金刚石套料钻,钻削碳纤维和 Nomax 蜂窝。钻削速度:双刃定心钻用 800～4 100 r/min,金刚石钻头用 1 400～4 100 r/min。

(2) 锪窝工艺。对碳纤维复合材料,既可用普通三刃式 Y330 硬质合金锪窝钻以 500～800 r/min 转速进行,也可用人造金刚石锪窝钻,以 1 400～2 400 r/min 转速进行。后者锪窝质量及使用寿命均远高于前者。

对凯芙拉纤维复合材料,锪窝非常困难。这是因为钻孔时已将纤维切断,当用锪钻锪窝时,因为凯芙拉的柔韧性,被锪钻刀刃切削的纤维往往产生退让。绝大部分难被切断,易被挤压在窝边,刀刃仅刮去复合材料中的树脂,从而造成极其粗糙的锪窝表面和大量纤维毛边。针对这一情况,可用三种刀具锪窝:

1) 在凯芙拉复合材料板上加一块铝板,用普通锪窝刀具锪窝。铝板将限制凯芙拉纤维滑移,选用 80～160 r/min 的锪窝速度,锪出来的窝面较光滑,入口处仅有一圈很小的毛边。

2) 用四刃细锯齿锪窝钻锪窝(见图 7-21)。

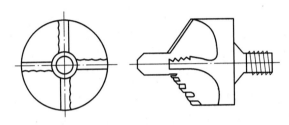

图 7-21   四刃细锯齿锪窝钻

这种锪窝钻是美国生产的,4 个切削刃上开有一些锯齿状小槽。在锪窝过程中,随着刀具的旋转,切削刃利用小齿绞住凯芙拉纤维,在 60～110 r/min 转速下,能获得较好切削效果。

上述两种锪钻加垫板锪窝时,应采用专用锪窝限位器(见图 7-22)先将铝板钻一小孔,使锪钻导柱能插入,然后通过限位器的弹簧压紧铝垫板进行锪窝,锪窝深度可以通过限位器调整。

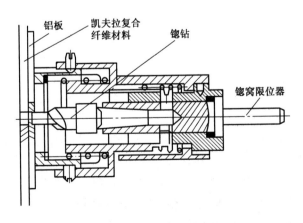

图 7-22   专用锪窝限位器

3）用 C 型锪窝钻锪窝（见图 7-23）。这种锪钻有两个 C 型刃，锪窝时能将凯芙拉纤维引向中心切断。在较低速度下，不用垫铝板，即可加工出高质量的窝。

凯芙拉-碳纤维混杂复合材料层压板的锪窝，可采用加工凯芙拉纤维材料的刀具 C 型锪窝钻进行。

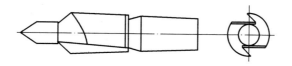

图 7-23　C 型锪窝钻

（3）铰孔工艺。碳纤维复合材料的铰孔，可采用与普通直槽刀相同的 Y330 硬质合金短铰刀以 500 r/min 的速度进行。而凯芙拉纤维复合材料，由于通常均用于非主要受力部位，一般钻孔后即直接装配。

3. 叠层材料的钻孔

叠层材料是指纤维复合材料与金属板叠合在一起的结构。由于叠合材料的性能相差很大，给钻孔带来相当大的困难。以碳纤维复合材料和铁合金叠层材料为例，通常，钻削碳纤维复合材料需用高速和聚晶金刚石刀具，而钻削铁合金的切削温度高，聚晶金刚石（PCD）中的 C 原子容易扩散到铁合金中，造成刀具的扩散磨损，故应选用硬质合金钻头以低速加工。所以叠层材料钻孔的传统方法是采用分步钻孔，即钻不同材料时采用不同钻头和速度，但这样极大地影响了加工效率和质量。为此，人们对钻孔进行了大量研究，探索出以下几种有效钻削方法。

（1）自适应钻孔：钻头针对不同材料层自动改变转速和进给量。

（2）啄式进给钻孔：用不连续的啄式（啄木鸟式）方式进行钻孔。避免连续钻孔引起的切屑长、热量大等问题，提高钻孔质量。

（3）复合金刚石钻：这种钻头的 PCD 刀头不是钎焊到刀尖上，而是采用粉末冶金的方法压在硬质合金钻头的钻尖上。这种钻头在钻碳纤复合材料/钛合金叠层材料时，比钎焊 PCD 钻头提高耐用度 50 倍以上。图 7-24 所示就是波音公司用来钻削碳纤维复合材料和钛合金的粉末冶金烧结的 PCD 钻头。

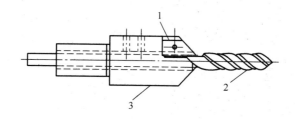

图 7-24　粉末冶金烧结的 PCD 钻头

1—沉头钻刀片（PCD）；　2—PCD 钻头；　3—沉头钻钻夹头

7.3 复合材料的切割技术

1. 机械切割

复合材料结构件装配时需要切除余量,以保证对缝间隙符合要求。切割复合材料用的刀具材料应具有较高的硬度,刀刃要有足够的韧性,耐冲击、耐高温,切割时硬质合金刀具难以满足这些要求。国内用金刚石砂轮片切割复合材料壁板,已取得了良好的效果,其直线度较理想,壁板装配对缝间隙在 0.3~0.8 mm 之间。用金刚石砂轮片切割时,加工质量与砂轮主轴转速、砂轮片进给速度、砂轮片伸出工件下边的高度,以及工件的厚度等因素有关。

2. 激光切割

用激光切割复合材料板时,工件边缘整齐,质量较好。现已研制出 1 000 W 以上的二氧化碳激光切割机,可用来切割碳/环氧复合材料板、硼/环氧复合材料板和凯芙拉/环氧复合材料板。复合材料厚度增加需用大功率激光切割机,但成本较高。激光切割后有时会出现毛边,切割缝处有烧蚀现象,使材料碳化而影响工件质量,这个问题限制了它的应用与推广。

3. 高压水射流切割

用高压水射流切割复合材料是近年来发展迅速的一种加工方法,用它来加工碳/环氧、硼/环氧、芳纶/环氧等复合材料,已取得了良好的效果。高压水射流加工不需用刀具,也就没有刀具磨损和更换的问题。用高压水射流加工(又称高压水切割)时,由于高速度的水与空气混合,会形成真空使空气向下抽,没有切屑与粉尘飞扬,这对切割碳纤维更有意义,因碳纤维粉尘对人体有害。高压水切割为冷加工,没有热影响区,不会发生变形和烧蚀现象。高压水切割可以沿直线、曲线或数控切割,或开孔等,应用范围广。高压水切割速度快、切缝窄,切缝整齐无毛刺、效率高。图 7-25 为高压水切割获得的加工面平整,切断纤维整齐,质量明显高于普通机械切割。其不足之处是能量效率低,加工时使工件变湿,对吸湿性强的树脂特别不利,喷嘴需要定期更换。用高压水射流切割所需压力较高,高压水装置的密封要求严格,价格昂贵,使用受到限制。

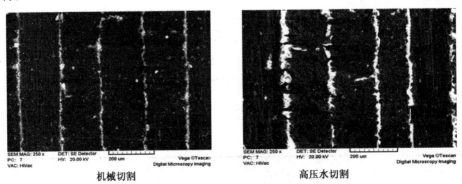

机械切割 高压水切割

图 7-25 复合材料层合板切割面质量比较

高压水射流切割,即把高速液体(水或水添加剂的混合物,如砂子)所具有的能量,通过直径较小的喷嘴,用 3～4 倍于声速的高速射流对工件进行切割或开孔等加工。获得高速水射流的方法是:用增压器产生高压液体(4 200～4 500 atm)[①]。用高压液体作动力,把它集中到一个可控制的喷嘴,通过喷嘴的射流可切割多种复合材料。

喷嘴是产生高速射流的最重要零件。喷嘴的形状与加工质量影响射流的工作情况和切割质量。喷嘴磨损后,射流严重扩散,不能再进行切割。对喷嘴材料的要求是耐磨,承受高压和耐腐蚀。目前多采用人造红宝石和蓝宝石来制造喷嘴,人造蓝宝石喷嘴的断面形状如图 7 - 26 所示。一般蓝宝石喷嘴的寿命为 200～400 h。

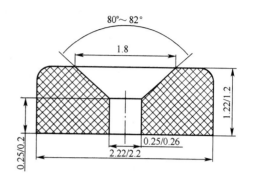

图 7 - 26　人造蓝宝石喷嘴的断面形状

加砂的高压水射流又称磨料水射流,它是在高压水切割技术上发展形成的一种新型切割工艺方法。它的工作介质为水和磨料颗粒(砂子)的混合体,水经增压后高速射出,在一个专用装置内与磨料混合后,以一种特殊方式由喷嘴射出。它能切割各种高强度和高硬度的材料。

4. 超声波切割

超声波是一种机械振动能,用以快速、简易、精确地切割复合材料。

上述 4 种切割方法的比较见表 7 - 2。上述切割方法中,目前我国仍广泛采用机械切割法,高压水切割有少量应用。

表 7 - 2　4 种切割复合材料方法对比

方　法	优　点	缺　点	机械应用
机械切割	1.适用性强,使用广泛; 2.基于切割较窄道材带	1.切割速度慢,费用高; 2.劳动强度高; 3.难于切割多层板	任何尺寸的带和宽幅织物
高压水射流切割	1.不产生粉尘; 2.无热影响区; 3.清洁切割; 4.计算机控制	1.限制层板层数; 2.未固化预浸料轻微吸水气; 3.噪声大	切割固化和未固化的复合材料
激光切割	1.切割厚度较大; 2.清洁可靠; 3.精度高; 4.计算机控制	1.成本高; 2.需配合保护眼镜	切割固化和未固化的复合材料
超声波切割	1.切割速度快; 2.切割厚度较大; 3.精度高; 4.清洁; 5.计算机控制	成本高	切割固化和未固化的复合材料

---

①　1 atm＝101 325 Pa。

7.4 复合材料结构用紧固件

用于复合材料结构上的紧固件必须解决四大问题:电位腐蚀、卡死、安装损伤和拉脱强度低。

(1)电位腐蚀:普通紧固件材料(如钢、铝合金)与碳/环氧接触有较大电位差,会产生电位腐蚀。为此,在复合材料结构上,通常采用与之电位相近的钛合金紧固件。

(2)卡死:复合材料结构上用的螺纹紧固件经常出现的一个问题是被"卡死"。所谓"卡死",就是像高锁螺栓这类大扭矩铁合金紧固件的钛螺母和A286螺母在拧到所要求的预载荷以前便被卡住,再也拧不动了,这是由于钛和A286黏性大造成的。目前,皆选用不锈钢螺母与高锁螺栓搭配,以解决这一问题。

(3)安装损伤:如前所述,复合材料层间强度低,承受垂直于板面方向的冲击力,容易产生安装损伤,导致结构提前破坏。因此,在铆接复合材料结构时,应尽量采用压铆,不宜采用锤铆,更不宜用大功率铆枪进行铆接。对于一般金属结构常用的干涉配合,也不宜用在复合材料结构上。1984年美国虎克公司设计生产的干涉配合钛合金环槽钉(其名称为HUCK TITE),可以用在复合材料结构上,使复合材料结构与金属结构一样能采用干涉配合连接,显著提高结构使用寿命。

(4)拉脱强度低:机械连接的复合材料接头的拉脱强度低,解决这一问题主要可从两方面入手:一是加大底脚。"底脚"是指紧固件安装后的螺母、环帽和钉尾的承载面积。美国莫诺格拉姆公司开发了大底脚抽钉,其钉尾直径和拉脱强度与复合材料用的高锁螺栓相同。钛合金环槽钉的环帽为了防止被拉脱也采用了大底脚;二是改进沉头形状。特别是对较薄的复合材料结构,采用130°剪切型沉头比100°剪切型沉头所承受的载荷大30%。据报道,意大利飞机公司采用120°剪切型沉头,效果更好。

7.4.1 紧固件选材

1. 螺栓选材

在复合材料机械连接中,由于存在电位腐蚀的问题,因此,在紧固件选材上,必须予以重视。表7-3给出了几种常用材料的开路电位及比强度数值。

表7-3 几种常用材料的开路电位及比强度数值

材 料	碳纤维	不锈钢	钛合金	结构钢	铝合金
电位/mV	$+90\sim+179$	$-309\sim-200$	$-408\sim-280$	$-608\sim-517$	$-935\sim-621$
比强度/(N*m·kg^{-1})		$4\sim6$	$18\sim22$	$10\sim22$	$15\sim18$

由表可见,不锈钢与复合材料间的电位差最小,但其比强度最低。在其余材料中,只有钛合金既有高比强度又有低电位差。因此,钛合金成为复合材料结构连接的最佳选择材料。

国外钛螺栓大部分是用Ti-6Al-4V制造的。Ti-6Al-4V属$\alpha+\beta$合金,该合金固熔时效后的强度水平与 30CrMnSiA 调质后相当,可达 1 100 MPa,其密度为 4.42 g/cm³,相当于 30CrMnSiA 的 60%。目前,该材料被公认为综合性能最好的一种钛合金。但这种合金冷塑性差,用其制造螺栓时,螺栓头必须热镦成形。

β 型合金的主要特点是在固熔化状态下有良好的塑性。用这种合金制造螺栓时,螺栓头可直接冷镦成形。Ti-22,47121 两种材料制的螺栓就属这种合金,在我国飞机上得到过一定范围的应用,但 β 型合金价格较贵。

生产飞机用螺栓的另一种材料是 A286(美国材料牌号,中国牌号 GH2132)。A286 原是作为耐热不锈钢研制的,因其含有耐热元素,具有抗蚀性,也可用于制造中等强度、耐腐蚀螺栓。

2. 铆钉选材

铆钉所用的材料,除与螺栓一样,要求能防止电位腐蚀和具有高的比强度外,它还应具有良好的塑性,以满足铆接装配工艺要求。

电位腐蚀是碳纤维复合材料与金属之间有较大电位差而形成的电化学腐蚀。表 7-4 是根据试验得到的航空结构材料电位搭配。

表 7-4　航空结构材料电位搭配

序号	航空用金属材料	与碳纤维复合材料的电位搭配
1	钛、钛合金、钛铌合金(AMS4982)	可搭配
2	Inconel 600(AMS5665)(成分 80Ni-14Cr-6Fe)	
3	A286(AMS5732)(相当于国产 GH2132)	临界搭配
4	蒙皮尔合金(Monel)(QQ-N-281)	
5	低合金钢、马氏体不锈钢	不可搭配
6	铝合金	

通常,飞机铆钉大都用铝合金及低合金钢,由表 7-4 可知,它们不适于与复合材料铆接装配。A286 钢和蒙乃尔合金较重、比强度低,且与碳纤维复合材料的电位处于临界搭配状态,故只用于少数部位,用量较小。

钛及其合金制造的铆钉,用于碳纤维复合材料结构的连接是适宜的,而且与常用的航空铆钉材料相比,比强度最高。

图 7-27 给出了几种铆钉材料易变形程度的比较。由图可见,钛铌合金铆钉、纯钛铆钉较易铆接成形,而 β_III 这类钛合金铆钉,由于变形抗力太大,不适于复合材料结构铆接。

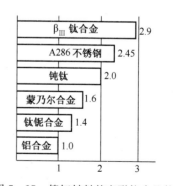

图 7-27　铆钉材料的变形抗力比较

表 7-5 和表 7-6 列出了几种钛和钛合金铆钉材料的成分和室温机械性能,以便进行比较。

表 7 - 5   钛和钛合金铆钉用材料成分

牌 号	化 学 成 分	密度/(g·cm^{-3})
TB2 - 1	Ti - 5Mo - 5V - 8Cr - 3Al	4.83
Ti - 22	Ti - 3.5Al - 10Mo - 8V - 1Fe	4.84
Til	Ti	4.51
Ti - Nb	55Ti 45Nb	5.80
β_1	Ti - 11.5Mo - 6Zr - 4.5Sn	5.07

表 7 - 6   钛和钛合金柳钉用材料室温机械性能

牌 号	热处理状态	σ_b/MPa	τ_b/MPa	δ_5/(%)	D_1/D_2
TB2 - 1	固熔	960	666	21.5 - 25	2.22
Ti - 22	固熔	890	706	28.5	2.49
TA1(纯钛)	退火	353		25	2
Ti - Nb(铁铝合金)	退火	441~490	344	≥20	≥2
β_1	固熔	980	627	20	2

(1) β 型钛合金,包括 TB2 - 1,Ti - 22,β_1(美国),这些都作为铆钉材料在飞机上使用过。它们的特点是强度高、变形抗力大。因此,这种材料的铆钉不适于用在复合材料结构的连接。今后可进一步探索用应力波铆接方法将这种铆钉用于复合材料结构的可能性。

(2) 纯钛,这种材料制成的铆钉被较多地应用于飞机的复合材料结构连接。与铝铆钉相比,它抗电位腐蚀好、比强度高,用工厂现有铆接工具就可方便地施铆,但成为航空用铆钉丝材,其性能指标,特别在塑性指标方面,还需作改进。

(3) 钛铌合金(见表 7 - 5),钛铌合金与纯钛性能相近,抗拉强度高于纯钛,但它的变形抗力比纯钛低,更容易铆接成形(见图 7 - 27)。经特殊加工工艺制造的钛铌铆钉,可使钉杆在铆接时变形很小,能防止钉杆不均匀膨胀对复合材料结构孔壁的损伤。钛铌合金现在已越来越受到青睐,在很多场合取代了纯钛。

钛铌合金与蒙乃尔合金(Monel)相比,成形性很相近,但钛铌合金比蒙乃尔合金约轻33%,且抗电位腐蚀能力更好。

钛铌合金由于加入了很多铌元素,成本较高。也由于加入了铌元素,材料密度有较大增加,但比强度仍略高于纯铁。另外,钛铌合金丝材制造工艺较复杂。

以上介绍的几种铆钉材料,仅钛铌和纯钛两种材料适于作为铆接碳纤维复合材料结构的铆钉,它们各有特色,应根据不同使用部位和要求,选择不同的材料。

7.4.2　复合材料用的紧固件

（1）纯钛铆钉。工业纯钛钉，铆接时加垫圈或制成空尾铆钉，用双面埋头铆接，如图 7 - 28 所示。

（2）β 型钛合金铆钉。可以冷铆和手工热铆，也可用于电磁铆接，用于复合材料与金属结构连接，如图 7 - 29 所示。

（3）单面抽钉。与螺纹抽钉不同，这种抽钉钉杆上无螺纹，制造较容易，其最大特点是可以在一面安装。

（4）干涉配合钛环槽钉。图 7 - 30 是一种用于复合材料结构的专用紧固件，薄的衬套先放入孔内，钉杆直径大于衬套内径，拉入后产生干涉量，并不擦伤孔壁。衬套带有台阶，增大了复合材料承压面积。

（5）双金属钛钉。钉的主要部分为 Ti - 6Al - 4V 材料制成，钉杆尾端用摩擦焊焊接一段塑性好的钛铌合金（Ti - 45Nb），适用于复合材料与复合材料的连接，可用手工铆接，加一钛垫圈增大承压面积，如图 7 - 31 所示。

（6）大底脚螺纹抽钉。这是复合材料结构连接的很重要的紧固件，用量大。"盲墩头"很大，增加了复合材料的承压能力。

（7）钛高锁螺栓。其主要优点是拧紧力矩设计适当，不压伤面板，安装螺母时加一垫圈，防止擦伤表面。

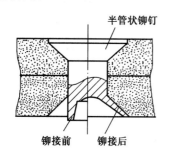

图 7 - 28　埋头纯钛钉

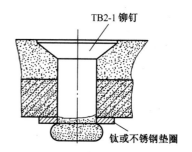

图 7 - 29　β 型钛钉

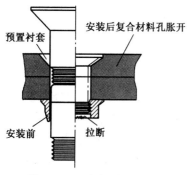

图 7 - 30　干涉型钛环槽钉

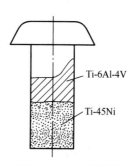

图 7 - 31　双金属钛钉

7.5　复合材料机械连接工艺

7.5.1　螺接工艺

1. 高锁螺栓的连接

高锁螺栓是用于复合材料结构的一种新型紧固件。它由高锁螺栓、高锁螺母及垫圈组成。螺栓尾部有一内六方孔,孔内插入六角扳手后,可以单面进行安装螺母。螺母上有一断颈槽,当拧紧力矩达到预定值时,高锁螺母头部的工艺螺母自行断落,其连接过程如图 7-32 所示。

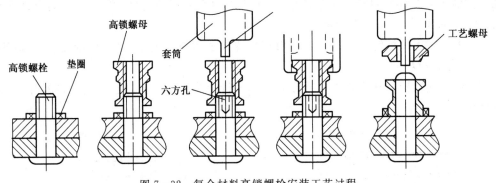

图 7-32　复合材料高锁螺栓安装工艺过程

2. 普通螺栓的连接

复合材料的内部连接中,常用到大量的普通螺栓,其安装工艺和所用工具与金属结构相同,只是螺栓材料的选择应考虑电位腐蚀问题。对碳纤维复合材料结构,最好选用钛螺栓。在普通螺栓的安装中,常遇到多钉连接的情况。安装时,不宜逐一将单个螺栓一次拧紧,而应均衡、对称地将所有螺栓拧紧。对缝内密封的螺栓,需分两次拧紧。初次拧紧必须在密封剂活性期内完成,二次拧紧必须在初次拧紧后 20 min 进行。两次拧紧须在密封材料施工期完成。

7.5.2　铆接工艺

由于复合材料(特别是碳纤维复合材料)延伸率小、层间强度低和抗撞击能力差等,一般认为不宜进行铆接连接。但因铆接成本低、质量轻、工艺简单且适于用自动钻铆机进行自动化装配,所以国内外对复合材料结构的铆接工艺研究一直在进行。研究结果表明:只要选用塑性好的材料并采取一定工艺措施,即使在碳纤维复合材料结构上,铆接连接也能成功地得到应用。目前,在一些承力不大的飞机结构上,复合材料铆接工艺已得到比较普遍的应用。

按钉杆镦粗情况的不同,可分为钉杆镦粗的铆接和钉杆局部变形的铆接。钉杆镦粗的铆接指实心铆钉的铆接;钉杆局部变形铆接指空尾铆钉、半管状铆钉及双金属铆钉的铆接。欲使钉杆及复合材料结构铆接变形小,还可以采用辗铆法。

1. 钉杆镦粗的实心铆钉铆接工艺

上面提到,碳纤维复合材料的弱点是延伸率低、抗撞击能力差,因此用实心铆钉铆接碳纤维复合材料结构时,既不允许有大的干涉量,也不宜采用锤铆。为减少干涉量,孔径应大于钉径,镦头处应加垫圈,垫圈内径应小于孔径。

实心铆钉用的材料品种很多,其中钛-铌铆钉的应用最普遍。现将纯钛实心铆钉的铆接工艺方法介绍如下。

纯钛 TA1 有良好的冷镦工艺性及铆接工艺性,且价格便宜,已被成功地应用在碳纤维复合材料飞机结构上。几种常用铆钉的孔径、垫圈内径按表 7-7 确定。

表 7-7　常用铆钉的孔径、垫圈内径　　　　　　　　（单位:mm）

钉径 d	孔径 D_1	垫圈内径 D_2
2.0	2.8～2.9	2.6～2.7
3.0	3.3～3.4	3.1～3.2
3.5	3.8～3.9	3.6～3.7
4.0	4.3～4.4	4.1～4.2

其他铆接参数(见图 7-33):

铆钉伸出量 C 为 $1.3d$;

镦头直径 B 为 $1.4d\pm0.10$;

镦头高度 A 为 $0.6d\pm^{0.05}_{0.10}$。

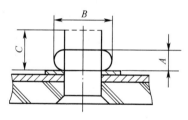

图 7-33　铆后镦头参数

2. 钉杆局部变形的半空心铆钉铆接工艺

为避免钉杆镦粗而造成基体孔壁损伤,国外研制了仅钉尾产生变形而主杆部分基本不膨胀的半空心铆钉,它既使层板牢固地连接在一起,又不使孔壁损伤,是一类很适于复合材料结构连接的新型紧固件。

(1)空尾铆钉的铆接工艺。典型的空尾铆钉结构如图 7-34 所示。这种钉钉尾有一空心段,连接结构上、下表面均有 100° 的窝,铆接后形成双面沉头的连接结构。

空尾铆钉的铆接是在铆接机上进行的(见图 7-35)。铆接时,将铆钉插入孔中,并将成形铆模放在铆接机上,由于钉尾有一空心段,其刚度较低,在仅为实心铆钉一半的安装力作用下,钉尾变形,在 100° 的沉头窝内形成镦头。

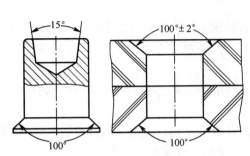

图 7-34　空尾铆钉及其被连接的结构

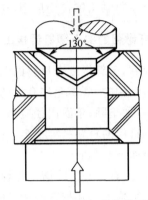

图 7-35　空尾铆钉的铆接成形

由于铆接空尾铆钉只是钉尾变形,钉杆主要部分基本不膨胀,因此钉、孔虽呈间隙配合,但间隙要比实心铆钉的小,铆接仍需采用压铆。这种铆接适于用在两面均有齐平度要求的操纵面结构。对空尾铆接质量的要求:

1)钉的喇叭形尾部不得有肉眼可见的开裂。

2)喇叭形尾部轴线不得偏离钉轴中心 1 mm 以上。

3)空尾铆钉成形时,当两个端面凸出量超过 0.381 mm 时(见图 7-36),需进行铣削,保证:

- 喇叭形尾部不偏离钉轴中心;
- 四周突出量不超过 0.635 mm;
- 铆钉不被铣出低于 0.254 mm 的下陷;
- 在任何部位,不得有多于 25% 的铆钉被铣削。

(2) 半管状铆钉的铆接工艺。图 7-37 中的蒙乃尔半管状铆钉(MS16535),在钉尾也有一空心段,但被其连接的结构上、下表面均不锪窝。铆接时,在安装载荷及成形模的作用下,形成帽形镦头,能有效地将构件连接在一起,主要用于内部结构。

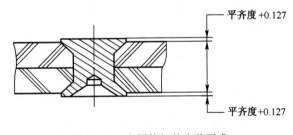

图 7-36　空尾铆钉的安装要求

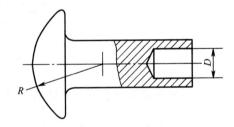

图 7-37　半管状铆钉

对半空管安装质量的要求:

1)半管状铆钉的安装,必须使钉尾翻边折向板的底面形成镦头,如图 7-38 所示。

2)若铆镦头径向开裂不引起复合材料结构表面损伤,可认为铆接合格;若引起与镦头接触的复合材料板开裂,应认为铆接不合格,如图 7-39 所示。

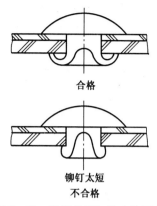

合格

铆钉太短

不合格

图 7-38　半管状铆钉的安装要求

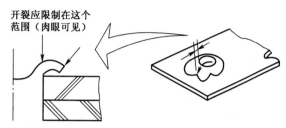

开裂应限制在这个
范围（肉眼可见）

图 7-39　径向开裂说明

（3）双金属铆钉的铆接工艺。双金属铆钉（商品名称为 Cherry BUCK）是由 Ti-6Al-4V 作为杆体、Ti-Nb 作为钉尾通过摩擦焊而成为一体的双金属紧固件。双金属铆钉特点如下：

1）与同类剪切紧固件相比，这种紧固件能节重 $10\%\sim40\%$；

2）特别适于用自动钻铆机进行铆接。

3. 双金属铆钉的铆接工艺辗铆工艺

辗压铆接是一种降低复合材料铆接变形的最有效方法。目前有两种辗压铆接法：圆周辗压铆接和径向辗压铆接。其中，圆周辗压铆接的用量占辗压铆接总用量的 $90\%\sim93\%$。这里主要讨论在混合材料铆接件中采用铆具做圆周移动的辗压铆接方法。

圆周辗压铆接时，铆具轴描绘出以旋转轴线上 a 点为顶点的空间圆锥面（见图 7-40），铆具不围绕自身轴线转动。铆具移动消除了铆钉同铆具接触部位产生的摩擦力。在铆具做圆周移动时，铆具同铆钉杆端面的接触在理论上是线性的，但实际上却是近似扇形的。它的中心角取决于铆接规范（轴向力、铆具轴的旋转速度和进给量）、铆具的倾斜角以及变形材料的力学性能等。铆具运动的这种特征促使铆钉材料沿径向流动，每个行程的钉杆变形层深度很小。由于这种作用的结果，铆钉杆外露段的侧面外形近似圆锥面（见图 7-40）。它不同于压铆，压铆的铆钉杆外露段呈现中凸的桶状。铆钉杆材料在镦粗过程的流动特性有利于填满沉头窝。

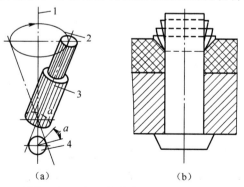

（a）　　　　　　　　　　　（b）

图 7-40　辗压铆接形成镦头的原理

（a）铆具的运动原理；　（b）镦粗步骤

1—铆具的旋转轴线；　2—运动轨迹；　3—铆具轴线；　4—铆钉的端面

辗压铆接时,由于镦粗力降低和铆钉材料变形方式改变,铆接接头的相对干涉量小于临界值(1％～3％)。根据铆钉镦头对沉头窝的填充质量和微观组织的分析,压铆时,孔周玻璃纤维复合材料的变形超过了容许值,破坏了复合材料的完整性。

7.5.3 特种连接工艺

1. 环槽钉的安装

环槽钉按成形方法分为拉铆型和镦铆型两种。由于拉铆型钉杆无膨胀、无冲击力,且夹紧力较大,它更适于复合材料结构的连接。环槽钉是靠专用工具(拉铆型环槽铆钉靠拉枪,镦铆型环槽钉靠压铆机或铆枪)将钉套的一部分材料压到钉杆的环槽内将构件连接在一起的。拉铆型环槽铆钉的安装过程如图 7－41 所示。

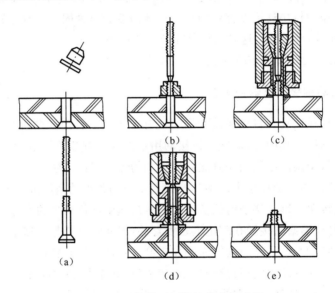

图 7－41 拉铆型环槽钉的安装过程

(a)准备安装; (b)装上钉杆钉套; (c)拉枪插入; (d)拉铆; (e)装配完毕

2. 干涉螺纹抽钉连接

干涉螺纹抽钉结构示意图如图 7－42 所示。它由钉体、芯杆、钉套、干涉衬套及驱动螺母 5 个零件组成。

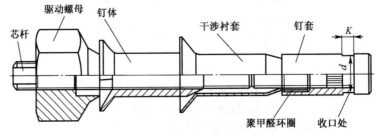

图 7－42 干涉螺纹抽钉结构示意图

安装过程：

（1）将抽钉放入制好的孔中，用拉枪插入杆和驱动螺母，保持拉枪与抽钉在一直线上，如图 7 - 43(a) 所示；

（2）启动拉枪按钮，抽钉芯杆向逆时针方向转动，使钉体与驱动螺母拧成一体，芯杆继续拧紧，套管随芯杆旋转并向上提起，当套管与夹层板接触时即停止旋转并开始压缩成锥状体，如图 7 - 43(b) 所示；

（3）继续拧紧芯杆，消除夹层之间的间隙，即形成大底脚，板亦完全夹紧，如图 7 - 43(c) 所示；

（4）大底脚完全形成后，芯杆即在断颈槽处断开，芯杆断头与驱动螺母随即被顶出，如图 7 - 43(d) 所示。

3. HI - LEX 复合材料紧固系统

HI - LEX 复合材料紧固系统由特种螺栓和环圈组成。该螺栓类似于高锁螺栓，但杆上带有一个特殊的浅螺旋状的槽，机械性能与 Hi - Lok/Hi - Lite 系统一致，如图 7 - 44 所示。

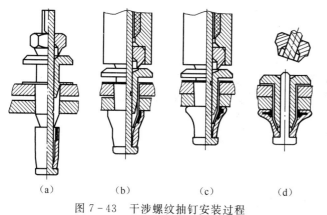

(a)　　　(b)　　　(c)　　　(d)

图 7 - 43　干涉螺纹抽钉安装过程　　　　图 7 - 44　HI - LEX 复合材料紧固系统

4. 复合材料干涉配合分析

随着我国先进复合材料在飞机主承力结构的应用，为提高飞机寿命，将在关键疲劳区大量采用干涉连接紧固系统。目前，我国已开发出了衬套类干涉环槽紧固系统和衬套类干涉高锁螺栓，可供飞机设计者选用。

为研究并推广干涉螺接，首先需对复合材料连接结构干涉螺接孔边应力进行计算分析。图 7 - 45 所示 TC4 板与碳纤维复合材料层合板干涉配合连接几何模型与有限元模型，干涉配合孔边应力分布计算结果如图 7 - 46 所示。无外载条件下，干涉配合 TC 板孔边应力分布均匀［见图 7 - 46(a)］，而碳纤维复合材料板孔边应力受干涉量及碳纤维铺层的影响［见图 7 - 46(b)］；在加载条件下，连接板孔应力分布如图 7 - 47 所示，最大压应力位于连接板接触面处，孔周边缘在应力集中。

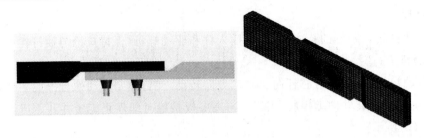

图 7-45　复合材料连接结构几何模型与有限元模型

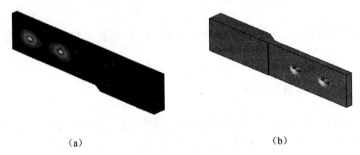

（a）　　　　　　　　　　　　　（b）

图 7-46　干涉配合条件下连接板孔应力分布
(a)TC 板孔边等效应力；　(b)复合材料板孔 X 向应力

最大压应力

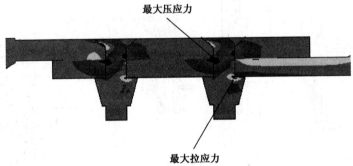

最大拉应力

图 7-47　加载条件下连接板孔应力分布

思 考 题 7

1. 试述纤维增强复合材料的主要特性及其在飞机结构中的应用状况。
2. 试述复合材料制件成形方法的特点。
3. 试述复合材料加工方法特点和应用范围。
4. 试述复合材料机械连接方法及其特点。

第 8 章　飞机结构胶接技术

8.1　胶接技术特点及应用

胶接是通过胶黏剂将零件连接成装配件。胶接是现代飞机结构中常用的一种连接方法，在通常情况下，胶接可作为铆接、焊接和螺栓连接的补充，在特定条件下，可根据设计要求提供所需的功能。胶接具有下述特点。

（1）胶接能最充分地利用被黏材料的强度。由于胶接不需要铆接和螺栓连接中的过孔，因此，不会减小材料的有效横截面积；胶接操作温度低，可避免焊接时高温引起的结构热变形和金相组织的变化，或者涂层、退火状态的破坏。因此，胶接能充分利用板材，尤其是高强度材料的全部强度。

（2）胶接能提高接头的疲劳寿命。胶接时胶黏剂均匀分布于胶接面上，无螺孔和焊缝，不会产生局部应力集中，提高了接头的疲劳寿命。而且胶接构件中，疲劳裂纹的扩展速度很慢。这一优点使胶接在飞机制造中获得了广泛的应用。美国沃特公司研制的翼盒分段件（由 V 形梁和叠层胶接蒙皮组成），其使用寿命延长 2 倍以上。

（3）胶接构件有效地减轻了质量。由于不用铆钉、螺栓而减轻了接头的质量。由于胶接件受力均匀，可采用薄壁结构，也极大地减轻了接头质量。据报道，某飞机机身采用胶接，结构质量减轻 15%，总费用节约 25%～30%。一台大型雷达采用胶接结构，质量可减轻 20%。

（4）胶接接头可根据使用要求来选取相应的胶黏剂。赋予胶接接头以特定的功能，常见的有导电、导磁、密封、抗特定介质腐蚀等功能。

（5）胶接适用的材料范围广。它可用于金属材料之间或非金属材料之间的连接，也可用于金属与非金属材料之间的连接，因此，胶接的适用范围十分广泛。

（6）胶接接头耐腐蚀能力强。由几种金属材料构成的接头，采用胶接可避免金属接触电偶产生的电化学腐蚀。胶接本身也不存在化学腐蚀。胶接对水、空气及其他介质有良好的密封性能，减少了介质对接头的腐蚀，从而提高了接头的耐腐蚀能力。

（7）胶接工艺简单。对操作的熟练程度要求低，生产易于自动化，生产效率高，成本低。在机械行业中，1 000 kg 胶黏剂可节约 5 000 kg 金属连接材料，同时可节省 5 000～10 000 个工时，经济效益十分可观。

采用胶接能够比较好地满足飞机表面平滑度、结构比刚度和比强度方面的要求，特别对直升机、运输机、客机等可以防止疲劳破坏，提高破损安全性，延长飞机的使用寿命。目前胶接结构已广泛用于各种类型的飞机。

胶接也存在一些问题和缺点，例如，胶接质量容易受很多因素的影响，所以性能分散性较大；生产质量控制要求严格；胶接质量不易检查，无损检测方法不够满意；胶黏剂以高分子材料为主体，使用温度范围受限，而且存在"老化"问题；等等，这些都有待逐步改善和解决。此外，接头性能重复性差,使用寿命有限。以上这些缺陷,在一定程度上限制了胶接的应用范围。

金属胶接在飞机结构上的应用,开始于20世纪40年代,起初用于蒙皮与桁条的连接,后来主要应用于蜂窝夹层结构和泡沫夹层结构上。在飞机制造中,采用胶接结构的飞机有100多种。例如,B-58重型超声速轰炸机中,胶接壁板占全机总面积的85%,其中蜂窝夹层结构占90%;"三叉戟"客机的机身和机翼、尾翼的板件都是胶接结构;波音747、DC-1O、伊尔-86等大型客机和ATR-42,F-50和F-100等支线客机上也都广泛采用胶接;现代各种直升机的旋翼桨叶,几乎无例外地采用胶接结构。我国从1958年开始研究飞机结构的金属胶接,1959年研制了歼击机的金属蜂窝结构襟翼。20世纪60年代试制成直升机金属桨叶。从此,我国陆续在自行设计和研制的飞机结构上采用了金属胶接,除了蜂窝结构以外,也有蒙皮桁条结构和多层加强板的钣金件胶接。

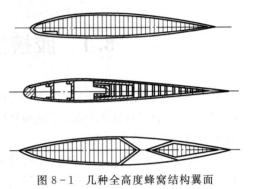

图8-1　几种全高度蜂窝结构翼面

飞机机体结构上采用的一些胶接结构形式,如图8-1、图8-2所示。

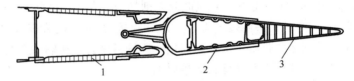

图8-2　客机翼面的胶接结构

1—蜂窝结构壁板；　2—钣金胶接结构；　3—全高度蜂窝结构

8.2　胶　接　机　理

胶接是通过胶黏剂的作用把被黏物连接在一起,形成胶接接头。胶黏剂与被黏表面之间产生的"黏附力"——即交界面上不同分子间的作用力和胶黏剂固化后本身产生的足够强的"内聚力"——即胶黏剂分子间相互束缚在一起的作用力,共同构成被黏物之间的胶接强度。胶接接头受力而破坏时,可能由于黏附力小于内聚力,破坏发生在胶层与被黏物之间的界面上,称为"黏附破坏";也可能由于内聚力小于黏附力,而使胶层或被黏物本身破坏,称为"内聚破坏"。此外,也可能两种破坏情况都存在。如果剖开一个简单的胶接接头来分析,根据接头的微观结构,以接头材料组成的分布梯度,将其划分为5层,甚至细划为9层,其结构如图8-3所示。

接头是研究胶接机理的对象。但是,用接头强度数据来研究胶接机理,存在许多困难,因为接头的性能与胶接现象难于分离。例如,胶接强度一般大于塑性材料的强度,接头破坏发生在被黏材料或界面上;对于高强度的金属被黏材料,接头破坏经常发生在胶黏剂层内或黏附界面上,因此,很难确定实际的胶接强度。而且被黏材料与胶黏剂之间界面区的几何尺寸很小,也很难测出其中的胶接强度。

当胶接接头受到外力作用时,应力就分布在组成这个接头的各个层间结构中。而在胶接接头固化过程中和在使用环境中还会造成接头的内应力。组成接头的任何一部分如果被破坏,都将导致整个接头的破坏。因此,胶接接头的强度实质上取决于组成这个接头的每一部分的内聚力及相互间的结合力,同时又与应力分布状况有密切关系。凡是影响内聚力、黏附力以及应力分布的因素都会影响连接强度。在胶接机理研究中,必须区分界面黏附力与各个材料区域的内聚力,以期获得准确的数据。

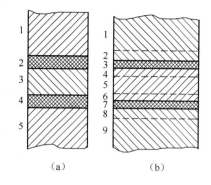

图 8-3 胶接接头结构

(a)5 层结构示意图;(b)9 层结构示意图

1,5—被黏物本体;　2,4—界面层;　3—胶层;

1,9—被黏物本体;　2,8—被黏物接近界面的原子层;

3,7—界面层;　4,6—受界面影响的胶黏剂边界层;

5—不受影响的胶黏剂本体

1. 黏附力和黏接机理

黏附力是胶黏剂与被黏表面之间的作用力。它是如何形成的,到目前为止还没有完满的理论解释。一般认为黏附力是被黏物分子或原子与胶黏剂分子或原子之间作用力的宏观表现。分子间作用力即范德华力,原子间的作用力即化学键,此外还有介于原子间作用力和分子间作用力的氢键。黏附力的产生应包括胶黏剂与被黏物表面之间的物理的、化学的和机械的作用。

(1) 吸附理论。20 世纪 40 年代,国外有人提出吸附理论。它是以表面吸附、聚合物分子运动及分子间作用等理论为基础的。吸附理论后经许多学者研究得到了进一步发展。吸附理论认为,胶接作用是胶黏剂分子与被黏物分子在界面层上相互吸附而产生的,胶接作用是物理吸附和化学吸附共同作用的结果,而物理吸附则是胶接作用的普遍性原因。

(2) 静电理论。静电理论认为,在胶接接头中存在双电层,胶接力主要来自双电层的静电引力。

(3) 扩散理论。扩散理论认为,胶黏剂和被黏物分子通过互相扩散而形成牢固的胶接接头。

(4) 机械结合理论。机械结合理论认为,液态胶黏剂充满被黏物表面的缝隙或凹陷处,固化后在界面区产生啮合连接。

以上各种理论从不同方面解释了某些实际结果。一般来说,分子间的作用力对界面黏附强度的贡献占的比例较大,而界面抵抗介质和水浸蚀的能力则主要决定于化学键力。有关胶接的机理仍在进一步研究中。

从上述各种黏附现象可知,要使胶黏剂与被黏物紧密黏附并具有足够高的强度,首要条件是胶黏剂必须与整个表面良好接触,也就是胶接表面必须能被胶液充分浸润。图 8-4 为液滴在固体表面上铺展,不久液滴边缘与固体表面形成一

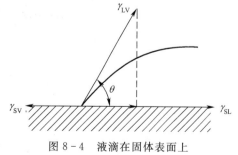

图 8-4　液滴在固体表面上的润湿角(接触角)

个接触角 θ。从热力学观点看,这时液体表面张力 γ_{LV}、固体表面张力 γ_{SV} 和固体液体间界面张力 γ_{SL} 三者处于平衡状态。接触角小,表明润湿性好,接触角等于零,表明完全湿润。另外,固体分子与液体分子间吸引力愈大,接触角也愈小。因此,黏附力与润湿性是一致的,可以通过接触角的大小来判断是否适合黏附。

胶黏剂对被黏物表面润湿情况与胶黏剂的性质、被黏物的表面状况以及胶接过程的工艺条件等因素有关。为了提高润湿能力,胶黏剂要有较低的黏度(通过溶剂或加温来调节);胶接前对被黏表面要进行处理,清除尘埃和油污,改善表面的结构和性质;胶接时,加温加压,使胶液从被黏表面排除吸附的空气和水分,并随之与表面密切接触。

2. 内聚力和胶黏剂的固化

液体的(或流态的)胶黏剂在浸润被黏物表面之后,必须通过适当的方法使它变成固体,即本身产生足够强的内聚力,这样,胶接接头才能承受各种负荷,这个过程称为固化。

胶黏剂的固化方法根据胶黏剂的性质而定。例如,由热塑性高分子化合物组成的胶黏剂,因为热塑性高分子化合物加热可以熔融,也可以溶解在一定的溶剂中,所以这类胶黏剂可以通过熔融体的冷凝或溶剂的挥发等物理变化来完成固化。一般金属结构胶黏剂主要由热固性高分子化合物组成,它要在一定的温度、压力或胶黏剂的作用下,通过化学反应,聚合成不熔化也不溶解的、具有一定机械强度的固体高分子结构物质。

8.3 胶接接头的设计

8.3.1 胶接结构的形式和应力分布

飞机机体上的胶接结构的受力状态比较复杂,为便于分析,可把它所受的载荷简化为以下形式(见图 8-5)。

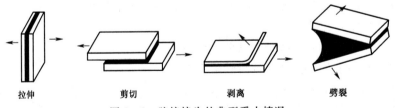

拉伸　　　　　剪切　　　　　剥离　　　　　劈裂

图 8-5　胶接接头的典型受力情况

(1)拉伸。拉伸的特征是外力作用线垂直于胶缝。当被黏零件较厚或刚度较大时,受载时不产生挠曲变形,拉应力分布比较均匀;当被黏零件较薄或集中力偏心时,拉应力分布不均匀,易造成胶缝破坏。

(2)剪切。剪切的特征是外力作用线平行于胶缝或力矩矢量垂直于胶缝平面。剪切是胶接接头最好的受力形式,胶接强度最高。

(3)剥离。剥离的特征是,外张力作用在接头边缘,力的作用线与胶缝夹角大于零,受力发生在厚壁零件与薄壁零件黏接或两个薄壁零件黏接且外张力方向偏斜时,承载能力随力的作用线与胶缝夹角的增加而降低。力的作用线与胶缝夹角等于 $90°$ 时,承载能力最小,受力设计时应尽量避免这种情况。

(4)劈裂。当两个被黏零件较厚、刚度较大且外力作用在接头的边缘时,形成劈裂力。劈裂受力形式较复杂,受载端胶缝表现为拉应力,通常有较大的应力集中。

图 8-6 所示是承受剪切、拉伸的单搭接接头。经研究表明,胶层内 a,b 处的剪应力和拉应力都是最大,显然,单搭接胶缝接头有明显的应力集中,使剪切强度降低,而且由于 a,b 处拉应力大而使这两端容易被剥离。胶缝的搭接长度 L 对应力集中有影响,随 L 的增大而应力集中程度就加剧。胶缝的承载能力,由图 8-7 可知,L 增大到一定程度后承载能力就难以再明显提高,而胶缝搭接宽度的增大,其承载能力就直线上升。胶缝的应力集中程度还与胶黏剂性能、被胶金属的弹性模数、材料厚度等因素有关。韧性好的胶黏剂,可使应力集中降低。随着金属材料弹性模数和材料厚度的增加,有利于减小应力集中程度。当结构允许时,用双搭接替代单搭接,可减少单搭接胶缝受载偏心而引起的弯曲倾向,从而也可减少应力集中。如能把搭接部分做成如图 8-8 所示的斜坡,削成与弹性模数相适应的斜度(被胶件材料弹性模数高,可削得更尖些),使整个胶缝区内的应力应变基本相同,从而大大减少应力集中程度。数值分析不同胶接结构胶层应力分布显示,搭接板形状的改变,直接影响胶层的应力分布,带斜度的搭接板胶接后会改善胶层的应力梯度如图 8-9 所示。

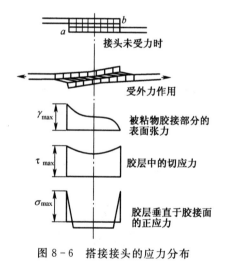

图 8-6　搭接接头的应力分布

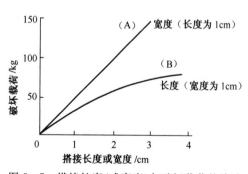

图 8-7　搭接长度(或宽度)与破坏载荷的关系

不均匀扯离的胶缝,在飞机结构中也有应用。例如,机翼蒙皮与翼肋、桁条的胶接,蒙皮因受气动力而对胶层有不均匀的扯离力作用,整个胶接面上,应力分布很不均匀,应力集中比较严重,主要集中在胶缝边缘小区内,胶接强度很低,一般只有均匀扯离强度的 10% 左右。蒙皮愈厚,长桁或翼肋的间距愈小,应力愈趋均匀,强度也愈高。

剥离是指较柔软的材料与刚度大的材料胶接时常出现的一种受力状态。如薄蒙皮与刚度大的梁、肋骨架的胶接,在蒙皮受气动力时,往往对胶缝产生剥离作用,应力分布更集中在胶缝边缘的一条线上,其余部分并不同时受力。由于应力集中严重,承载能力很小,因此胶缝的抗剥离强度随剥离角 α 的减小而降低,图 8-10 中,(a)胶缝的抗剥离强度比(b)胶缝的差。

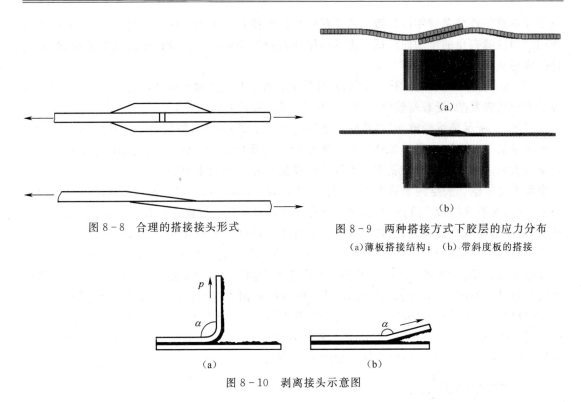

图 8-8 合理的搭接接头形式

图 8-9 两种搭接方式下胶层的应力分布
(a)薄板搭接结构； (b)带斜度板的搭接

图 8-10 剥离接头示意图

由上述可知,在胶接结构设计中应尽可能使胶缝承受剪切,其次是承受均匀扯离(拉伸),但应力求避免垂直于胶缝的外载荷,以免因此产生弯曲,使应力集中更严重。尽量少用不均匀扯离的受力形式或尽力减少其不均匀程度。尤其要避免剥离形式的胶缝出现,为了提高胶缝的抗剥离能力,对容易发生剥离的部位,可以用铆钉补铆或点焊等方法加强,也可适当增大端头部位的胶缝面积和边缘零件的刚度等。

8.3.2 胶接剂的选用

胶黏剂种类很多,各自的物理特性、机械特性和工艺性都有所不同,往往差别很大。胶的供应状态也有液状、膏状、膜状、带状、粉末状等多种。选用胶黏剂时,必须考虑被胶接件的结构特点、使用环境、工作条件等因素。如结构承受的载荷大,就应选用高强度结构胶;结构刚度小时,不能承压太大,只能选用在低压或接触应力下固化的胶黏剂。对高速飞机,结构承受的温度较高,应选择相应的高温胶。而不宜受热的构件,则应选用常温固化胶。大面积胶接宜用液状胶,而膜状、带状胶宜用于平面和单曲面结构。总之,胶黏剂的选择,不能只追求单项强度指标,应同时考虑结构、工艺、使用以及经济成本等的要求。

结构胶黏剂的性能要求包括两方面:①胶黏剂本身的物理、化学性能和工艺性能,如外观、黏度、固体含量、挥发性、酸值、流布性、适用期、固化速度和储存期,等等;②胶接性能,即各种工作温度下和各种载荷条件下的胶接强度,以及耐介质性能,耐老化性能,应力-环境作用下的耐久性能,等等。

胶黏剂各项性能的检验和试验,一般在研制和生产胶黏剂的单位进行。在工业生产中,使用前要复验。胶黏剂的鉴定、验收和复验须按标准规范,用标准试件按规定的项目和方法进行。下面仅简单介绍最基本和最主要的胶接性能测试方法。

按胶接件的受力方式,胶接强度一般以剪切强度、不均匀扯离强度、均匀扯离(垂直拉伸)强度和剥离强度来表示。对于钣金结构用的胶黏剂,其最基本的胶接机械性能是剪切强度、不均匀扯离或剥离强度。

1)剪切强度:用标准搭接试件的单位面积剪切破坏载荷(N/cm^2)来表示,试件尺寸如图8-11所示。

2)不均匀扯离强度:用来检验胶层的韧性。试件尺寸如图8-12所示。发生扯离破坏时,不是整个胶接面积同时承受载荷,故不均匀扯离强度以单位宽度胶缝上的破坏载荷(N/cm)来表示。

3)剥离强度:也用以检验胶层的韧性。它可以衡量胶接接头抵抗裂缝扩展的能力。试验方法有多种,常用的90°剥离(也称L形剥离)和T形剥离较简单。试件尺寸如图8-13所示。剥离强度也是以单位宽度胶缝上承受的破坏载荷(N/cm)来表示的。因为胶缝是被缓慢、连续撕开的,所以要取整个剥离长度上的平均破坏载荷。

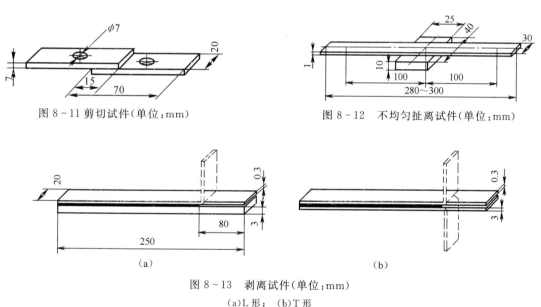

图 8-11 剪切试件(单位:mm)　　　　　图 8-12　不均匀扯离试件(单位:mm)

图 8-13　剥离试件(单位:mm)
(a)L形;　(b)T形

根据产品的结构和使用情况,有时需要进行以下试验:高温或低温试验,检查工作温度范围内所具备的强度;耐介质试验,检查在介质(如水、海水、燃油、溶剂等)中浸一段时间后的强度变化;耐老化试验,检查在大气中或在高温、湿热、盐雾、冷热交变等各种人工加速老化条件下暴露一段时间后的强度变化;疲劳强度、持久强度等试验。

8.4　胶接工艺过程

典型的胶接工艺过程包括以下一些主要工序:预装配,胶接表面制备,涂胶和烘干,装配,固化等。

8.4.1 预装配

胶接组合件进行预装配是为了检查零件间的协调关系和胶接面的贴合程度,并进行必要的修配,以达到装配准确度的要求。

胶层的厚度严重影响胶缝强度。胶层应当薄而均匀,厚度一般应在 0.01～0.25 mm 范围内,最好在 0.1 mm 以下。胶层太厚时,胶层产生蠕变,内应力、热应力和气泡的趋势增大,产生缺陷的可能性增大,胶接强度将显著下降。因此,胶接零件间的配合间隙要小而均匀,即零件间的协调精度要高。如果零件配合不好,应进行修配。考虑到固化前胶膜的厚度和固化后胶层的厚度,预装配时,对不同配合部位的装配间隙有不同的要求。例如,金属与金属表面之间允许的装配间隙为 0.15～0.25 mm,一般应为 0.2 mm;面板与蜂窝夹芯间允许间隙至 0.1 mm;芯子比相邻的金属件要高出 0.05～0.2 mm,一般为 0.1 mm。在预装配时,要放置代替胶膜厚度的垫片。零件经修配和检查合格后,再拆开进行胶接表面处理。

8.4.2 胶接表面制备

零件表面清洁度和表面状态对胶接质量(强度、耐久性)有决定性的影响。胶接前表面处理的目的是:除去表面污物;改变表面粗糙度;改变表层结构形态;改变表面物理、化学性质;提高表面防腐蚀能力。

1. 表面处理的必要性

胶黏剂对被黏表面的浸润性以及胶接界面的分子间作用力是形成优良胶接的基本条件,其中被黏材料的表面特性起着重要作用。因此,胶接前被黏材料的表面制备是十分重要的。

(1) 被黏材料表面的吸附特性。长期存放的被黏物的表面必然吸附大量的灰尘及周围环境的污染物,材料表面被氧化、锈蚀,亲水性被黏表面吸附水膜等,都对胶接不利。表面吸附油脂及其他有机物后,表面能降低了,同时也影响了胶黏剂对它的浸润性。因此,胶接前应通过适当的表面处理,排除这些不利因素以提高胶接强度。

(2) 被黏零件加工成形中的污染物。零件加工过程中,工件表面常带有润滑剂、油污、人体汗渍等;塑料、橡胶制品的表面常有脱膜剂、润滑剂等。这些都妨碍胶黏剂对被黏表面的浸润,胶接时易形成弱界面层,从而降低胶接强度。因此,必须通过表面处理排除上述各种污染物质。

(3) 被黏表面的不平度。粗化处理可增大胶接面积,提高胶接强度。同时,胶黏剂固化后的微细凹陷表面形成嵌接,可增强机械啮合力。

(4) 难黏材料。通过改变被黏表面的分子结构,改善表面的可黏性。

2. 表面处理的程序和方法

对被黏表面的处理一般包括脱脂除油、机械处理、化学处理、洗涤和干燥等。对难黏的聚合物表面,需要对表面进行改性处理。通常采用化学、物理方法进行处理,以改变材料表面的分子结构,提高材料的表面能和反应活性,改善表面的可黏性。

上述方法可单独使用,也可联合使用以期达到更好的效果。具体采用下述处理方法。

(1) 脱脂除油处理。对被黏表面的脱脂处理,应根据油污性质选用有机溶剂、碱溶液或表面活性剂进行脱脂。常见的油污有动植物油,其主要成分是脂肪酸甘油酯。它与碱发生皂化反应生成可溶于水的肥皂和甘油,故称为皂化性油。另一类为矿物油,如机油、柴油、凡士林和石蜡等,其主要成分是碳氢化合物。它与碱不起皂化反应,故称为非皂化性油。它可通过表面活性剂的乳化作用去油。而有机溶剂对上述两类油污均有脱脂洁净作用。

1) 溶剂脱脂。有机溶剂的除油效率很高,是理想的清洗剂。一般它应具有如下特性:溶解污物的能力强;对被黏物质呈惰性;不燃、无毒;沸点较低;比热、汽化潜热小;气态时,比空气重,液态时,比重较大而表面张力较低。用有机溶剂进行脱脂处理,在操作上可采用擦洗、浸泡、蒸汽脱脂及超声波清洗等方法。

2) 碱液脱脂。碱液除油是胶接中常用的除油方法之一。与溶剂除油相比,碱液除油具有无毒、不燃、操作工艺简便、设备简单、经济等优点,但除油速度较慢。碱液脱脂应用的是碱与脂肪发生皂化反应的原理。

(2) 机械处理。被黏表面除了有油污外,金属表面还可能有氧化物或其他污垢。为了获得满意的胶接强度,需要将这些污物清除,以制备新生的活性表面和具有一定粗糙度的胶接表面。机械处理的实现方法一般是在被黏表面脱脂后,对其用钢丝刷、砂纸等进行手工打磨“刷光”,也可用喷砂等进行机械腐蚀。

(3) 化学处理。化学处理主要指用酸或碱处理。它适用于对常用金属材料和某些聚合物进行表面处理。它是在用上述两种处理方法处理后,进一步清除被黏表面的残留污物以改善表面的可黏性。对金属而言,化学处理可在表面形成一层致密、坚固、内聚强度高、极性强的金属氧化膜,从而提高表面能,使胶黏剂易于浸润,达到显著提高胶接强度的目的。对某些聚合物而言,经化学处理后,可使化学惰性表面变成带极性基团的活性表面,从而获得自由能高、浸润性好、可黏性优良的被黏表面。

(4) 漂洗和干燥。被黏表面不管经历几种表面处理方法,胶接前都应进行漂洗与干燥。漂洗时,先经自来水,再用去离子水。干燥时,晾干,或用冷、热风吹干,或用烘箱烘干皆可。当然,用丙酮或酒精等擦干也可以。对不同的被黏表面以及不同的表面处理方法,漂洗和干燥工艺也应有所不同。

在飞机结构的胶接中,为了提高接头的寿命,经常使用磷酸阳极化表面处理方法。

8.4.3　涂胶和烘干

在新处理好的金属表面上应及时涂一层薄薄的底胶。其作用是:保护表面,防止环境污染和湿气吸附,延长处理好表面的存放时间;浸润表面,渗入表面膜层,增强黏附作用,又与胶黏剂相容而形成一个界面区,提高胶接强度,升温时产生黏性的底胶还可用作胶接零件定位或固定的工艺措施;含有腐蚀抑制剂的底胶将改善界面防腐蚀性能,尤其是提高耐湿性。底胶厚度属于分子层厚度(若干个微米)。例如,一般要求固化后的厚度为 0.005~0.015 mm,最薄的仅为 0.001 25 mm,要严格控制底胶厚度。采用喷枪喷涂或机械化静电喷涂,要求喷得光滑、均匀,喷涂的厚度可控制在 0.002 5~0.005 mm 之间,喷涂后要经烘干和固化。生产中用专门制作的代表底胶厚度的标准试样与工件对照,进行比色检验。除涂底胶外,有的表面是涂耦合剂、胶接促进剂等其他表面化学处理剂。

零件涂底胶后,在规定的时间之内涂胶。涂胶的方法视胶黏剂的供应状态(液状、糊状、膜状、粉状)、胶缝特点,以及产量大小而定。对胶液,要求涂均匀,每涂一层胶后,都要经过晾干和烘干,以除去溶剂和水分,还要防止胶液流失。一般通过控制单位面积上胶液用量及干燥后的胶层质量来控制胶层厚度。最好采用无溶剂胶膜,以得到挥发成分最少、厚度均匀的胶层,大大提高胶接质量。胶膜可以热贴在零件上,贴放时注意防止卷入空气。当卷入空气成气泡时,应穿透胶膜将空气排出。

8.4.4　装配

在胶接模具或夹具中组装全部零件,定位并夹紧。在代表胶缝最高和最低温度处(于模具、夹具鉴定时已确定)安放热电偶,以监测固化温度。

在热压罐中固化,装接抽真空和排气管路,连接真空表、压力表、压力传感器等,以监测固化压力。在工件与模具、夹具之间放防黏的隔离薄膜,曲面模具可在表面上涂脱模剂并固化。在工件的上面及四周放分压和透气、吸胶的垫物。分压材料多是穿孔的薄膜,有隔离作用又可透气。透气层材料多是经过处理的玻璃布或松孔织物,它可以形成真空通道,又可以吸去多余的胶。最后盖上真空袋薄膜,一般是透明的耐热尼龙薄膜,四周用密封胶或密封胶带密封,构成真空袋,将工件封装在内。在装配工件的同时,还要装配好工艺控制试件(随炉试件)。最后,检查真空袋和真空系统的气密性(测漏气率),送进热压罐后,检查加压系统的密封性(测漏压率)。

8.4.5　固化

金属结构胶中主要组分是热固性树脂,一般都要经过加温、加压固化才能形成坚固的胶缝。固化规范中包括 3 个参数:温度、压力和时间,它们对胶缝强度有决定性影响。各参数的具体数据随胶黏剂不同而有差别。

加温的作用:热固性胶只有加热到一定温度并保持一定时间,才能使反应完全,达到强度要求。室温固化胶适当加温可加速固化过程。要严格控制加热的温度和保温时间,温度过高造成胶层起泡、变脆。温度过低不仅反应过慢,还会反应不完全,不能达到应有的强度指标。

加温的同时应施加一定的压力,其目的是:使零件之间的胶黏表面紧密贴合,胶层薄而均匀,排出固化时从胶黏剂中分解的挥发性物质,防止胶层内产生气泡;促进胶液润湿零件,增强金属表面氧化层微孔隙的渗透能力。这些对保证胶缝强度是十分重要的。

由此可知,胶缝固化过程中的温度、压力和要求保持的时间,都必须严格控制。实际生产中采用的加温加压方法很多,比较常用的有压力机、热压罐、专用胶接夹具等。

图 8-14 所示是一种压力机的示意图。在压力机中,通过在软管中充以气压或液压对模具板加压。用压力机的优点是升温和降温速度快,胶接周期短,工件不需要装入密封袋,工序比较简单。但缺点是只适用于平板和曲率不大的壁板,否则各处压力不均匀。

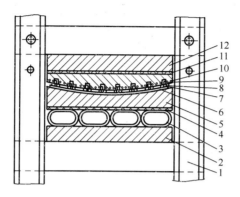

图 8-14　压力机示意图

1—压力机架；　2,12—下、上支撑板；　3—气压或液压软管；　4,11—隔热板；　5—活动模具板；

6—蒙皮；　7—桁条；　8—弹性垫；　9—上活动版；　10—蒸汽管和冷却水管

用热压罐胶接示意图如图 8-15 所示,可以胶接各种曲度和各种形式的壁板。热压罐是通用的加温加压设备。在罐的内壁可以装蛇形蒸汽管,用高压蒸汽加热或用电热管加热,用冷水管冷却。加温时,罐内用风扇搅拌,使温度不均匀性不超过±5℃。工件用真空袋或密封薄膜密封,罐内通入高压蒸汽或压缩气体进行加压。

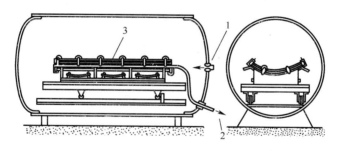

图 8-15　用热压罐胶接示意图

1—压缩气体入口；　2—真空系统管路；　3—夹具和工件

热压罐中胶接用的典型夹具示意图如图 8-16 所示。夹具上有和工件外形一致的模板。模板固定在框架式骨架上,模板下面有抽气嘴接真空管路。加压前,将密封薄膜与模板间的空间抽真空,使薄膜压紧工件。对于钣金件壁板,可以通过压条将压力集中在胶缝上。有棱角的部位,密封薄膜容易破裂,又难以施加所需压力,可以用铝珠充填以传递压力,使压力分布均匀,如图 8-17 所示。

此外,还可以在夹具中用气囊加压,用电热片(毯)加温、胶接翼面部件,或在夹具中用气囊加压,工件连同夹具在加温箱中加温,如图 8-18 所示。

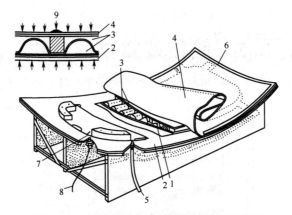

图8-16 热压罐中胶接用的典型夹具示意图

1—胶接壁板； 2—夹具模板； 3—真空内腔； 4—密封薄膜(真空袋)； 5—抽真空管路；
6—密封胶带或弓形夹及压条； 7—热电偶； 8—导线； 9—压缩空气

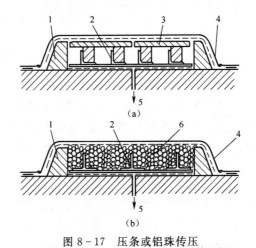

图8-17 压条或铝珠传压

(a)压条传压； (b)铝珠传压

1—挡块； 2—工件； 3—压条； 4—密封布； 5—抽真空； 6—铝珠

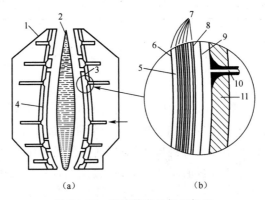

图8-18 用胶结夹具加温加压

(a)夹具剖面； (b)电热毯示意图

1—夹具； 2—工件； 3—电热毯； 4—气压袋； 5—电热元件； 6—增强丝网； 7—硅橡胶布；
8—硅橡胶板； 9—充气囊； 10—气嘴； 11—夹具铸件

8.5　胶接蜂窝夹层结构

8.5.1　蜂窝夹层结构简介

胶接蜂窝夹层结构是一种用于特殊结构的复合材料。它是把蜂窝形状的夹芯材料夹在两块面板之间,并把它们用胶黏剂互相黏接而成的,如图 8 - 19 所示。由于蜂窝夹层结构具有良好的比强度和比刚度,因此,被广泛地应用于对质量和性能有特殊要求的航空、航天结构中。例如,飞机的机翼、进气道、雷达罩,火箭的安定面,导弹的核装置座,卫星、飞船、航天飞机的舱盖和整流罩等,都大量地采用蜂窝夹层结构。蜂窝夹层结构除具有上述优点外,还具有隔声、隔热、减震等特性。近年来,蜂窝夹层结构在建筑、汽车、电子和电气等行业的应用也有了很大的发展。例如,在建筑上用于制造内外幕墙、工业厂房和公共建筑的顶板、家具装饰板,在汽车行业用于制造车厢蒙皮,在电子、电气行业用于制造屏蔽板、隔热板等。由于蜂窝夹层结构能够最大限度地利用材料,并具有很多优异的性能,因此,今后蜂窝夹层结构的应用必将会更加广泛。

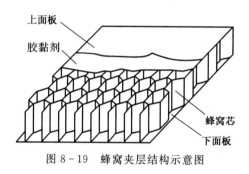

图 8 - 19　蜂窝夹层结构示意图

蜂窝芯通常是用铝箔、纸等黏接制成的。1945 年,金属蜂窝结构首先被试验成功。目前,人们根据蜂窝的用途已经成功研制了铝合金蜂窝、纸蜂窝、玻璃钢蜂窝、塑料蜂窝和陶瓷蜂窝等。

蜂窝有无孔蜂窝和有孔蜂窝之分。有孔蜂窝即在蜂格壁上刺有通气孔,无孔蜂窝则没有通气孔。有孔蜂窝可以避免夹芯中残留胶黏剂固化时产生的挥发物,能防止蜂窝夹层结构内、外压差过大而造成的面板剥离破坏。航天飞行器一般使用有孔蜂窝。对于飞机结构,有孔蜂窝在使用过程中有可能进气、进水。一旦积水则很难排除,并将引起结构腐蚀,加速胶层老化,降低胶接强度,甚至造成脱胶,因此,飞机上大多使用无孔蜂窝。用于黏接无孔蜂窝芯和面板的胶黏剂,其挥发组分小于 1.5%,不必刺通气孔的无孔蜂窝,可以防止蜂窝结构内进水、进气。

普通正六边形蜂窝具有最好的结构稳定性,但不具有变形的随意性,不适合制造形状复杂(如球体)的蜂窝夹层结构。通过改变蜂窝格的几何形状可以制造出易于成形的异形蜂窝(柔性蜂窝),图 8 - 20 所示是几种柔性蜂窝的结构。

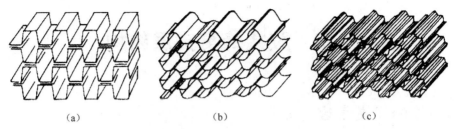

图 8-20　柔性蜂窝的结构

(a)矩形过拉伸蜂窝；　(b)单向柔性蜂窝；　(c)双向柔性蜂窝

8.5.2　蜂窝夹层结构制造

铝蜂窝夹层结构的制造过程包括蜂窝芯的制造、蜂窝夹层结构的装配等。

1. 蜂窝芯的制造

铝蜂窝芯一般由 0.02～0.10 mm 厚的铝合金箔制成，最常用的厚度是 0.03 mm，0.04 mm，0.05 mm。国内飞机上通常使用 LF2Y，LF21，LF5Y 防锈铝箔。

制造蜂窝芯有成形法和拉伸法之分。成形法是先将铝箔压成波纹状，然后将波纹状铝箔叠合胶接起来。成形法只用于厚度大或刚性大的合金箔，或特殊的非正六边形蜂格的夹芯。拉伸法是先在铝箔上涂上胶条，然后将铝箔叠合胶接起来，最后再将叠合胶接起来的铝箔拉伸成蜂窝芯。一般铝合金的正六边形或矩形蜂窝芯都用这种方法制造，图 8-21 所示是这两种方法的示意图。

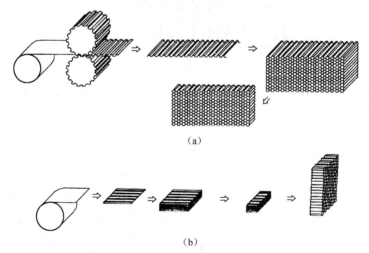

(a)

(b)

图 8-21　制造蜂窝芯的成形法和拉伸法示意图

(a)成形法；　(b)拉伸法

现在简单介绍用拉伸法制造蜂窝芯的工艺过程。

（1）铝箔表面处理。典型的铝箔表面处理过程是：首先通过碱洗法除油，然后进行硝酸光化。为了提高蜂窝节点的胶接强度、耐久性和夹芯材料的耐腐蚀性能，对清洗后的铝箔，有的采用重铬酸盐化学氧化和钝化法进行处理,或者采用磷酸阳极化法进行处理,最后进行浸底胶保护。整个表面处理过程在清洗机中连续进行,图 8-22 所示是耐久蜂窝铝箔清洗机示意图。

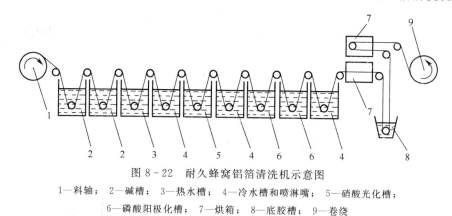

图 8-22　耐久蜂窝铝箔清洗机示意图

1—料轴;　2—碱槽;　3—热水槽;　4—冷水槽和喷淋嘴;　5—硝酸光化槽;

6—磷酸阳极化槽;　7—烘箱;　8—底胶槽;　9—卷绕

（2）铝箔涂胶。用拉伸法制造蜂窝芯有两种涂胶方法:纵条涂胶和横条涂胶,如图 8-23 所示。

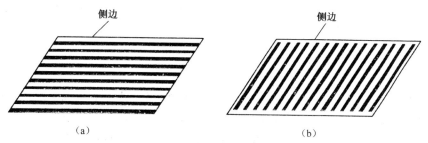

图 8-23　纵条涂胶和横条涂胶

(a)纵条涂胶;　(b)横条涂胶

纵条涂胶具有较高的生产效率,但生产出的蜂窝宽度受铝箔宽度的限制。目前大量使用的是横条涂胶;横条涂胶对胶条宽度和胶条间距的公差要求高。横条涂胶机的原理有多种,目前常用凹印法涂胶机。其原理是:在圆筒形的金属印胶辊表面制出具有胶条图形的凹印槽(由某种密度和深度的网线或网点组成);转动凹印辊,在胶槽中沾取胶液,并用刮胶片将凹印槽以外光表面上的胶液刮掉;在铝箔与凹印辊接触过程中,留在凹印槽网纹中的胶液便印在铝箔上。用凹印法印出的胶条,宽度准确,间距累积误差小,对胶液黏度变化不大敏感,胶层厚度均匀,故凹印法可以拉制出格形规整、胶接质量稳定的蜂窝芯块。图 8-24 所示是一种凹印式横条涂胶机示意图。

（3）铝箔的叠合和固化。将涂了胶的箔条按需要的张数叠合。叠合时,要准确定位,保证相邻两张箔条上的胶条相错半个间距,然后在热压机或热压罐中加温、加压固化,制成叠块。

（4）夹芯的拉伸成形和加工。蜂窝芯块的最后成形和外形加工有两种方法:先拉伸后加工外形、先加工外形后拉伸。

1）先拉伸后加工外形。该方法是先将固化好的叠层拉伸成蜂窝块,再用各种专用蜂窝加工机床加工出蜂窝零件外形。拉伸好的轻质蜂窝芯块刚度较小,加工时需要用特殊的固定方法和铣切刀具。除用机械加工方法外,还可以采用电加工或化学铣切等特种加工方法。

2）先加工外形后拉伸。该方法是先将叠层（压缩状态下的毛坯）加工成一定的形状，再拉伸成具有所要求外形的蜂窝芯块。即拉伸时不但要伸展形成蜂格，又要同时达到所要求的外形和轮廓尺寸。这种方法适用于加工等剖面或直母线外形的蜂窝芯块。

蜂窝的拉伸通常使用专用的蜂窝拉伸机，对于尺寸较小的蜂窝芯也可以使用手工拉伸。

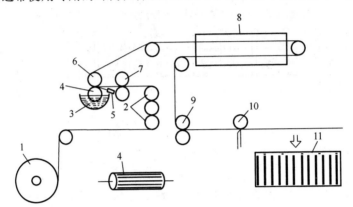

图 8-24　凹印式横条涂胶机示意图

1—待涂胶铝箔；　2—张紧辊；　3—胶槽；　4—凹印辊；　5—刮胶片；　6—橡皮压辊；

7—冲定位孔；　8—烘干箱；　9—传动辊；　10—切刀；　11—已涂胶铝箔

2. 蜂窝夹层结构的装配

蜂窝芯和面板经过预装配和修配后，在胶接之前，蜂窝芯要用溶剂蒸汽除油，或用去离子水冲洗和烘干。面板经表面处理后，涂底胶并贴上胶膜。在胶接夹具中进行装配时，如果需要，则在芯子对缝、芯子与边缘零件间、蒙皮后缘角落等处，填放可以发泡充填间隙的泡沫胶。装配好后，封装真空袋，检查密封性，送进热压罐中，加温、加压固化。

对固化后的蜂窝夹层结构，要用密封胶来密封全部可能进水、进气的通路。待密封胶固化后，进行渗漏试验，将工件浸入 80℃ 的热水中保持 1～2 min，应保证不漏。有的工件还要经受加热试验，将工件放在烘箱中，保持规定的温度和时间，应无有害反应。还有的要进行充压试验。试验后的工件要全面进行 X 光检验，检查有无进水或节点破坏等内部缺陷。

8.6　胶接质量无损检测

胶接质量包含黏附质量和内聚质量两方面。譬如，被胶表面制备不良，会降低黏附强度，固化不良，会降低内聚强度，胶层中的气孔、疏松对胶接强度都有很大影响。因此，在完好的胶接与脱黏之间，胶接强度可能有很大的差别。

结构胶接的质量，单从胶缝外观很难判断。因此，对结构胶接件的检验，除一般的外观目视检查（有无缺胶现象，挤出的胶瘤是否均匀，胶层颜色是否正常，等等）之外，必须用无损检测方法严格检查胶缝质量。不但应检查脱黏和其他胶接缺陷，还有必要预测胶接强度。不过，目前胶接无损检测方法大多只能判断脱胶，对胶接强度的检测还不够满意，且是以黏附强度大于内聚强度为先决条件的。一些新的检测方法尚在研究和发展之中。

能够检验胶接质量的方法,从原理上讲有声学法(声振、超声波)、X 射线法、光学全息摄影法、热学和红外线法(示温涂层、液晶显示、红外照相)等多种方法。各种无损检测方法是互相补充的,在复杂的场合往往必须将几种方法结合起来使用,才能获得完善而可靠的检测结果。选择胶接检测方法时一般应考虑胶接零件的形状、材料和结构尺寸,待检胶接缺陷的类型和大小,检测区域的可达性,现有设备和人员素质等因素。

现在简单介绍国内较常用的几种方法。

8.6.1　声振检测仪检验

声振检测仪检验的基本原理:用换能器激发被测工件振动,胶接质量不同时振动特性也不同,因而换能器的负载也不同,使换能器输出的电信号(谐振频率、幅度、相位等)随之产生相应的变化。测出这种变化,与标准试件相比较,即可评定结构胶接质量状况。利用这种原理制成的仪器种类较多,各有其特点和局限性。常用的有声阻仪、多层胶接检验仪、胶接强度检验仪、涡流声检验仪等。

1. 声阻仪

声阻仪可以用点源激发胶接件进行弯曲振动,通过测量胶接件表面机械振动特性的变化,以鉴幅形式显示胶接质量的差别。仪器组成包括传感器、音频信号发生器、放大器、电源等部分,如图 8-25 所示。传感器中包括一个发射压电晶体及一个测量压电晶体。音频信号发生器产生一个等幅、连续、选定频率的信号,在这个电信号的作用下,使压电晶体产生一个激发力为常数的机械振动。在这个激发力的作用下,工件本身的振动程度将反映给测量压电晶体,把这一机械信号转变成电信号,经过放大器传给指示部分。

当检验蜂窝结构试件时,电压信号如图 8-26 所示。脱胶区,电压低于某一值时,发出报警。这种方法的优点是:灵活,适用于各种外形的工件;可以比较准确地划出缺陷区的轮廓;仪器构造简单;使用时不需耦合剂;便于实现自动检测。其缺点是:检测效率较低,只能检验是否脱黏,对黏附强度很低的机械贴合难于发现;不能分辨夹层结构芯子失稳与脱黏的差别;一般只适用于蒙皮(或带垫板)厚度为 0.3～2 mm 的工件。

2. 多层胶接检验仪

多层胶接检验仪应用平面接触式换能器,由压电晶体发射和接收,需用液体耦合剂。利用入射波和反射波合成的振动阻抗的变化,以鉴幅形式检测蜂窝结构和板-板胶接结构的脱黏。

3. 胶接强度检验仪

胶接强度检验仪可以用来检验胶层内聚强度。基本原理是:将被胶接的两层板料与其间的胶层作为一个振动系统,在这个系统中,只有胶层的性质是变化的因素,并且认为胶层的强度与其刚度之间有一定的线性关系,可以通过测量胶层的刚度来判断胶层的强度。

检测方法是:换能器的压电晶体与胶接工件平面接触,通过耦合剂激发胶接件纵向振动,胶层内聚强度的变化引起胶接件阻抗的变化,换能器的特性也随之变化,带有示波器的仪器显示出振动特性,如共振频率和共振峰幅值的变化。利用对不同内聚质量的标准试件进行测试和破坏试验得到的关系曲线,便可以判断被测试的胶接件的胶接强度。

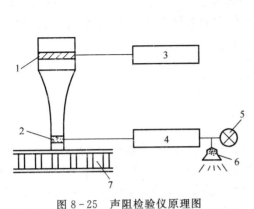

图 8-25 声阻检验仪原理图

1—发射压电晶体; 2—测量(接收)压电晶体; 3—音频发生器;
4—放大器; 5—指示灯; 6—声响报警器; 7—工件

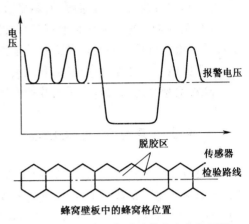

图 8-26 用声阻仪检验蜂窝夹芯与面板
胶接质量时的电信号示意图

这种仪器用于测试钣金胶接结构时,铝合金板的厚度可达 7.5 mm;用于检测蜂窝夹层结构,面板厚度可达 5 mm。还可以在其他方法检验之后,用作进一步的检测,以确定缺陷的类型。这种仪器的缺点是:检测时探头与工件之间是面接触;需要用液体耦合剂,而耦合剂不易清洗;不能检验因黏附力小而使胶接强度降低的缺陷;需要创作一批与被测胶接件的材料、板厚、所用胶黏剂及工艺参数相同的试件,进行测试和试验,测绘出对比用的标准关系曲线。

4. 涡流声检验仪

涡流声检验仪用感应涡流激发胶接工件金属上板振动。探头包括两部分:激励工件振动的电磁激振器和接收工件振动声波的传声器。激振线圈产生交变磁场,在金属板上感应出涡流,涡流在交变磁场的作用下,产生垂直于板面并两倍于激磁电流频率的电磁力,激发工件振动,发出声波。探头内的传声器接收振动声波,变成反应振动特性(如振幅、振速和相位)的电信号,经仪器放大、鉴相,用电表指示相位和幅度。检验时探头可不接触工件。可以检测蒙皮和垫板的总厚度不大于 2 mm 的胶接件。对于结构高度不大于 20 mm 的夹芯结构,从单面检验便可检测出近侧和远侧的缺陷。

8.6.2 超声检验

用超声脉冲回波法或超声穿透法可以检验胶接质量。超声脉冲回波法利用脉冲超声波入射至被测工件,测量从界面反射的回波来辨别缺陷。这种方法对多层胶接的脱黏检验比较有效。超声穿透法利用超声波穿过不同胶接质量的工件时其穿透率不同来检测胶接质量,适用于多层板胶接结构和金属蜂窝结构的检验。这两种方法都可以利用聚焦探头、水浸成喷水技术和自动扫描技术来实现大面积胶接工件的自动化检验。

8.6.3 X射线检验

X射线检验主要用于检验蜂窝结构胶接质量,检验结构内部缺陷,提供缺陷平面分布的详尽信息和永久性记录。它可以检验出夹芯变形、密集、空腔、压塌、节点脱胶、蜂格壁纵向或横向断裂,夹芯拼接不良、泡沫胶充填不良、结构内零件错位、紧固件安装不当等缺陷,还可以发现结构内是否进水和有无异物。

先进的大型X射线检验设备能连续照射,配备有自动冲洗、干燥设备,底片长度达 10 m。

思 考 题 8

1. 阐述胶接技术的特点,并举出其他连接不可代替的胶接实例。
2. 胶接接头的结构形式有哪些? 如何设计好胶接接头的结构形式?
3. 胶接为什么要对被黏物进行表面处理?
4. 说明胶接结构的典型装配过程,影响胶缝强度的主要因素有哪些?
5. 说明铝合金蜂窝夹层结构制造工艺特点。

第9章 飞机结构焊接技术

9.1 焊接技术特点

　　飞机薄壁结构的连接方法,除前述的铆接及胶接外,还有点焊以及由点焊与胶接组成的混合连接——胶接点焊(一般简称为"胶焊")。

　　铆接仍然是许多飞机机体的重要连接方法,铆接技术已经有了许多新的发展,但它固有的缺点依然存在。这主要是由于:钉孔对材料的削弱和铆钉头的附加质量使结构质量较大;钉孔会引起应力集中,使疲劳强度较低;劳动量较大,特别是密封铆接比普通铆接的劳动量要大几倍;难以避免的手铆的强烈噪声和冷风,造成工人的职业病;阳极化膜因钉孔而受到破坏以及孔边的裂纹会引起腐蚀;等等。

　　胶接是一种先进的连接方法,其优点几乎正是克服了铆接的缺点。胶接应力集中最小,疲劳强度高,因而可以减轻结构质量;密封性好,表面光滑;劳动量显著低于铆接,成批生产时,成本也低于铆接。其主要缺点是剥离强度低,胶接质量的稳定性尚不如铆接,因而特别需要重视质量控制。

　　薄壁钣金件用点焊连接与用铆接及胶接相比较,具有生产率高、成本低的显著优点,比铆接结构质量轻,表面也光滑些,显著地改善了劳动条件。但单纯的点焊虽然其静强度与铆接差不多,而疲劳强度却比铆接低约20%。这可能是因为点焊接头有最大的应力集中系数(见图9-1),以及焊点周围热影响区内材料塑性显著降低,存在有宏观裂纹等。对铝合金材料来说,焊前和焊后都不能进行阳极化处理。因为焊前阳极化会使表面接触电阻过大;焊后进行阳极化,板材间隙中必然残留电解液,会造成腐蚀。此外,硬铝合金可焊性较差;质量检验方法较为复杂,不同材料不能点焊;零件厚度相差太大或3层以上的结构都不能进行点焊。

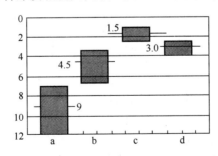

图 9-1　几种连接方法的应力集中系数
a—点焊;　b—铝铆钉;　c—胶接;　d—高强度干涉配合

　　点焊已用在飞机受力较大的组合件和板件上,如舱门、框、肋和机身、机翼及尾翼的板件等处。它已部分地代替铆接结构,如国产某轰炸机中点焊结构的焊点达7万多个。图9-2是点焊的典型焊缝形式。

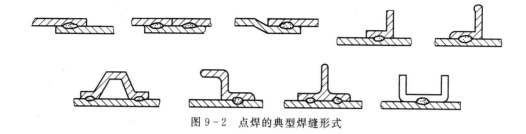

图 9-2 点焊的典型焊缝形式

9.2 点 焊 原 理

点焊是靠被夹紧在电极间的零件内部电阻和接触电阻所产生的热量,使零件间接触处局部加热到熔化温度,断电后冷却结晶形成焊点,其温度分布如图 9-3 所示。根据楞茨-焦耳定律,点焊时所产生的热量为

$$Q = 0.24I^2Rt$$

式中 I——极间电流;

t——通电时间;

R——电阻,它包括零件内部电阻、零件之间的接触电阻和零件与电极之间的接触电阻。即

$$R = R_{工件} + R_{接触} + R_{极件}$$

在电阻 R 中,以零件内阻产生的热量对焊件起主导作用。电阻系数高的材料形成焊点所需的电流小,铝合金电阻系数低,它需要的电流大。在高温,特别是液态下,各种金属的电阻都显著增加,这一点对于形成焊点起了很重要的作用。由于被焊零件的接触表面有接触电阻,通电后这里的金属首先被加热到最高温度,该处热量也最大,这就促使焊点形成且分布在接触面的两侧。

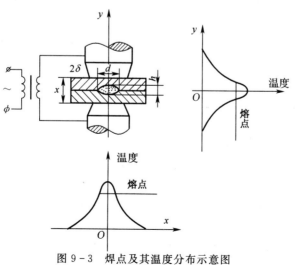

图 9-3 焊点及其温度分布示意图

点焊是接触焊中的一种,其特点是:接头形式为搭接;只在有限的接触面积上,即"点"上进行焊接;接头区金属熔化。如果焊成的一系列焊点彼此部分地重叠,从而形成连续的焊缝时,则称这种接触焊为"缝焊"。焊缝具有密封性。

(1)点焊的形成过程

点焊的形成过程,可分为相互联系的3个阶段,如图9-4所示。

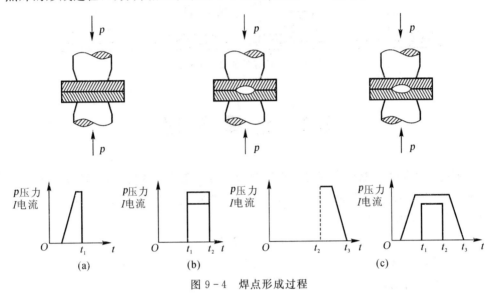

图9-4 焊点形成过程

第一个阶段:焊机电极对焊件加预压力,使焊接零件在焊接处紧密接触,以便电极和焊件之间及焊件相互间保持一定的接触电阻。

第二个阶段:电极间通电,因存在零件内部电阻和接触电阻,就产生局部加热,热量集中在电极接触表面之间的金属圆柱内,尤其在零件之间接触处的金属首先被加热到所需温度,使焊点核心处金属熔化。

第三个阶段:断电,使金属在压力下冷却,熔化的核心开始凝固,最后形成坚固的焊点。

(2)影响点焊质量的主要工艺因素。点焊工艺过程包括以下一些工序:

1)焊缝部位清理与准备;

2)零件装配及定位;

3)暂时固定(暂焊)以保证零件配合间隙并自夹具中取出来便于焊接;

4)焊接;

5)检验,点焊质量通常用对比件进行破坏检验;

6)表面防蚀处理,因焊前阳极化使接触电阻增大,焊接困难,焊后阳极化,电解液渗入焊缝将引起腐蚀,一般是焊后喷漆保护防蚀。

点焊过程中影响焊接质量的工艺因素有:

1)焊缝部位的表面清理。金属表面状况对接触电阻有很大影响。铝合金表面极易生成熔点高、电阻大的 Al_2O_3 膜。其他脏物也使接触电阻增大,且使得焊缝各处电阻不等,造成焊点质量不稳定。所以焊缝在焊接前要用机械打磨或化学处理方法进行清理。

2)焊接电流通电时间及电极压力。焊接电流和通电时间的控制十分重要,电流大小及通电时间主要取决于焊件材料的导电性和导热性。一般导电性良好的金属,导热性也好。例如,铝比钢的焊接电流要大,通电时间要短。否则由于铝件散热快,不能形成焊点。对铝合金常用大电流和短时间的所谓硬规范焊接,这样焊接热影响区也较小。还有电极压力对接触电阻的影响,如果压力不够,接触电阻必然增大,通电时产生热量过大,可能将焊件烧穿或烧坏电极接触表面,还可能使焊件表面熔化而发生外部飞溅。因此,通电前电极压力要达到规定值。电极压力对熔化核心的凝固过程,形成焊点的质量也有很大的作用。电极断电后,焊点核心外围的金属冷却快,将阻碍核心收缩,容易形成缩孔,甚至产生裂纹。在金属凝固时用保持或加大电极压力(锻压力)的方法,帮助核心冷凝收缩,可避免产生缩孔和裂纹。不仅锻压力大小很重要,而且加压时间也要恰当。过早地加压,会把熔化金属挤出来,产生飞溅或使焊件表面凹陷过深;加压过迟核心已凝固,则不起作用。焊点表面凹陷深度在零件厚度的 $10\%\sim20\%$ 以内时,表明焊接质量合适。

3) 焊机和电极。性能良好的焊机和合适的电极形状及尺寸对保证焊点质量有重要影响。例如,大功率低频直流脉冲式点焊机,就比普通大功率点焊机更适于焊接铝合金。新近又发展了电容储能式点焊机。电极接触表面的形状和尺寸会影响到焊件的接触情况和焊接时通过焊件的电流密度。铝合金的点焊一般采用球形表面电极。

(3) 影响点焊质量的一些结构因素。

1) 焊件厚度和材料的种类。点焊一般要求由两个薄板零件叠合而成,焊件的厚度除了受点焊机焊接范围的限制外,还对焊件的厚度比有要求,对于铝合金焊件,厚度比不应大于 1:2。两个厚度不同的零件焊接时,焊点大部分会偏向较厚的一边,这是因为较薄零件的内阻小,向电极上的散热快。厚度差愈大,焊点的偏移更严重,对连接强度的影响也愈大。不同厚度焊件的焊接规范由薄板决定(见图 9-5),图 9-6 给出不同厚度 3 层板的焊接方法。

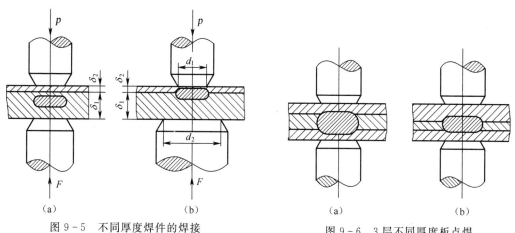

图 9-5　不同厚度焊件的焊接

图 9-6　3 层不同厚度板点焊

(a)由厚板决定;　(b)焊接规范由薄板决定

对焊件材料,其点焊质量首先决定于材料的可焊性,其中主要是材料的导电、导热性。如果焊件材料不同,则它们的物理特性必须相近,而且要注意它们的厚度比,如 LY12CZ 和 LF21;低碳钢和合金钢等不同牌号的材料,点焊时焊点会移向内阻较大,热传导系数较小的零件一边,因内阻小,热传导系数较大的材料往电极上散热快。因此,当两种不同的(相近的)材料焊接时,应使导热、导电性较差的零件薄一些,而另一个较厚些。这样可使点焊过程简化,两零件上的传热速度接近,容易获得较高的焊点质量。

2) 焊缝尺寸和形状。点焊质量与焊点核心直径、搭接宽度以及焊点距离等因素也有关系。

焊点直径的大小直接影响连接强度。一般可用 $d=2\delta+3(\text{mm})$（δ 是焊件厚度）估算。焊缝搭接宽度小于规定的最小值时,容易引起飞溅,造成焊接缺陷。焊点距离过小会造成分流,即焊接时有部分电流经邻近焊点和焊件形成通路,使实际上通过所焊该点的电流小于规定的焊接电流造成加热不足而影响焊点质量。

此外焊缝结构的开敞,使电极容易进入,否则用特殊的弯头电极因刚度不足,在电极压力作用下而变形较大,使焊件接触不良,结果焊点质量不能保证。焊件结构尺寸还应和点焊机工作尺寸相适应等。

9.3 胶 接 点 焊

为了解决铝合金焊件的阳极化问题并提高点焊结构的强度,发展了胶接点焊这一混合连接方法。胶焊与单纯点焊相比,具有一系列优点。由于胶焊结构的焊缝内有一层胶黏剂,故胶焊连接是综合了胶接与点焊二者优点的一种连接工艺。焊点周围,即焊缝间的胶黏剂具有良好的耐酸、碱性能及密封性能,这就允许胶焊后对铝合金装配件进行除油及阳极化处理,同时胶黏剂也提高了结构的连接强度。

高剪切强度的胶接和低成本的点焊相结合的胶接点焊,应用在飞机铝合金结构上,与点焊相比,其静强度及疲劳强度都有显著提高,并改善了耐腐蚀性能;与铆接相比,能降低成本和质量;与胶接相比,由于可以节省部分胶接夹具及基本设备投资,在成本上也会低于胶接。

目前,胶接点焊结构已在国内外多种型号的飞机机体上采用,主要广泛应用于蒙皮-桁条结构的连接(见图 9-7)。苏联对胶焊连接技术的研究较早(1950 年),已在安-24、安-22、雅克-40 以及杜-134 等飞机和直升机上有所采用。1965 年以后美国也进行了大量研制,如在 S-67 型高速直升机上采用的胶焊蒙皮桁条结构,就占机身面积的 10% 左右;其他如 C-141,F-5E,A-10 等飞机机体上也已采用。我国也已在研制的多种飞机上有胶焊结构,如某直

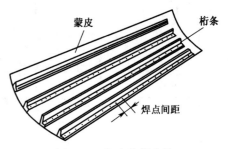

图 9-7 机身胶焊壁板

升机前舱口盖用胶焊代替铆接;某教练机有 104 项胶焊构件,约有 5 000 个焊点;某强击机有 232 项胶焊件,共 3 万多个焊点,减少铆接工作量 15%～17%。

1. 胶焊工艺过程

胶焊连接有两种不同的工艺过程,一种是先进行点焊,然后再在接头缝隙处注胶,即"先焊后胶"(焊后涂胶),也称苏式胶焊法;另一种是先在零件胶合面上涂胶,然后进行点焊,即"先胶后焊"(焊前涂胶),也称美式胶焊法,如图 9-8 所示。

"先焊后胶"的工艺过程是:预装配—表面清理—装配和定位—点焊—固化—检验—阳极化处理。

"先胶后焊"的工艺过程是:预装配—表面清理—涂胶—装配和定位—点焊—固化—检验—阳极化处理。

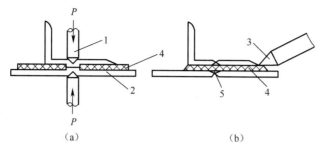

图 9 - 8 点焊缝内的涂胶方法

(a)焊前涂胶; (b)焊后涂胶

1—电极; 2—零件; 3—注胶笔; 4—胶层; 5—焊核

其中零件配合面间隙的要求比点焊更高,为保证胶层厚度,零件间隙一般应不大于 0.5 mm,点焊后的间隙应不大于 0.1~0.3 mm,间隙太小(应大于 0.02 mm)将造成渗胶困难。工件表面清理的要求也很高,不仅要保证点焊时对接触电阻的要求,还要为胶接提供稳定、耐久的活性表面。各国都重视研究多种清理方法,常用的有磷酸钝化(磷酸和重铬酸钾溶液)并进行机械打磨、硫酸钠-硝酸溶液、铬-硫酸浸蚀、喷淋工艺,以及最近发展的低电压磷酸阳极化(磷酸-重铬酸钠阳极化)处理等。先胶后焊的关键工序是:在已涂胶条件下进行点焊,其接触电阻可能大大增高到 1 000 μΩ(一般要求不大于 120 μΩ),因此对选用的胶黏剂,可不加溶剂,涂胶后不需晾置可立即叠合,以便在胶液活性期内进行点焊时电极挤开胶液。点焊时必须采取特殊焊接规范,为减小接触电阻和焊核开裂的可能性,而加大点焊全过程中的压力(电极压力可增大 15% 以上);为防止过热飞溅,应适当减小焊接电流(减小 10%~20%)和电流的渐增速率等。胶焊件最后的防腐处理,除阳极化外可用磷化处理、涂漆,或磷化后再涂漆。

2. 对胶焊用胶接剂的要求

胶焊用胶接剂,除了和一般结构胶黏剂有共同要求外,还有特殊的需求。

(1)胶液应具有良好的湿润性和流动性。先焊后胶用胶的流动性应更大些,以利于渗入和充满间隙。这类胶一般都含有溶剂,以便增加流动性,但溶剂不宜过多,否则挥发不好易出现气孔。

先胶后焊用胶的黏度应稍大些,要有一定的触变性,以防止流胶,要求能在电极的压力下良好地排挤开。一般不加入溶剂,而加入适当的填料(如炭黑等)。

(2)应具有足够长的活性期,以保证在凝固之前完成涂胶或点焊过程。

(3)固化温度以不改变金属性能为准,一般应在 120℃ 以下固化。要求固化时仅需接触压力。

(4)固化后的胶层弹性及密封性要好。要求弹性好,胶层不易破损,疲劳性能好。试验表明,用高剥离性能低模量的胶黏剂制得的接头,其剪切强度比用高剥离性能高模量胶黏剂制得的接头要高。密封性好,有利于防止阳极化时电解液浸入。

(5)在阳极化处理时所用的酸碱溶液中,应具有足够的化学稳定性,应能有效地封闭胶缝,避免湿气浸入。应能防护金属基体,至少应对基体无害。

(6) 要求胶接剂不污染电极,不妨碍焊接,在电极压力下易从焊点处被挤开,不致被焊接过程中的热所碳化或形成气态的分解物。

3. 胶焊方法的选用

胶焊方法的研究,20 世纪 50 年代初始于苏联,目的是解决铝合金点焊后阳极化防腐问题,在设计上由焊点承受外载荷,胶层只起密封、防腐与补强作用。这就是一直发展应用的"先焊后胶"法。以后,在 20 世纪 60 年代中期,美国重视研究,企图用胶接改造苏式胶焊法,其目的是使胶焊结构的性能达到钣金胶接水平,而制造成本要求低于胶接。在设计上主要由胶缝承受载荷,而焊点在胶层固化时起定位、加压作用。这就是美国发展的"先胶后焊"法。

"先焊后胶"工艺过程比较简单、方便;而且焊、胶工序分开进行,工作面扩大;焊接变形也易校正,产品质量较好。因此,"先焊后胶"是目前最常用的,它最适用于连接薄蒙皮与部件骨架这一类结构,尤其是蒙皮-桁条式板件,其他主要还用于框、肋、口盖等构件上。但"先焊后胶"工艺过程的关键是要使胶液充分填满焊缝间隙,以保证阳极化时电解液不渗入缝隙。此外,还要求固化前的晾置时间较长,以使胶液中的溶剂充分挥发,为此要求胶液含溶剂少而流动性好。

"先胶后焊"最适合于大宽度(40 mm 以上)垫板的连接(搭接缝宽),以及多排焊点、罩盖、盒形件以及波纹板等几何形状比较复杂、胶液不易注入的构件。但"先胶后焊"的主要问题是操作工艺麻烦,而且由于胶液临近"活性期"末尾,焊核内部易产生缺陷,以及点焊时胶液外流,沾污电极,使胶层厚度不匀等原因,使胶焊质量不易保证。它对工作地环境要求又高(胶液活性期要求温度不低于 15℃,相对湿度不高于 75%)。另外,先胶后焊的工件变形更难校正。因此,"先胶后焊"法一般很少采用。美国由于采用了低电压磷酸阳极化、研制了胶焊专用的胶黏剂以及焊核质量的自动控制装置,有力地促进了"先胶后焊"法的发展,胶焊质量稳定可靠,成本又比较低,其技术经济性比"先焊后胶"法更优越,已接近纯胶接的效果。

胶焊与点焊相比工序增多、工艺过程复杂,目前生产率又较低,成本比纯点焊约高 3 倍。因此对一些受力不大的构件,一般都选用点焊结构,焊后用涂漆防腐。而对受力较大并要求阳极化处理的铝合金结构,则采用胶焊。

9.4　搅拌摩擦焊

9.4.1　搅拌摩擦焊原理

搅拌摩擦焊(Friction Stir Welding,FSW)是利用一种非耗损的特殊形状的搅拌头,旋转着插入被焊零件,然后沿着被焊零件的待焊界面向前移动,搅拌头对材料的搅拌、摩擦,使待焊材料加热至热塑性状态,在搅拌头高速旋转的带动下,处于塑性状态的材料环绕搅拌头由前向后转移,同时结合搅拌头对焊缝金属的挤压作用,在热-机联合作用下材料扩散连接形成致密的金属间固相连接。搅拌摩擦焊原理示意图如图9-9所示。其中搅拌头由特殊形状的搅拌指棒和轴肩组成,轴肩的直径大于搅拌指棒的直径,在焊接过程中轴肩与被焊材料的表面紧密接触,防止塑化金属材料的挤出和氧化。同时,搅拌轴肩还可以提供部分焊接所需要的搅拌摩擦热,搅拌指棒的形状比较特殊,焊接过程中搅拌指棒要旋转着插入被焊材料的结合界面处,并且沿着待焊界面向前移动。对于对接焊缝,搅拌指棒的插入深度一般要略小于被焊材料的厚度。搅拌摩擦焊要求的特殊形状的搅拌指棒一般要用具有良好耐高温力学和物理特性的抗磨损材料制造。对于铝合金等轻型合金材料,在焊接

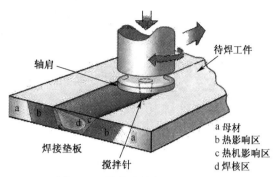

图 9-9 搅拌摩擦焊原理示意图

过程中搅拌头的磨损程度很小;焊接过程中,搅拌头对焊接区域的材料具有向下挤压和侧向挤压的倾向,所以被焊工件要加装背垫和夹紧固定,以便承受搅拌头施加的轴向力、纵向力(沿着焊接方向)以及侧向力。

9.4.2 搅拌摩擦焊技术优势及应用

搅拌摩擦焊技术为轻型铝合金结构的低成本、无紧固件的可靠连接提供了可能性。在飞机制造工艺中,搅拌摩擦焊技术的应用在降低制造成本、减轻结构质量和提高连接质量方面具有显著的优越性。

(1) 降低制造成本。目前飞机制造中零部件的装配连接使用了大量的铆接和螺栓连接结构,如在空中客车 A340 飞机上使用了超过 100 万个铆钉。如果用搅拌摩擦焊接代替铆接,不仅可以提高连接速度,而且可以大大减轻飞机连接装配的质量。

(2) 提高制造效率。传统的飞机结构多为机械连接的装配方法,零件多,速度慢,制造步骤复杂,不容易实现生产装配自动化。但搅拌摩擦焊技术在飞机制造领域的应用,可使飞机高成本、大件加工、机械连接方式变为低成本、小件焊接、整体成形结构方式,有效提高了飞机制造装配的效率,缩短了飞机零部件的制造装配周期。另外,搅拌摩擦焊技术对硬件要求较低,完全可以通过对传统机床设备的改造,或在现有机械设计和加工能力的基础上完成。而且焊接过程没有飞溅、电弧等强烈的电磁干扰,易于实现过程数字控制和生产自动化。目前,国外公司已经在数控多坐标铣床和焊接机器人系统上应用搅拌摩擦焊技术,实现搅拌摩擦焊的变截面或空间曲线轨迹的焊接。

(3) 提供新的飞机结构设计可能性。搅拌摩擦焊不仅能在普通材料上得到优良的接头,而且在以前所谓的"难焊"和"不可焊接"铝合金材料上也能实现可靠连接。同时,由于搅拌摩擦焊技术的特殊性,不同金属合金材料(如 2524 和 7349,6065 和 1424,6061 和 2024 等)也能得到可靠的焊接。对于从 1~75 mm 不同厚度的金属材料,由于搅拌摩擦焊不存在熔化过程,所以也能得到优良的固相连接。另外,虽然原始材料的生产准备状态不同,但是搅拌摩擦焊可以实现板材件、挤压型材件以及预成形件的焊接。搅拌摩擦焊技术为飞机结构设计中新材料、新结构的应用提供了更多的选择性和可能性。搅拌摩擦焊适用于不同形式的焊接接头,如图 9-10 所示。

如图 9-11 所示,飞机的中间机身部分由许多零部件组成,其中机身的纵向连接部分主要

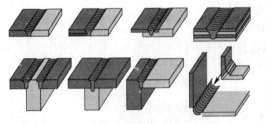

图 9-10　不同形式的搅拌摩擦焊接接头

是把飞机蒙皮板和机身框架连接在一起。目前,飞机纵向连接主要是搭接,然后用很复杂的方式铆接在一起,其中在铆接过程中的不同时期需要把加强件、连接件、封严件以及上支撑件连接在一起,现在空中客车公司正在研究用搅拌摩擦焊的挤压型材对接接头来代替飞机机身的这些纵向连接接头。飞机机身的环向连接主要指飞机不同的机身段之间的连接(见图 9-11)。目前,机身的环向连接主要是对接结构精密铆接,根据连接载荷的大小,每排接头需要 4 个或 8 个铆钉以及高锁螺栓;接头包括加强板、束缚条、结合板和界面框架。现在研究的目标是用框架间搅拌摩擦焊代替铆钉连接。

　　这一章里我们重点介绍了胶焊、点焊和搅拌摩擦焊。在飞机装配中还要用到一些别的焊接方法,熔焊在管架结构如发动机架、炮架的装配中往往是不可缺少的连接方法。其他如副油箱等薄壁铝合金要用气焊。保护性气体焊接中的氩弧焊,由于它的电弧稳定,可焊薄件,热影响区和工件变形小,是薄钢件的优良焊接方法。电子束焊接的应用范围也在逐渐扩大。钎焊连接在飞机机体受力结构中的典型用法是不锈钢蜂窝夹芯结构的钎焊装配。扩散连接是 20 世纪 70 年代发展起来的

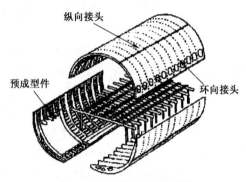

图 9-11　机身结构示意图

固相连接方法,它依靠接触面上金属原子相互扩散而使金属连接在一起。超塑性成形/扩散连接是针对高温下有超塑性的金属,在较低的压力下成形连接。搅拌摩擦焊属于固相连接技术。

思 考 题 9

　　1. 影响点焊质量的工艺因素有哪些? 铝合金点焊有何特点?

　　2. 胶焊工艺两种不同方法各有何特点?

　　3. 对胶接点焊结构用胶黏剂有何特殊要求?

　　4. 与铆接、点焊、胶接相比,胶接点焊这种连接方法有何优缺点? 各种连接方法适用于哪种结构?

第10章 飞机部件装配与总装配

10.1 飞机部件的装配

飞机部件的构造复杂,它的装配内容繁多,工作量大,且装配过程后期结构比较封闭,劳动条件较差,因此产量较大时,在结构设计和生产工艺上应力求减少部件总装配阶段的工作量,将部件划分出段件、板件和组合件以便先进行装配。部件结构的板件化,对部件装配过程的影响很大。按结构-工艺特征,段件和部件装配可归纳为3组:①非板件化结构的段、部件,它通常由许多分散的单个零件和较小的组合件装配而成,而且需要复杂的、比较庞大笨重的装配型架,扩大工作面的可能性小;②板件化的段、部件,它主要由装配成的或整体结构加工成的板件和组合件装配而成,而所用的段、部件装配型架就比较简单,而且提供了扩大平行工作面和实现装配工作机械化的可能性较大;③分成段件的部件,它实质上是预先装配好的各段件的对接,以及分离面处各系统的连接工作,部件装配的工作就更简单。

在成批生产时,部件装配过程大致可划分成以下几个阶段:组合件、板件装配;段件装配;部件总装配及其内部设备、附件的安装与试验。

10.1.1 组合件和板件的装配

组合件和板件的装配,一般可分为零件的定位及定位铆接、钻孔锪窝和铆接、补充铆接和安装3个阶段。下面根据不同结构和装配方法,列举板件装配的3种方案。

1. 用内外卡板定位的板件装配

由蒙皮、Z形剖面桁条以及Z形剖面隔框组成的板件,桁条在每个隔框处断开,桁条及隔框的弯边用埋头铆钉和蒙皮相铆接。其装配过程是:在型架上安装蒙皮,蒙皮的外形由外卡板3控制;各个隔框在内卡板上定位,隔框的另一弯边紧贴在蒙皮上,隔框的腹板平面则以内卡板上的挡块5定位,隔框上的上、下位置由卡板上的一个定位块来确定,然后用内卡板上的夹紧件7夹紧,最后装上桁条,按内卡板侧面的托板定位;在零件定位及定位铆以后,就可以按骨架零件上的导孔钻孔,然后锪窝并铆接,如图10-1所示。

显然,采用内、外卡板定位,铆接的开敞性很差,而且要经常打开、闭合卡板,操作不便。这种装配型架的结构也比较复杂,制造费用高。

2. 用内型板定位的板件装配

为了简化装配型架的结构和制造,还可以只用内型板定位,所用的装配型架,如图10-2所示。

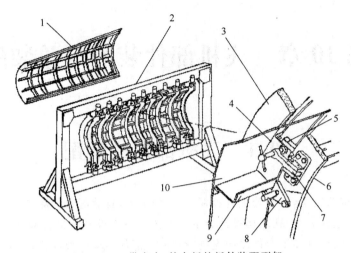

图 10-1 带有内、外卡板的板件装配型架

1—板件；2—型架；3—外卡板；4—Z型剖面隔框；5—隔框腹板平面挡块；
6—内卡板；7—夹紧件；8—定位桁条的托板；9—Z形剖面桁条；10—蒙皮

板件骨架的纵向元件是 L 形剖面的桁条，横向元件是 Z 形剖面的隔框，桁条与隔框之间通过连接角片相连。蒙皮与隔框之间用 Γ 形剖面的补偿角片 6 连接。

在型架上每一隔框的侧面，均有一内型板，其基准面应与隔框轴线一致。内型板的外形是蒙皮的内形，在内型板上开有缺口，以便桁条通过，并起长桁定位的作用。内型板上还有两个定位孔的定位器，如图 10-2 中的 K-K 切面所示，隔框以腹板平面以及定位孔定位。蒙皮外表面用橡皮绳夹紧，使其紧靠内型板工作面，以保证准确的气动外形。

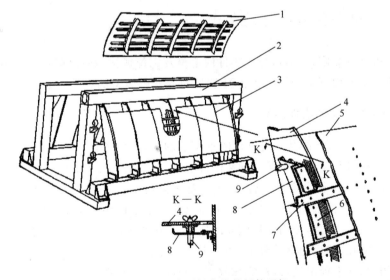

图 10-2 用内型板定位的板件型架

1—板件；2—型架；3—橡皮绳；4—内型板；5—蒙皮；6—隔框和蒙皮的连接角片；
7—板件桁条；8—隔框；9—隔框的定位孔定位件

装配时，桁条安放在内型板的缺口上，然后再放蒙皮。可在型架内先将蒙皮和长桁进行定位铆接，然后进行钻孔、锪窝，再送到压铆机上压铆，或用自动铆接机铆接。蒙皮和长桁铆接好以后,再送回型架,装上隔框及补偿角片等,将补偿片与隔框以及蒙皮铆接。

由于内型板本身具有多种作用,既可确定板件的蒙皮内形,又可用作骨架零件(如长桁及隔框等)的定位元件,因此可以省去外卡板,使型架结构简化。

以内型板定位的型架,多用于薄蒙皮的机身板件,蒙皮可以用钢带或橡皮绳夹紧。内型板是固定不动的,一般用 5～10 mm 厚的硬铝板制成,可用接触照相法将隔框的外形印到硬铝板上,然后按线加工出工作面及各种孔。板件蒙皮较厚时,用钢带夹紧就显得夹紧力不足,有时需要附加结构复杂的螺旋夹紧件,这就失去了内型板型架结构简单的优点了。

3. 用装配孔定位的板件装配

对结构比较简单的板件,可以用装配孔定位,如蒙皮、长桁、隔框之间可以用装配孔确定其相互位置,装配时可以不用型架,或使用结构比较简单的托架。

为保证装配孔之间的协调,蒙皮上的装配孔,一般是按根据标准蒙皮制成的蒙皮钻模进行钻孔;隔框与长桁上的装配孔,一般是按零件实样制成的样板进行钻孔。采用装配孔装配板件,最显著的优点是减少了型架的数量。

10.1.2　段件和部件装配

段件和部件装配的技术要求是:第一,要保证部件设计分离面的协调和互换以及外形准确度。第二,成批生产时,部件内各系统的安装工作,如操纵、液压、冷气、起落架等,力求在段件、部件装配时完成,还要按技术条件的规定进行各种试验。因此,部件的装配工作按以下 3 个阶段完成:① 型架内装配;② 型架外装配及安装工作;③ 最后精加工,检验及移交。

1. 部件的型架内装配

部件的型架内装配,是部件装配的重要阶段,因为通过型架内装配,就确定了部件上各接头以及外形的准确度。

为了保证部件的气动外形准确度以及对接的互换性,段件、部件装配中要使用大尺寸的、构造复杂的装配型架。工件在型架内的定位方法、对装配的准确度、装配工作的开敞性和生产率,以及装配型架的构造和制造,均有很大的影响。

现在分述在部件装配阶段所使用的各种定位方法。在实际生产中,对一个部件来说,往往不是采用单一的方法,而是根据部件的构造特点和具体的生产条件,综合应用各种方法。

(1) 按卡板定位。为保证部件的外形准确度,段件或部件在型架上进行装配时,可以用外卡板,也可以用内型板。图 10-3 所示为前机身总装配型架,是采用以蒙皮外形为基准的装配方法,因此采用外形卡板来控制部件外形。机身板件包括蒙皮、桁条、补偿片等预先在板件装配型架上装配好。送到机身总装型架上定位时,其外形紧靠卡板工作面,并利用卡板 5 上的夹紧螺栓 4,穿过板件上的铆钉孔将板件夹紧,然后在型架上进行隔框 1 与板件补偿角片 2 的铆接。

采用外形卡板能保证部件气动外形具有较高的准确度,但若部件尺寸较大,卡板尺寸会相应增大,使型架构造复杂。

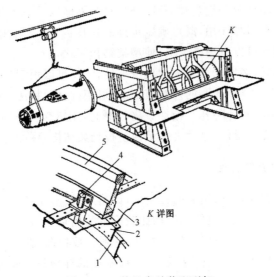

图 10 - 3　前机身总装配型架

1—机身隔框；　2—板件补偿片；　3—板件蒙皮；　4—夹紧螺栓；　5—型架卡板

（2）按内型板定位。图 10 - 4 所示是一种由内型板定位的中翼装配型架，因为对部件外形的准确度要求较高，所以采用了以蒙皮为基准的装配方法。在中翼内部 2 个翼肋之间放上 1 个假肋式的内型板，内型板的工作外形，就是中翼蒙皮的内形。内型板的上、下端面均有 2 个销钉，这些销钉穿过机翼梁的定位孔。中翼前缘处的内型板销钉，由型架定位器固定。装配时先安放 4 个中翼大梁，透过这套内型板及销钉，就可以正确定位 4 个大梁的空间位置，然后铆上翼肋，再放上中翼的蒙皮板件，其外形由内型板控制。用螺旋式夹紧件将板件紧靠内型板，板件定位后，在板件与翼肋之间用补偿角片连接，装配后再把假肋从部件内取出。

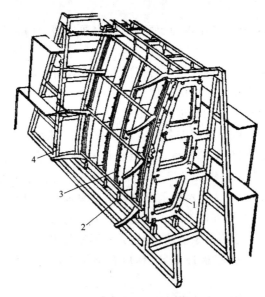

图 10 - 4　由内型板定位的中翼装配型架

1—定位平板；　2—用以定位大梁的销钉；　3—翼肋；　4—加强框定位孔定位器

（3）按定位孔定位。图 10-5 所示为某大型客机机身尾段装配型架,采用以骨架为基准的装配方法,机身隔框按定位孔在型架上定位。机身的隔框预先在组合件夹具上装配好,并在隔框的腹板上按钻模钻出定位孔,然后装到装配型架上,以定位孔的定位器来确定其位置。隔框位置确定后,在隔框缺口上安放桁条并与隔框相铆,定位孔的定位器应做成向上滑动的,如图 10-5 中的详图 K 所示,骨架铆好后,即可把定位器移开,以便铆接蒙皮。

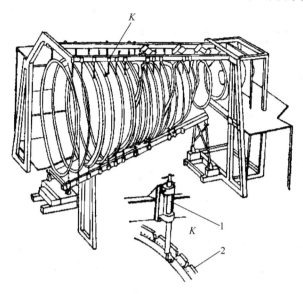

图 10-5 某大型客机机身尾段装配型架
1—定位孔定位器; 2—隔框

2. 部件的架外装配

部件在型架内装配到一定程度,在保证部件已具有足够刚度的前提下,即可将部件取出型架。

某些在型架内工作不开敞或难以完成的工作也放在架外完成。架外工作可包括以下几方面。

1）补铆和螺栓连接。

2）不影响部件几何外形和尺寸的零件或组合件的安装及连接,如飞机设备支架的安装等。

3）各种系统的安装及试验。在成批生产的条件下,应将部件上可以进行的系统安装及试验工作,尽量在部件装配阶段完成。这样可以减少飞机总装配的劳动量,缩短总装配周期。

3. 部件的最后精加工、检验及移交

在成批生产中,为了保证部件的互换性,有些部件在装配以后要对接头进行精加工。小批生产或单件试制时,也可以在部件装配型架内按专用钻模或靠模进行精加工。

部件精加工后,需要进行最后检验。其内容包括部件的接头或对接面准确度检验,外形准确度检验,部件水平测量,各系统的试验,称重以及外表检查,部件完整性检查等。

10.2　飞机总装配

飞机总装配是部件装配过程的延续，是飞机装配的最后阶段。飞机总装的任务是将飞机结构部件（包括部分功能系统）进行对接，在机上进行各种功能装置和功能系统的安装、调整、试验及检测，使飞机成为具有飞行功能和使用功能的完整的整体。

10.2.1　飞机数字化装配技术

飞机数字化装配系统涉及飞机坐标系、测量坐标系、工装坐标系和设备坐标系等不同的参考系。数字化装配需要将这些坐标系进行标定、恢复、转站、握手并实现坐标系的统一。

标定：在装配工装（系统）CAD 模型的基础上，通过测量设备赋予（写入）装配工装中每个增强参考系统（Enhanced References System，ERS）点相对于参考坐标系的精准坐标，且这些 ERS 点坐标在一定时间内具有内在稳定性，这一过程称之为参考坐标系在装配工装的标定。在飞机装配中，参考坐标系一般都采用飞机坐标系。

恢复：在装配工装（系统）标定坐标的基础上，通过测量设备读取装配工装中每个 ERS 点相对于参考坐标系的实时精准坐标，且读取坐标与标定坐标满足一定公差要求，这一过程称之为参考坐标系在装配工装的恢复。

转站：测量设备在两个观测站位之间的转移以及建立两个观测站位测量坐标系与飞机坐标系的关系，这一过程称之为转站。当某个装配工位的尺寸较大，或者存在测量光路受遮挡的情况，可以采用一台测量设备经过多次转站完成测量任务。

握手：多台测量设备在不同观测站位对某个装配工位进行观测，且建立每台测量设备坐标系与飞机坐标系的关系，这一过程称之为握手。当某个装配工位的尺寸较大，测量点较多，或者存在测量光路受遮挡的情况，可以采用多台测量设备经过握手一次性完成测量任务。

不管是单台设备的单次测量，还是转站测量和握手测量，飞机坐标系的标定和恢复都是数字化装配的关键，飞机坐标系的标定和恢复流程如下：

除特殊情况外，飞机数字化装配一般都需要把系统中的其他坐标系变换到飞机坐标系，基于飞机坐标系下的数据对装配质量进行分析、比较和评价。因此，首先需要在数字化装配工位标定飞机坐标系，使用时再恢复飞机坐标系。

1. 飞机坐标系的标定

增强参考系统 ERS 中的点群是数字化装配系统中标定飞机坐标系的载体，一般由 ERS 基础点群和 ERS 增强点群组成，这些点均固连在装配工位上。ERS 基础点群的点数量一般是 3 个，如 ERS1，ERS2，ERS3。ERS 增强点群的数量由装配系统的空间大小确定，装配系统较小时，可以不设置 ERS 增强点群。ERS 基础点群和增强点群均由 ERS 点组成。ERS 点的实物载体是含有精确球窝的 ERS 点靶座，球窝中心点就是 ERS 点，如图 10-6 所示。

数字化装配工位中实景飞机坐标系标定（或写入）的主要步骤如下所述：

(1)模型布点。在数字化装配系统 CAD 模型中布设 ERS 点，将 ERS 点布设在具有长久稳定性和外轮廓表面光路开敞的刚性地面或者非移动刚性工装骨架上，以$\overrightarrow{ERS1-ERS2}$和$\overrightarrow{ERS1-ERS3}$为邻边构成平行四边形，该平行四边形需尽可能包络数字化装配系统中定位部分在该平行四边形的投影，工程上一般将$\overrightarrow{ERS1-ERS2}$的长度大于$\overrightarrow{ERS1-ERS3}$的长度。

根据装配系统的空间大小，按每两个 ERS 点间隔 2 m 左右的距离加密布设 ERS 增强点群。ERS 基础点群和 ERS 增强点群组成的外轮廓需包络数字化装配工位中绝大部分的定位结构。

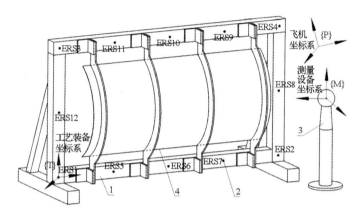

图 10 - 6　飞机坐标系的标定

1—数字化工装；2— ERS 点；3—激光跟踪仪；4—飞机产品

（2）记录设计值。记录 **ERS** 点群在 CAD 模型中全局坐标系{C}（模型飞机坐标系）的设计坐标$\mathbf{ERS}^{\mathrm{C}}_{点群}$：

$$\mathbf{ERS}^{\mathrm{C}}_{点群} = \begin{bmatrix} X^{\mathrm{C}}_{\mathrm{ERS1}} & X^{\mathrm{C}}_{\mathrm{ERS2}} & \cdots & X^{\mathrm{C}}_{\mathrm{ERSn}} \\ Y^{\mathrm{C}}_{\mathrm{ERS1}} & Y^{\mathrm{C}}_{\mathrm{ERS2}} & \cdots & Y^{\mathrm{C}}_{\mathrm{ERSn}} \\ Z^{\mathrm{C}}_{\mathrm{ERS1}} & Z^{\mathrm{C}}_{\mathrm{ERS2}} & \cdots & Z^{\mathrm{C}}_{\mathrm{ERSn}} \end{bmatrix}$$

记录 **ERS** 点群在 CAD 模型中相对附近关键特征的（如地面或工装骨架上的点、线、面）的位置尺寸。

以图 10 - 6 中的 ERS3 为例，在图纸中要标明该点与框架上梁边线的尺寸，如上梁截面为 200 mm×200 mm，ERS3 到框架上梁边线的尺寸为 100 mm；标明该点与上梁左端面边线的距离，如为 100 mm。也就是说，要标明 **ERS** 点相对于工装就近几何特征的位置尺寸。

（3）实物布点。根据 **ERS** 点群在 **CAD** 模型中相对于附近关键特征（如地面或工装骨架上的点、线、面）的位置尺寸，在数字化装配系统实物相应位置布设、固定 **ERS** 点靶座。

（4）记录实测值。记录 **ERS** 点群在测量坐标系{M}的实测坐标$\mathbf{ERS}^{\mathrm{M}}_{点群}$：

$$\mathbf{ERS}^{\mathrm{M}}_{点群} = \begin{bmatrix} X^{\mathrm{M}}_{\mathrm{ERS1}} & X^{\mathrm{M}}_{\mathrm{ERS2}} & \cdots & X^{\mathrm{M}}_{\mathrm{ERSn}} \\ Y^{\mathrm{M}}_{\mathrm{ERS1}} & Y^{\mathrm{M}}_{\mathrm{ERS2}} & \cdots & Y^{\mathrm{M}}_{\mathrm{ERSn}} \\ Z^{\mathrm{M}}_{\mathrm{ERS1}} & Z^{\mathrm{M}}_{\mathrm{ERS2}} & \cdots & Z^{\mathrm{M}}_{\mathrm{ERSn}} \end{bmatrix}$$

（5）构建变换矩阵。依据 **ERS** 点群的设计坐标与实测坐标，构建测量坐标系{M}与飞机坐标系{P}的变换关系$\mathbf{T}^{\mathrm{P}}_{\mathrm{M}}$

$$\mathbf{T}^{\mathrm{P}}_{\mathrm{M}} = \mathrm{f}(\mathbf{ERS}^{\mathrm{C}}_{点群} \quad \mathbf{ERS}^{\mathrm{M}}_{点群})$$

$\mathbf{T}^{\mathrm{P}}_{\mathrm{M}}$的构建较为复杂，需依据$\mathbf{ERS}^{\mathrm{C}}_{点群}$确定飞机坐标系的方向，依据$\mathbf{ERS}^{\mathrm{M}}_{点群}$确定 ERS 点之间的长度。

(6)标定实景飞机坐标系。

$$
\begin{bmatrix} X^P_{ERS1} & X^P_{ERS2} & \cdots & X^P_{ERSn} \\ Y^P_{ERS1} & Y^P_{ERS2} & \cdots & Y^P_{ERSn} \\ Z^P_{ERS1} & Z^P_{ERS2} & \cdots & Z^P_{ERSn} \end{bmatrix} = \boldsymbol{T}^P_M \begin{bmatrix} X^M_{ERS1} & X^M_{ERS2} & \cdots & X^M_{ERSn} \\ Y^M_{ERS1} & Y^M_{ERS2} & \cdots & Y^M_{ERSn} \\ Z^M_{ERS1} & Z^M_{ERS2} & \cdots & Z^M_{ERSn} \end{bmatrix}
$$

(7)制作 ERS 点坐标铭牌,固定在 ERS 点靶座附近。在标定实景飞机坐标系的过程中,需设定一个参考温度(一般为 20℃),标定时的环境温度与参考温度存在差异时,还需补偿温度差所带入的坐标误差。

对于小型数字化装配系统,标定的 ERS 点坐标一般都比较稳定,位置偏离量很小,以 ERS 系统为基准,检测工装定位器是否发生了偏离,并修正定位器的位姿。因此,通常制作一个铭牌,通过激光刻字或者化学腐蚀的方法,将 ERS 的标定坐标(X/Y/Z)永久记录下来,并用螺栓固定在该点的靶座旁边,以便于工装定检或者用户恢复坐标系时的使用。

但是大型工装的坐标系可能不稳定,标定的 ERS 点坐标也可能发生较大的位置偏离,因此,一些大型工装交付之后,也可能不设置 ERS 点铭牌,因为每次定检时都需要重新标定飞机坐标系。

2.飞机坐标系的恢复

工装定位件的调整安装(调装)和定检、数字化装备的调姿定位、飞机产品的数字化检测等,都以飞机坐标系为基准。因此,飞机坐标系的恢复(或读取),是数字化装配开展工作的前提。数字化装配工位中实景飞机坐标系的恢复流程如图 10-7 所示。

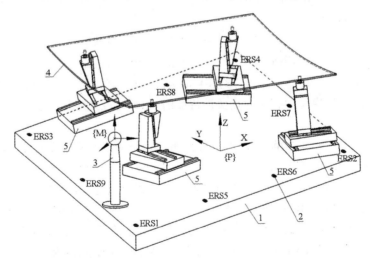

图 10-7　数字化装配工位中实景飞机坐标系的恢复流程

1—装配系统地基;2—ERS 点;3—激光跟踪仪;4—飞机产品;5—装配系统支链(三坐标定位器)

(1)记录标定值。记录 ERS 点坐标铭牌所标定的 ERS 点坐标

$$
\begin{bmatrix} X^P_{ERS1} & X^P_{ERS2} & \cdots & X^P_{ERSn} \\ Y^P_{ERS1} & Y^P_{ERS2} & \cdots & Y^P_{ERSn} \\ Z^P_{ERS1} & Z^P_{ERS2} & \cdots & Z^P_{ERSn} \end{bmatrix}
$$

(2)记录实测值。记录 **ERS** 点群在测量坐标系{M}的实测坐标 **ERS$^M_{点群}$**:

$$\mathbf{ERS}_{\text{点群}}^{\text{M}} = \begin{bmatrix} X_{\text{ERS1}}^{\text{M}} & X_{\text{ERS2}}^{\text{M}} & \cdots & X_{\text{ERSn}}^{\text{M}} \\ Y_{\text{ERS1}}^{\text{M}} & Y_{\text{ERS2}}^{\text{M}} & \cdots & Y_{\text{ERSn}}^{\text{M}} \\ Z_{\text{ERS1}}^{\text{M}} & Z_{\text{ERS2}}^{\text{M}} & \cdots & Z_{\text{ERSn}}^{\text{M}} \end{bmatrix}$$

根据实际使用需求,实测不少于 3 个不共面的 ERS 点,所选 ERS 点构成的外轮廓需包括装配工位中绝大部分定位结构。

(3)建立变换矩阵。依据 **ERS** 点群的标定坐标与实测坐标,构建测量坐标系{M}与飞机坐标系{P}的变换关系 T_{M}^{P}

$$\boldsymbol{T}_{\text{M}}^{\text{P}} = \begin{bmatrix} X_{\text{ERS1}}^{\text{P}} & X_{\text{ERS2}}^{\text{P}} & \cdots & X_{\text{ERSn}}^{\text{P}} \\ Y_{\text{ERS1}}^{\text{P}} & Y_{\text{ERS2}}^{\text{P}} & \cdots & Y_{\text{ERSn}}^{\text{P}} \\ Z_{\text{ERS1}}^{\text{P}} & Z_{\text{ERS2}}^{\text{P}} & \cdots & Z_{\text{ERSn}}^{\text{P}} \end{bmatrix} \begin{bmatrix} X_{\text{ERS1}}^{\text{M}} & X_{\text{ERS2}}^{\text{M}} & \cdots & X_{\text{ERSn}}^{\text{M}} \\ Y_{\text{ERS1}}^{\text{M}} & Y_{\text{ERS2}}^{\text{M}} & \cdots & Y_{\text{ERSn}}^{\text{M}} \\ Z_{\text{ERS1}}^{\text{M}} & Z_{\text{ERS2}}^{\text{M}} & \cdots & Z_{\text{ERSn}}^{\text{M}} \end{bmatrix}^{-1}$$

在恢复实景飞机坐标系的过程中,如环境温度与参考温度存在差异时,需补偿温度差所带入的坐标误差。

10.2.2　飞机装配中的数字化测量

1. 点位检测

点位检测的数字化测量设备有:激光跟踪仪、激光雷达、工业相机和测量机等。以激光跟踪仪用于工装的调装为例,介绍数字化点位测量的主要过程:

(1)激光跟踪仪架设。激光跟踪仪架设的一般要求:使工装内的 ERS 点和检测点处于跟踪仪 3~10 m 的最佳测量范围内。对于测量距离大于 10 m 的工装的调装和定检,一般需要通过单台激光跟踪仪的转站或者多台激光跟踪仪的握手来进行测量。

(2)激光跟踪仪建站。将激光跟踪仪与其控制系统连接,使跟踪仪处于可测量状态。激光跟踪仪通过 **ERS** 点群的标定坐标和实测坐标恢复飞机坐标系。其目标是将所有的坐标数据都统一到飞机坐标系下,以便于理解和分析。

(3)数字化测量。通过测量,获得检测点相对于飞机坐标系的实时坐标,将实测坐标与理论坐标及其公差相比较,解算出工装的调整量。同轴度检测也可以通过点位检测来实现,在轴的两端分别设置检测点,通过测量两端检测点的坐标分析同轴度。

(4)调整工装。根据数字化测量及其分析结果,按情况对工装进行相应的调整安装,使工装定位器处于准确的位置。

2. 外形检测

(1)逐点检测外形。手持激光跟踪仪靶球,在产品外形上逐个采集坐标,获取点云数据。该方法工作效率低,操作强度大,采集的点云数据有限。

(2)扫描检测外形。采用激光雷达扫描外形时,生成的点云密度可以编辑。由于不需要靶球,使得扫描测量的效率很高,精度也比较高,如图 10-8 所示。

基于激光雷达的外形检测步骤:

1)激光雷达观测站位规划,尽可能用最少的转站或者握手完成测量任务;

2)激光雷达建站,恢复飞机坐标系;

3)扫描测量飞机外形;

4)以飞机坐标系为基准,对比分析点云数据与理论数据的差异,评价飞机外形质量。

图 10-8　激光雷达扫描检测飞机外形

3. 间隙和阶差检测

常见的间隙和阶差检测有结构光视觉测量。测量系统由激光投射器和工业摄影机组成,激光投射器根据测量需要将一定模式的结构光投射于物体表面形成特征点,由摄像机拍摄图像,利用光线三角法原理和图像处理技术计算位姿参数和特征点的坐标,进而利用坐标计算间隙和阶差。如图 10-9 所示,间隙 d 为 $DE\sin\theta$,阶差 h 为 AB 与 GH 的距离。

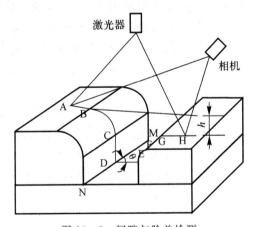

图 10-9　间隙与阶差检测

4. 位姿检测

飞机部件调姿定位时,需要借助数字化测量及其数据运算处理,获得飞机部件调姿定位前后的实际位姿状态。

（1）测量点类型。

1）关键交点。飞机部件上的关键交点有：机身与机翼的对接交点、机身与尾翼的对接交点、舱门交点、活动翼面交点和起落架交点等。

2）外形测量点。飞机外形测量点通常布设在壁板蒙皮上，一般而言，部件对接处的外形测量点密度要大于非对接区域。

3）其他测量点。除关键交点和外形测量点外，有的产品还会在对接界面、边线等位置设置测量点，以检测对接情况。

（2）检测测量点。按照点位检测方法，获取不少于 3 个非共面的测量点相对于飞机坐标系的实测坐标，并需在部件调姿定位精度较高的部位加密测量点。根据需要，对调姿定位前、中、后等不同进程检测测量点，获取坐标，计算飞机部件的位姿。

（3）部件位姿求解。飞机部件的数字化调姿、定位和对接，需要求解部件在不同状态的位姿，依据位姿的差值，驱动飞机部件做调姿运动，如图 10-10 所示。

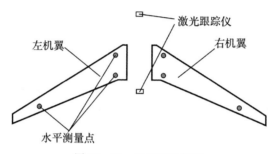

图 10-10　飞机部件调姿

部件的位姿求解过程如下：

1）构建部件坐标系。部件坐标系固连在飞机部件上，是一个动坐标系。飞机坐标系从其原点迁移到部件测量点的形心，并与部件固连，这是最常见的一种部件坐标系的构建方法，部件测量点在部件坐标系下的坐标为

部件测量点的形心在飞机坐标系的坐标：

$$
\begin{bmatrix} X_{C}^{L} \\ Y_{C}^{L} \\ Z_{C}^{L} \end{bmatrix} = \begin{bmatrix} \dfrac{X_{1}^{P} + X_{2}^{P} + \cdots + X_{n}^{P}}{n} \\ \dfrac{Y_{1}^{P} + Y_{2}^{P} + \cdots + Y_{n}^{P}}{n} \\ \dfrac{Z_{1}^{P} + Z_{2}^{P} + \cdots + Z_{n}^{P}}{n} \end{bmatrix}
$$

部件测量点在部件坐标系下的坐标：

$$
\begin{bmatrix} X_{1}^{L} & X_{2}^{L} & \cdots & X_{n}^{L} \\ Y_{1}^{L} & Y_{2}^{L} & \cdots & Y_{n}^{L} \\ Z_{1}^{L} & Z_{2}^{L} & \cdots & Z_{n}^{L} \end{bmatrix} = \begin{bmatrix} X_{1}^{P} - X_{C}^{L} & X_{2}^{P} - X_{C}^{L} & \cdots & X_{n}^{P} - X_{C}^{L} \\ Y_{1}^{P} - Y_{C}^{L} & Y_{2}^{P} - Y_{C}^{L} & \cdots & Y_{n}^{P} - Y_{C}^{L} \\ Z_{1}^{P} - Z_{C}^{L} & Z_{2}^{P} - Z_{C}^{L} & \cdots & Z_{n}^{P} - Z_{C}^{L} \end{bmatrix}
$$

2）求解部件坐标系在飞机坐标系的位姿

$$T_{\mathrm{L}}^{\mathrm{P}} = \begin{bmatrix} X_1^{\mathrm{P}} & X_2^{\mathrm{P}} & \cdots & X_n^{\mathrm{P}} \\ Y_1^{\mathrm{P}} & Y_2^{\mathrm{P}} & \cdots & Y_n^{\mathrm{P}} \\ Z_1^{\mathrm{P}} & Z_2^{\mathrm{P}} & \cdots & Z_n^{\mathrm{P}} \end{bmatrix} \begin{bmatrix} X_1^{\mathrm{L}} & X_2^{\mathrm{L}} & \cdots & X_n^{\mathrm{L}} \\ Y_1^{\mathrm{L}} & Y_2^{\mathrm{L}} & \cdots & Y_n^{\mathrm{L}} \\ Z_1^{\mathrm{L}} & Z_2^{\mathrm{L}} & \cdots & Z_n^{\mathrm{L}} \end{bmatrix}^{-1}$$

5. 机载设备位姿校准

在飞机装配中,需要保证平显、惯导、雷达等航电设备在飞机结构中的准确位置和姿态,需要将设备的横滚、俯仰、偏航等姿态角调整为与飞机坐标系一致。

机载设备位姿的校准有模拟量和数字量两种方法,传统多采用模拟量测量校准,近年来逐步推广应用数字量校准方法,主要有激光跟踪仪测量和工业摄影测量两种技术,均可实现机载设备基准轴线和安装偏差的自动测量和计算。

以惯导模拟量校准为例说明校准方法步骤:

(1)调平飞机。首先用(数控)千斤顶将飞机顶起,并调平。

(2)确定飞机轴线和设备中心。在飞机基准座前一定距离处设立一个用于校准的靶板工装,确定飞机轴线,通过飞机轴线在靶板上的投影确定设备的中心点。

(3)校准设备。将靶镜插入校靶转接管,通过靶镜的目镜观察,调整设备的横向和纵向位置,以达到惯导精度的校准。

数字量校准方法不需要调平飞机,飞机固定不动即可,首先对水平测量点的实测坐标和理论坐标进行匹配以恢复飞机坐标系,然后实测设备上的测量点,自动分析得出设备的横滚、俯仰、偏航等姿态角,以及设备的调整方向和调整量。

10.2.3 飞机各部件的对接及水平测量

飞机水平调整是飞机总装的一个重要工艺环节,飞机通过三点支撑与调节到达水平状态,这是评价飞机装配质量和安装机载设备的基础。全机水平测量是通过水平测量点的检测实现的,水平测量点是在飞机部装时按设计要求和工艺规范,在部件表面的规定位置通过工装做出的物理标记,如十字划线、冲点、凸头等,它们将飞机的理论轴线转移到部件实体表面。传统的飞机水平测量一般采用水准仪和经纬仪等设备,随着数字化测量技术的发展,越来越多的全机水平测量采用激光跟踪仪等数字化测量设备。基于激光跟踪仪的全机水平测量步骤如下:

1)激光跟踪仪观测站位规划,尽可能用最少的转站或者握手完成测量任务;

2)架设激光跟踪仪,启动仪器、建站、恢复飞机坐标系;

3)水平点测量;

4)根据激光跟踪仪自带靶球的直径,采集水平点坐标时需加入靶球的偏移量,常用靶球的偏移量为 12.7 mm;

5)评价。

将测得的水平测量点的坐标与理论坐标及其公差进行比较,对飞机装配质量(参照工艺文件,如偏差率、扭转角公差、安装角、上/下反角、对称性等)进行评价。

1)筒段部件的测量数据分析。以机身筒段为例,水平测量评价要素包括测量点位置的偏差率和机身扭转角偏差,如图 10-11 所示,其中测量点位置的偏差率包括 Y 向偏差率和 Z 向偏差率。

$$机身水平测量点 Y 向偏差率 = \frac{|Y_{测} - Y_{理}|}{L} \times 1\,000‰$$

$$机身水平测量点 Z 向偏差率 = \frac{|Z_{测} - Z_{理}|}{L} \times 1\,000‰$$

$Y_{测}$ 为机身水平测量点的实测 Y 坐标，$Y_{理}$ 为机身水平测量点的理论 Z 坐标，$Z_{测}$ 为实测 Z 坐标，$Z_{理}$ 为理论 Z 坐标，L 为机身水平测量点到机身纵向基准面（一般为飞机坐标系原点处的 OYZ 基准面）的距离。因此，机身水平测量点离机身纵向基准越近，允许的偏离率越大，离机身纵向基准越远，允许的偏离率越小。

$$机身扭转角偏差 = \frac{|Z_{测1} - Z_{测2}|}{D} \times \frac{180}{\pi} \times 60$$

$Z_{测1}$ 和 $Z_{测2}$ 为机身左右对称的两个测量点的实测 Z 坐标，D 为两个左右对称测量点的距离，一般将机身扭转角偏差写成角度分值形式。

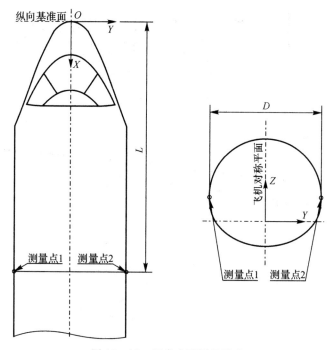

图 10-11 机身水平测量示意

2）翼面部件的测量数据分析。机翼、平尾等翼面部件安装角测量分析，如图 10-12 所示：

$$\begin{cases} 模拟量尺寸方法：安装角 \ \varphi = \tan^{-1}\left(\frac{|H_1 - H_2|}{L}\right) \\[2mm] 安装角公差 \ \delta\varphi = \frac{\delta(|H_1 - H_2|)}{L} \times \frac{180}{\pi} \times 60 \\[2mm] 数字量坐标方法：安装角 \ \varphi = \tan^{-1}\left(\frac{|Z_{测1} - Z_{测2}|}{|X_{测1} - X_{测2}|}\right) \\[2mm] 安装角公差 \ \delta\varphi = \frac{\delta(|Z_{测1} - Z_{测2}|)}{|X_{测1} - X_{测2}|} \times \frac{180}{\pi} \times 60 \end{cases}$$

$\delta(|H_1-H_2|)$ 和 $\delta(|Z_{测1}-Z_{测2}|)$ 是指实测值与理论值的偏离,$\delta\varphi$ 一般写成角度分值形式。

机翼、平尾等翼面的上/下反角测量分析,如图 10 - 13 所示。

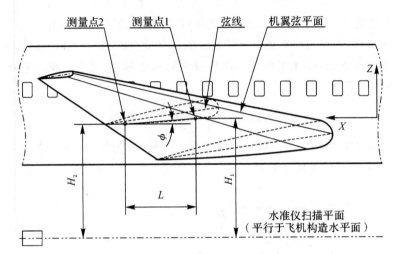

图 10 - 12　翼面部件安装角测量分析

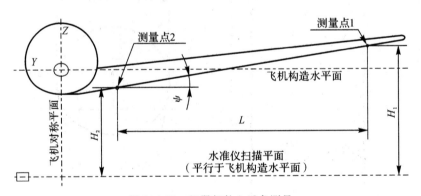

图 10 - 13　机翼部件上反角测量

$$\begin{cases} \text{模拟量尺寸方法:上反角 } \psi=\tan^{-1}\left(\dfrac{|H_1-H_2|}{L}\right) \\[2mm] \text{上反角公差 } \delta\psi=\dfrac{\delta(|H_1-H_2|)}{L}\times\dfrac{180}{\pi}\times 60 \\[2mm] \text{数字量坐标方法:上反角 } \psi=\tan^{-1}\left(\dfrac{|Z_{测1}-Z_{测2}|}{|Y_{测1}-Y_{测2}|}\right) \\[2mm] \text{上反角公差 } \delta\psi=\dfrac{\delta(|Z_{测1}-Z_{测2}|)}{|Y_{测1}-Y_{测2}|}\times\dfrac{180}{\pi}\times 60 \end{cases}$$

$\delta(|H_1-H_2|)$ 和 $\delta(|Z_{测1}-Z_{测2}|)$ 是指实测值与理论值的偏离,$\delta\psi$ 一般写成角度分值形式。

垂尾安装角测量分析,如图 10 - 14 所示。

$$\left\{
\begin{array}{l}
\text{模拟量尺寸方法：安装角 } \varphi = \tan^{-1}\left(\dfrac{|B_1 - B_2|}{L}\right) \\[3mm]
\text{安装角公差 } \delta\varphi = \dfrac{\delta(|B_1 - B_2|)}{L} \times \dfrac{180}{\pi} \times 60 \\[3mm]
\text{数字量坐标方法：安装角 } \varphi = \tan^{-1}\left(\dfrac{|Y_{测1} - Y_{测2}|}{|X_{测1} - X_{测2}|}\right) \\[3mm]
\text{安装角公差 } \delta\varphi = \dfrac{\delta(|Y_{测1} - Y_{测2}|)}{|X_{测1} - X_{测2}|} \times \dfrac{180}{\pi} \times 60
\end{array}
\right.$$

$\delta(|B_1 - B_2|)$ 和 $\delta(|Y_{测1} - Y_{测2}|)$ 是指实测值与理论值的偏离，$\delta\varphi$ 一般写成角度分值形式。

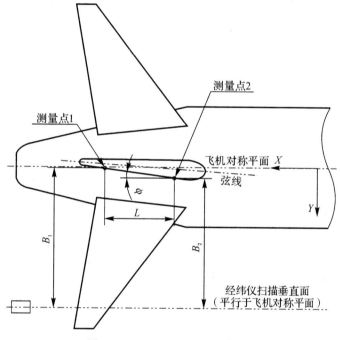

图 10-14　垂尾安装角测量分析

垂尾倾斜角测量分析，如图 10-15 所示。

$$\left\{
\begin{array}{l}
\text{模拟量尺寸方法：倾斜角 } \gamma = \tan^{-1}\left(\dfrac{|B_1 - B_2|}{L}\right) \\[3mm]
\text{倾斜角公差 } \delta\gamma = \dfrac{\delta(|B_1 - B_2|)}{L} \times \dfrac{180}{\pi} \times 60 \\[3mm]
\text{数字量坐标方法：倾斜角？} = \tan^{-1}\left(\dfrac{|Y_{测1} - Y_{测2}|}{|Z_{测1} - Z_{测2}|}\right) \\[3mm]
\text{倾斜角公差 } \delta\gamma = \dfrac{\delta(|Y_{测1} - Y_{测2}|)}{|Z_{测1} - Z_{测2}|} \times \dfrac{180}{\pi} \times 60
\end{array}
\right.$$

$\delta(|B_1 - B_2|)$ 和 $\delta(|Y_{测1} - Y_{测2}|)$ 是指实测值与理论值的偏离，$\delta\gamma$ 一般写成角度分值形式。

飞机对称性检测分析，如图 10-16 所示。

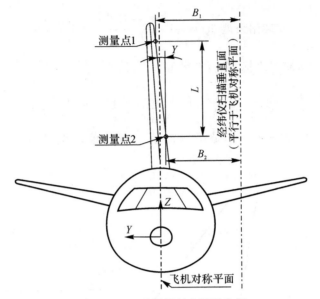

图 10 - 15 垂尾倾斜角测量分析

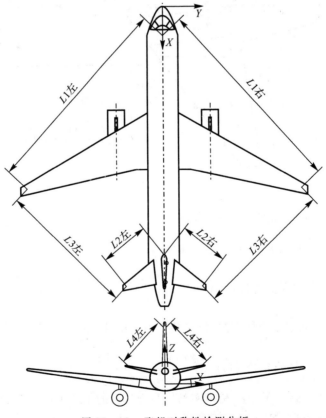

图 10 - 16 飞机对称性检测分析

$$\begin{cases} \text{模拟量尺寸方法：对称偏差率} \dfrac{|L_左 - L_右|}{L} \times 1\,000\text{‰} \\[3mm] \text{数字量坐标方法：对称偏差率} \dfrac{|L_左 - L_右|}{L} \times 1\,000\text{‰} \end{cases}$$

对于同一款飞机而言,由于测量项目相同,可将各测量项做成固定程序,便于数据自动化分析。表 10-1 为多种测量设备精度比较。

表 10-1　多种测量设备精度比较

序号	测量方案	测量精度（不确定性）	优　点	缺　点
1	水平仪 经纬仪 卷尺	0.5 mm	成本低 原理简单 操作简单	精度低
2	激光跟踪仪	15 um＋6 um/m	精度高 布站灵活 大尺寸测量	需手持靶球 易断光
3	激光雷达	10 um＋10 um/m	点云检测 自动跟踪 大尺寸测量	点云数据处理量大
4	IGPS	0.20 mm(10 m) 0.25 mm(40 m)	测量范围大 可扩展 无需转站	测量精度相对较低
5	工业摄影照相	15 um＋10 um/m	精度高 便携性好	需粘贴靶标点, 准备工作多

10.2.4　飞机各部件的对接及水平测量工作

飞机各部件装配完成后,送到总装配车间进行对接,如机身各段的对接、机身和机翼的对接等。在成批生产中,由于各部件是互换的,对接比较简单。若对接面是补偿结构,则在对接时需进行调整。试制生产时,需对部件接头进行补充加工,工作量较大。

部件对接后的技术要求如图 10-17 所示。其中 L，H 等尺寸,可直接用卷尺测量,但 V，β 及 γ 等角度尺寸较难测量,现一般采用水平测量方法进行检查。

水平测量的基本过程是:首先在部件装配时,在部件表面规定的位置上,按型架上专用指示器作出测量点的记号(涂红色漆的冲坑、凸头或空心铆钉),这些记号称为水平测量点,它实际上是将飞机理论轴线转移到部件表面的测量依据。因此,在测量过程中,只要检查这些点的相对位置数值,就可借以确定部件间相对位置是否符合技术要求,图 10-18 所示为飞机水平测量图。

图 10-19 所示为水平测量原理示意图。机体表面上各测量点都在部件装配时标出,测量时以机身 2 段为基准,用水平仪将 1,2 左右点调在同一个水平面内,再用经纬仪将 5,6 调在同一个垂直面内,随后用水平仪和经纬仪分别测 3,4,7 和 8,就可检查机身的同轴度。

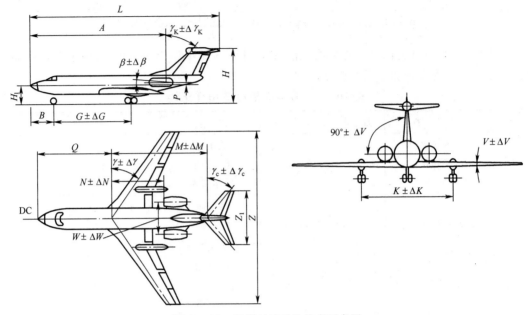

图 10 - 17   部件对接后的技术要求图

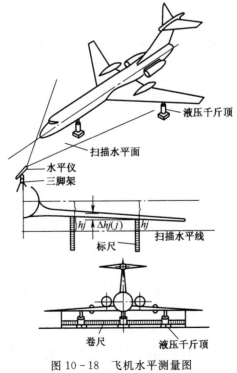

图 10 - 18   飞机水平测量图

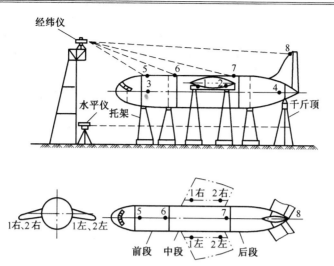

图 10 - 19　水平测量原理示意图

机翼的安装角、上反角（下反角）、舵面转角也可用同样方法测量。如图 10 - 20 所示，首先把飞机调平，机翼安装角、下反角分别通过测量点的差值 a,b 来检查，机翼的后掠角仅测其对称性，方法是用卷尺测量相应点的距离来检查，如图 10 - 21 所示。

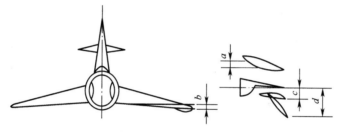

图 10 - 20　翼面测量图

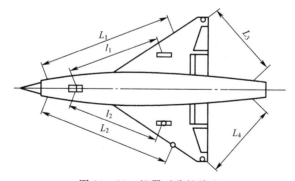

图 10 - 21　机翼对称性检查

图 10 - 22 所示为歼击机水平测量点分布图。该机水平测量时支撑要求如图 10 - 23 所示，用水平仪按 1,2 两测量点调整纵向水平，按 3,4 两测量点调整横向水平，在飞机已调平情况下，测量与检查各测量点间差值。

为提高水平测量的效率，可以设计专用的水平测量台。水平测量台的结构原理是把测量点指示器固定在可靠的基座上，将飞机用千斤顶固定于测量台中应有的位置后，借测量点指示器读出的数据，就可检查各部件间相对位置是否符合技术要求。

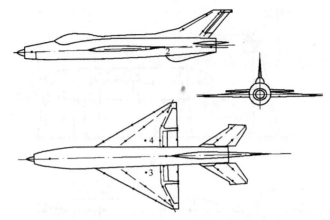

图 10-22　歼击机水平测量点分布图

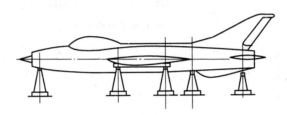

图 10-23　水平测量时飞机支撑图

10.2.4　活动翼面/舵面角度测量

　　飞机有很多可操纵的活动翼面和舵面,机翼后缘上有襟翼、副翼,机翼前缘上有缝翼,平尾上有升降舵,垂尾上有方向舵。通过对这些活动翼面和舵面角度的控制,可以实现对飞机起降、升阻、飞行、航迹和空投等控制,因此,活动翼面和舵面的装配角度直接影响飞机的性能和安全。活动翼面和舵面的装配角度包括初始安装角度和运动偏转角度两个方面,角度测量通常有以下三种方法:

　　(1)模拟量量具检测。操作者手持测角仪对飞机活动翼面和舵面进行测量,人工读取数据和判断是否合格,若不合格就进行调整,直至合格为止。

　　(2)数字化角度传感器检测。参考机载设备的角度检测原理,将角度传感器通过夹具或者粘贴的方式固定在被测位置,把角度传感器采集的数据传输到控制器,运算后输入到显示器,即可观察到角度数据和曲线。采用角度传感器检测前,需要对角度传感器的零位进行校准。

　　(3)数字化光学设备检测。以数字化工业摄影舵面检测为例,如图 10-24 所示。

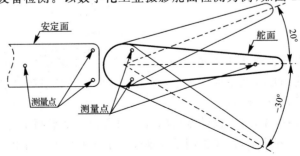

图 10-24　数字化工业摄影舵面检测

1)将不少于 3 个且不共线的反光靶标贴片粘贴在水平尾翼(安定面)上,解算基准的位姿;

2)将不少于 3 个且不共线的反光靶标贴片粘贴在升降舵面上,解算舵面的位姿;

3)计算出两个面的夹具,即舵面的偏角。

10.2.5　数字化调姿定位系统

飞机数字化调姿定位系统是数字化装配技术与柔性装配技术相结合的产物,是飞机装配领域研究最多的一种数字化柔性装配技术,其相互关系如图 10 - 25 所示。数字化调姿定位系统有多种形式,按调姿定位系统与飞机产品的连接方式可分为串联式调姿定位、并联式调姿定位、混联式调姿定位。各系统的优缺点和适用范围如下所述。

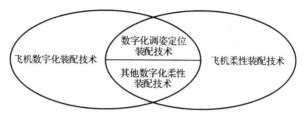

图 10 - 25　数字化调姿定位系统

1. 串联式调姿定位系统

串联式调姿定位系统最常见的是关节臂机器人,该系统属于开链结构,如图 10 - 26 所示,优点是位置和姿态的变化幅度大,缺点是刚度弱、精度低、承载量小,所支撑产品的尺寸不能过大。

2. 并联式调姿定位系统

并联式调姿定位系统最常见的是 Steward 平台,该系统属于闭链结构,如图 10 - 27 所示。优点是刚度较大、负载能力较强、精度较高,缺点是位移变化范围小。

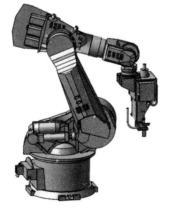

图 10 - 26　串联式调姿定位系统

图 10 - 27　并联式调姿定位系统

3. 混联式调姿定位系统

混联式调姿定位系统最常见的是 N - PPPS 系统（Prismatic - Prismatic - Prismatic - Spherical，PPPS），PPPS 是通过三个移动副和一个球铰副经串联而成的一种运动式定位器，N - PPPS 调姿定位系统由 $N(N\geqslant3)$ 台分布式的 PPPS 机构并联而成，该系统属于闭链结构，如图 10 - 28 所示。它兼备了串联式调姿定位和并联式调姿定位的优点，运动行程大、支撑范围大、负载能力强、刚度大、精度高，适合大尺寸、大质量、大行程和高精度的调姿定位场合，缺点是控制系统复杂。

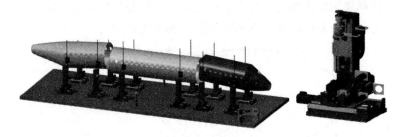

图 10 - 28　混联式调姿定位系统

由于飞机产品尺寸大、位移调整量大、装配精度高，因此飞机装配场合一般都采用 N - PPPS 混联调姿定位系统。国内飞机制造企事业单位和研究院所，习惯将 N - PPPS 系统直接称为调姿定位系统，将支链 PPPS 称为三坐标定位器。

混联式调姿定位系统根据三坐标定位器中主驱动数量，分为全冗余控制、少冗余控制和无冗余控制三种模式。以四台三坐标定位器组成的混联式调姿定位系统为例，如果 12 个运动轴均为主驱动，系统就为全冗余控制，系统用 12 个轴协调运动来调整飞机的位姿，调姿定位精度最高。如果主驱动轴数量介于 7～11 之间，系统就为少冗余控制，系统精度次之。如果主驱动轴数量为 6，系统就为无冗余控制，系统精度最低。反过来，主驱动数量越多，对控制系统的协调性要求越高，如图 10 - 29 所示。

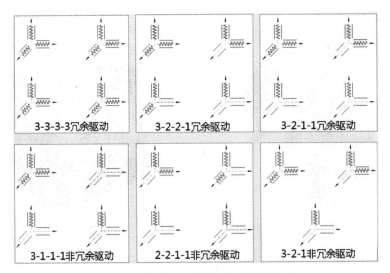

图 10 - 29　调姿定位系统中的不同驱动方式

数字化调姿定位系统的机械部分是三坐标定位器,由三坐标运动模块和球铰定位器串联而成。由于多台三坐标定位器需并联运动,对三坐标运动模块的运动精度要求较高,否则就会产生内部拉扯。因此,机械部分的设计需要考虑以下问题:

1)三坐标运动模块的运动一般都需采用全闭环控制。

2)每个运动轴上的导向机构——导轨滑块,需预紧配合,不能存有间隙,以消除直线度误差。

3)每个运动轴上的传动机构——丝杆丝母,需安装双螺母,以消除反向间隙。

4)球铰定位器有释放、夹紧和防逃逸三种工作状态,因此需设置球铰配合伸缩机构。

数字化调姿定位系统的控制部分包括下位控制和上位控制,下位控制是控制设备自带的控制系统,可实现对控制对象(如伺服驱动器)简单的控制和协调。上位控制是高级控制,控制对象是下位控制器,可实现对控制对象的复杂控制和协调。

10.2.6 飞机装配测量点的布设与选取

飞机数字化装配时,常通过固连在飞机上的测量点的坐标来控制,依据测量点的实测坐标和理论坐标来调整飞机的位姿,评价飞机部件的装配质量。

(1)测量点实体。标识测量点一般需要借助测量工艺座(少数情况是在飞机上直接制取测量用的孔),测量工艺座的制造精度高,其一端设有精密圆柱和精密贴合面,该侧与飞机产品相连,另一端设有精密球窝,与激光跟踪仪的靶球相配合。测量工艺座与飞机固连,球窝中心点就是飞机装配测量点。

(2)测量点的布设与选取。测量点的布设与飞机装配精度控制区域直接相关,为了使测量点数量具有一定的拟合裕度,通常测量点的布设数量多于实际选用数量。选用的测量点要

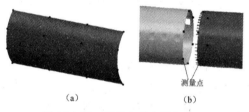

图 10 - 30 测量点的布设与选取

尽可能地包络精度控制区域,并尽可能地使包络的面积最大(仅选三个测量点)或者体积最大(选取 4 个及以上的测量点)。对壁板等具有边缘精度和外形精度的部件而言,测量点主要分布在壁板的四周和与骨架(如翼肋、隔框)相连的外形面上,如图 10 - 30(a)所示。选用测量点时可从壁板四周和外形中均匀选取,对大部件而言,如果对接处的工艺调整余量很小,那么对接处测量点选用的密度要远大于外形处,如图 10 - 30(b)所示,如果对接处的工艺调整余量较大,则可均匀的选用测量点。

10.2.7 各系统、设备的安装、调整和检验

在现代飞机上,系统和设备是很复杂的,通常包括发动机、油箱、燃滑油系统,动力操纵系统;液压、冷气系统的附件与设备;起落架及其收放机构、信号系统;飞机操纵系统;电气、无线电、仪表设备;高空、救生和随机设备;特种设备及军械系统等。因此,安装、调整、试验工作量很大。这些安装、调整和试验工作的特点是专业性强,同时,由于机内空间有限,各系统设备相互交错,因此认真研究生产组织和科学管理是很重要的。

1. 安装依据

飞机总装配的安装依据是图纸和技术条件,但因飞机结构要充分利用机内有限空间,管

路、线路及各种附件等的布置很少是设计在同一个平面内的,安装图纸难以表达这种空间的复杂关系,故图纸往往是原理图或半安装图,所以安装工作往往还要用"样机"作为安装的补充依据。"样机"是根据设计和制造的需要而制造的1:1比例的飞机某些部位的模型,在样机上根据实际结构完成各系统的安装,经设计部门、检验部门和使用单位审查和鉴定,这个补充依据对安装工作的顺利进行十分有利。

对于管路中的弯管零件,可以通过样机取得正确的形状和尺寸,作为以后生产弯管零件的依据,协调弯管零件的工艺装备等。

由于飞机上导管品种、数量多,而导管系统的多数故障是导管形状不协调及导管连接不良引起的,因此必须保证导管制造及导管的安装质量。现国内外已广泛采用数控弯管技术,并实现了计算机辅助导管设计与制造系统。该系统从飞机图纸及样机提取各种导管规格、材料、空间复杂尺寸等信息并存储在 CAD 的导管数据库内,现场的字符及图形终端可随时提取信息,并直观地看到该零件的形态。需要加工时,将有关信息传输给弯管机,自动进行弯管工作,并自动修正回弹量,加工完成后自动进行三维测量,在字符终端上显示出检查结果。

对于电气系统,可从图纸、样机取得导线正确长度,制出相应位置的布线样板。为减少装配站工作量,对同部位的导线根据布线样板进行布线及集束装配,为便于识别导线功能,在各种导线上每隔一定长度应打上规定的编号。

对电缆要进行百分之百的短路、断路、混线、搭铁及绝缘电阻的质量检验。使用计算机辅助电缆检测设备可大大减少手工检验的工作量。

2. 安装工作的划分

飞机制造中,特别是成批生产中,不能待机体各部件完全装配、对接以后,才开始安装工作,也不能一个系统顺序地安装。如果在部件对接以后,逐个系统顺序安装,不仅安装工作周期长,而且因工作条件差,或则无法安装,或则不易保证安装质量。有时先安装的系统会妨碍后面的安装工作,后面进行的安装工作,又可能会损坏先前安装好的系统。因此,要根据飞机结构,妥善安排安装工作的先后顺序。

为了减少飞机总装配工作量,缩短飞机总装配周期,应尽可能地把系统安装、调整和试验工作安排到部件装配阶段完成;在总装车间内应尽可能把工作安排在工作台上完成。

飞机总装配是飞机装配的最后阶段,工作特点是内容复杂、专业性强、工作面窄、杂物难以排除。所以在机上工作时应尽量减少或避免切削工作(用带自动吸屑的风钻),要提防工具或标准件遗落在机体内。安装试验工作完毕后,要检查清除机内多余物。

10.2.8 飞机总装配过程

飞机总装配阶段的工作特点是工作内容复杂、专业性强、专业工种多、工作面狭窄,手工操作量大。例如,国产某歼击机的总装配有 500 多道工序,安装的零组件有 1 400 多项,成品附件约 300 件,各种导管 500 多根,电缆 2 500 根、长达 5 000 m。飞机总装配的劳动量为全机制造总劳动量的 8 %～20%(如伊尔-86 飞机的总装工作量就占 17.8%),总装周期为总生产周期的 25%～40%。因此,减少总装配工作量,缩短总装周期,加强生产组织管理,有节奏地进行总装工作是十分重要的任务。

在成批生产中,飞机总装配采用流水生产的组织形式。图 10 - 31 所示为总装配过程示意图,在总装时,基准部件(机身)沿着流水线移动,其他部件则在总装的不同阶段进入装配,各系统、设备和附件等也在各个不同阶段安装到飞机上去,并进行调整和试验,最后总装出整架飞机。

为节省总装配占用的生产面积,布置流水线应认真考虑飞机的安排方案,图 10 - 32 所示为流水线上歼击机的布置方案。

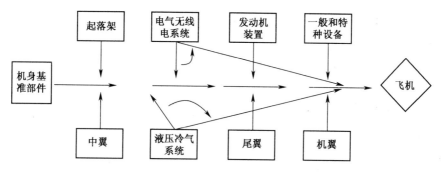

图 10 - 31　飞机总装配过程示意图

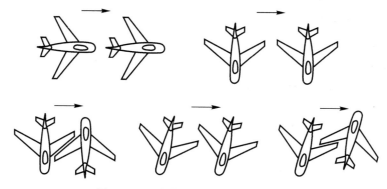

图 10 - 32　流水线上歼击机的布置方案

在总装配工作中,凡必须在飞机上安装调试的工作,称装配站工作;不在飞机上的总装配工作(各种准备、组合及调试工作),称工作台工作。流水作业的基础就是安装、调试工作的节奏化,所以组织流水生产就是将机体对接及安装、调试等工作划分为许多工序,然后根据飞机结构将必须在机上工作的若干工序组合成一个任务,而完成该任务的时间应等于或几倍于流水线生产的节奏时间,这个任务就是某装配站上的工作内容,节奏系指流水线上连续生产两架飞机的时间间隔。

必须指出,由于飞机结构的特点,飞机上每一个系统往往不是在一个装配站上完全装上去的,而是分散在流水线上几个站上陆续装上的,可见组织飞机总装配的流水作业是极为复杂的技术工作。

为减少飞机总装配工作量及缩短飞机总装配周期,应尽可能地把总装配工作内容安排在部件装配阶段完成。在编制总装工作的流水作业时,应尽可能地把总装配工作内容安排在工作台上完成。

国外在总装 F-14 时,划分为 5 个装配站,其工作内容如下。

1 号站:前、中机身与进气道短舱的对接;

前、中机身与后机身及发动机短舱的对接。

2 号站:安装主起落架;

安装垂直安定面与方向舵;

安装前、主起落架舱门;

安装电器系统;

前、中及后机身电气系统的导通试验。

3 号站:安装机翼;

安装水平尾翼;

安装发动机;

滑油系统试验与检测;

液压系统试验;

操纵系统的检查与试验;

燃油系统充气检漏试验;

安装发动机舱。

4 号站:安装机翼整流罩;

安装机头罩;

安装弹射坐椅;

操纵系统的机械调整;

变后掠机翼运动协调性调整;

全机水平测量;

液压系统功能试验;

校靶。

5 号站:飞行控制系统电子装置试验;

飞行数据中心计算机调试;

变后掠机翼电控试验;

飞行自动控制系统调试;

飞机综合自动控制系统调试;

火控系统调试。

10.3　飞机装配生产线

10.3.1　飞机装配生产线模式

随着自动钻铆技术与数字化技术紧密结合,分别形成了多种机型、多种部件的自动化装配生产线。自动化装配生产线有多种模式,按照装配单元集中布置的单元生产模式、按照装配流程布置的流水线生产模式以及混合布置模式等,如图 10 - 33 所示。传统的装配生产线一般采用按照装配单元集中布置的单元生产模式,而新近规划中的一些部件装配生产线多是采用按照装配流程布置的流水线生产模式。实际上所有的生产线很难完全采用单一理念,最终采用混合布局生产线。在部装和总装阶段,最具代表性的是波音公司的总装移动生产线,通过采用了移动生产方式,大大缩短了飞机总装时间,降低了总装成本,提高了装配质量。

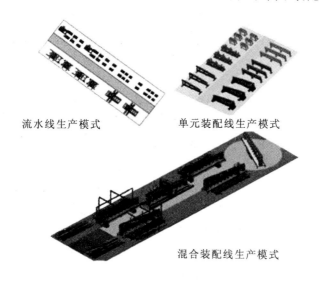

流水线生产模式　　　　单元装配线生产模式

混合装配线生产模式

图 10 - 33　装配生产线生产模式

为了充分发挥装配生产线的性能,保证生产效率和速度,需要按自动化装配工艺流程对生产线进行整体规划,针对生产线从管理、工艺和控制等方面进行完善的设计。

1.流程优化

飞机装配过程复杂,工作量大,采用自动化生产线的装配流程,既要考虑自动化装配作业的空间开敞性,也要兼顾工位作业的平衡性,正确地进行结构分段,合理划分装配单元,安排装配任务。而流程优化和改进是一个反复循环的过程,这对自动化生产线的设计与规划提出了更高的要求,生产线必须具有一定的柔性,以满足流程优化的需求。

流程优化的另一个重要环节是飞机装配作业的规范化和标准化,包括装配动作、时间、业务流程、设备以及工装夹具等。完成装配工作的标准化,是建立自动化装配生产线的基础。对于飞机装配而言,其标准化工作主要包括以下几个方面:

(1)装配动作的标准化。针对批生产,将装配操作步骤和操作方法具体化、固定化,保证过程的一致性、稳定性。

(2)业务工作标准化。绘制各类工作流程图,固化工作流程,缩短装配周期。如质量检验、生产计划与调度等业务工作。

(3)设备维护标准化。编制统一的生产线设备维护保养手册,定期对设备进行维护保养,提高设备的利用率。

(4)工装夹具通用化。通过工装夹具通用化,采用组合工装和快换工装等技术手段,保证工装夹具的可持续操作性。

2.产能平衡

产能平衡问题已被认为是生产流程设计及作业标准化过程中关键的一环。企业实现均衡生产不仅有利于保证设备、人力的负荷平衡,从而提高设备和工时的利用率,同时还有利于建立正常的生产秩序和管理秩序,保证产品质量和安全生产;均衡生产还有利于节约物资消耗,减少在制品数量,加速流动资金周转,从而降低生产成本。

3.精益物流

精益物流是保障生产线顺利运转的重要环节,物流配送需将准备好的完全成套件,按指定的架次、在指定的时间、按照规定的路线送到指定的地点,保证装配工作有序地进行。物流包括两个层次:第一个层次主要指企业内部物流,尤其是与装配生产线相关的物流配送和管理;第二个层次是企业外部的物流,涉及产品组成零组件的供应商,以供应链为基础。

企业内部物流是伴随着装配生产过程而产生的。面向飞机装配生产线的生产现场物流配送需要结合飞机的装配流程、产品特征、生产线布局,充分考虑到物流通道和配送手段,尽量减少传送、等待的时间,从而减少仓库、生产线的库存。尤其是飞机零组件/大部件体积大、占用空间大、运送不方便,对物流通道和配送手段都提出了更高的要求。

在主制造商-供应商的制造模式下,企业外部物流的保障对于装配生产线的连续运转尤为重要。企业外部物流要整合供应链资源,加强对供应商的管理,提高零部件质量,统一信息、技术、设备、操作标准,建立供应商到货时间窗口,提高到货的准确性,确保供应商快速、高质量的安全供货。

4.集成控制

生产线的集成控制包含生产任务的下达、生产数据的采集与上传、物流、工艺规程与标准规范的传输等。同时生产线控制还与企业的实际生产流程和习惯密切相关,是充分发挥生产线设备性能、提升效率最为关键的环节。

5.生产线仿真

生产线的数字化仿真主要包括生产线布局仿真、干涉仿真、人机工程仿真以及物流仿真等。在生产线的规划过程中,通过仿真分析,可提前发现生产线中存在的干涉、生产瓶颈等问题,减少不必要的返工,节约时间和成本。

(1)生产线布局仿真:厂房规划、设计时仍然采用的是传统二维平面图,缺乏立体效果,不能真实展示未来厂房的空间布局,更重要的是不能模拟真实厂房的动态生产。在沉浸式三维虚拟环境中对车间工艺布局进行仿真,快速便捷的展示生产线布局的方案。

(2)干涉仿真:完成生产线设备、产品与工装的干涉仿真分析,主要考虑以下两方面。

1)静态仿真。静止状态时设备、产品与工装三者之间的干涉仿真。

2)动态仿真。在生产线运行过程中,根据产品、设备以及物流的运行状态,分析产品、设备与工装之间碰撞与干涉。值得注意的是,动态仿真分析应充分考虑产品在生产过程中状态的变化,如重量导致的重心改变等。

(3)人机工程仿真:人机工程仿真主要完成工人在生产过程中的安全性、开展各项装配工作的空间开敞性和可达性分析。

(4)物流仿真:对生产线的物流方案进行仿真,计算各个工位设备、车间运输工具利用率及产能,找出瓶颈站位,分析工艺规划及资源分配是否合理。更加准确的评价供应商提供的生产线布局方案、物流方案并提出合理的优化意见。

10.3.2　飞机脉动装配生产线

1. 飞机脉动装配生产线的特点

飞机脉动装配生产线是一种先进的飞机装配生产模式,通过装配流程梳理、站位设置与任务量划分等来提升装配效率。飞机脉动生产线具有以下特点:

(1)生产具有明显的节拍性。用户需求和产能决定飞机脉动装配生产线的迁移速度,并按设定的节拍完成脉动式移动,实现均衡生产。

(2)工位专业化程度高。飞机脉动装配生产线将指令分配至各站位,站位内仅完成固定指令的操作,生产线分工明确、细致,工作量单一重复,生产效率比较高。

(3)装配进度易于掌握。各个站位工作小组要在限定节拍内完成相应的装配任务,飞机装配进度可通过飞机所在站位位置来获知。

(4)自动化程度高。生产线上配备了专业的自动化设备和先进的供给线,有效降低了生产过程中的人为的误差。

2. 实现脉动生产线的关键技术

(1)柔性装配工装技术。最具典型的是数字化调姿定位系统和多点阵吸附式柔性工装系统。

(2)数字化测量技术。波音公司在 787 客机装配过程中利用了 iGPS、激光追踪仪等数字化测量技术,准确测量飞机部件的重要控制点和关键位置信息,实现了部件准确对接。

(3)部件自动化运输技术。在飞机总装脉动式生产线上使用自动化运输工具,自动化运输设备主要有飞机牵引车、自动导引运输车(Automated Guided Vehicle,AGV)、嵌入式轨道移动系统以及气垫运输系统等。

(4)自动精密制孔技术。自动制孔技术及设备有:五坐标机床制孔系统、螺旋铣孔技术、柔性轨道制孔系统、自动进给钻、机械臂制孔系统及爬行机器人制孔系统等。

思 考 题 10

1. 试述飞机总装的工作内容和工作特点。

2. 试说明水平测量的工作原理和工作过程。

3. 飞机总装配工作合理划分的主要原则是什么?

4. 分析典型飞机部件装配过程。

参 考 文 献

[1]　王云渤,张关康,冯宗律.飞机装配工艺学:修订本[M].北京:国防工业出版社,1990.

[2]　程宝蕖.飞机制造协调准确度与容差分配[M].北京:航空工业出版社,1987.

[3]　刘忠梁.飞机装配协调互换问题与装配型架设计安装[M].北京:航空工业出版社,1991.

[4]　《航空制造工程手册》总编委会.飞机工艺装备[M].北京:航空工业出版社,1994.

[5]　《航空制造工程手册》总编委会.飞机装配[M].北京:航空工业出版社,1993.

[6]　程宝蕖,崔赞斌.飞机制造互换协调技术[M].北京:国防工业出版社,1990.

[7]　姚任远,蔡青.飞机装配技术[M].北京:国防工业出版社,1993.

[8]　张全纯,汪裕炳,瞿履和,等.先进飞机机械连接技术[M].北京:兵器工业出版社,2000.

[9]　黄良.飞机制造工艺学[M].北京:航空工业出版社,1993.

[10]　《航空制造工程手册》总编委会.金属结构件胶接[M].北京:航空工业出版社,1995.

[11]　范玉青.现代飞机制造技术[M].北京:北京航空航天大学出版社,2001.

[12]　贾玉红,何景武.现代飞行器制造工艺学[M].北京:北京航空航天大学出版社,2010.

[13]　王武.树脂基复合材料机械连接技术的研究[D].西安:西北工业大学,2009.

[14]　曹增强,佘公藩,李志饶,等.复合材料的干涉配合铆接[J].航空制造工程,1997(2):
　　　8 - 9.

[15]　郑国磊,冯宗律,王云渤,等.飞机装配型架 CAD 系统[J].航空制造工程,1996 (9):
　　　14 - 21.

[16]　刘忠梁.满足飞机装配型架骨架刚度要求的正确途径和方法[J].航空工艺技术,1994
　　　(6):24 - 30.

[17]　许国康.大型飞机自动化装配技术[J].航空学报,2008(3):734 - 740.

[18]　范玉青.飞机数字化装配技术综述[J].航空制造技术,2006(10):44 - 48.

[19]　杜福洲,陈哲涵,唐晓青.iGPS 测量场精度分析及其应用研究[J].航空学报,2012(9):
　　　1737 - 1745.

[20]　邹冀华,刘志存,范玉青.大型飞机部件数字化对接装配技术研究[J].计算机集成制造
　　　系统,2007(7):1367 - 1373.

[21]　刘志存,孟飙,范玉青.飞机制造中数字化标准工装的定义与应用[J].计算机集成制造
　　　系统,2007(9):1852 - 1858.

[22]　赵海超,陶华,刘风雷.复合材料层合板的干涉单面螺纹抽钉干涉配合连接分析[J].航
　　　空制造技术,2009(4):70 - 77.